大气黑碳气溶胶遥感技术及应用

程天海　包方闻　吴　俣 等　著

科学出版社

北　京

内 容 简 介

本书旨在对大气黑碳气溶胶遥感的最新研究进展进行系统的介绍和总结。首先介绍大气辐射传输理论，描述黑碳气溶胶的复杂理化特征和光学散射模型，并探讨黑碳气溶胶在大气辐射传输过程中的敏感性和可标识性。在此基础上，分别介绍基于地基遥感观测和卫星载荷的大气黑碳气溶胶反演模型算法与技术。结合实际科学研究和应用需求，展示区域黑碳气溶胶遥感应用案例，展望未来潜在的发展趋势。

本书可供高等院校遥感专业师生及从事大气气溶胶遥感研究的科研人员参考。

图书在版编目（CIP）数据

大气黑碳气溶胶遥感技术及应用/程天海等著. —北京：科学出版社，2021.3

ISBN 978-7-03-068240-6

Ⅰ. ①大…　Ⅱ. ①程…　Ⅲ. ①遥感技术-应用-气溶胶-研究　Ⅳ. ①O648.18

中国版本图书馆 CIP 数据核字（2021）第 040979 号

责任编辑：李秋艳　张力群/责任校对：何艳萍

责任印制：吴兆东/封面设计：蓝正设计

科学出版社 出版

北京东黄城根北街 16 号

邮政编码：100717

http://www.sciencep.com

北京建宏印刷有限公司 印刷

科学出版社发行　各地新华书店经销

*

2021 年 3 月第　一　版　开本：787×1092　1/16

2022 年 1 月第二次印刷　印张：11

字数：260 000

定价：129.00 元

（如有印装质量问题，我社负责调换）

《大气黑碳气溶胶遥感技术及应用》

作 者 名 单

程天海　包方闻　吴　俣　师帅一

谢东海　陈　好　张晓川

前　言

作为全球大气气溶胶的主要人为来源，以黑碳气溶胶为主的强吸收性气溶胶是影响全球气候环境的重要因素。快速有效地分析大气中气溶胶的化学成分含量水平、定量化大气黑碳气溶胶的时空分布，有助于锁定大气污染物的来源、提高黑碳气溶胶辐射效应估计的准确性、掌握气溶胶成分及区域污染特征，为政府制订合理的大气污染防治措施提供重要依据。目前，由于遥感平台的高覆盖性、时效性、经济性等优势，基于不同平台遥感数据的气溶胶反演是实现黑碳气溶胶观测的有效方式之一，因此，深入研究黑碳气溶胶参数反演的定量化方法对环境变化评估具有重要的科学意义与研究前景。

随着《国家中长期科学和技术发展规划纲要（2006—2020 年）》“高分辨率对地观测系统”的全面建设，业务和科研单位对于提高我国气溶胶卫星遥感监测的应用水平有着强烈的需求。此外，高精度黑碳气溶胶产品也有助于提升气候环境效应评估的准确性，是当前国内外气溶胶遥感的研究热点。目前，基于遥感平台的大气气溶胶光学特性反演方法已趋于成熟，然而对于气溶胶组分浓度反演的相关研究还较为薄弱。其中基于地基遥感平台的黑碳气溶胶探测尚在起步阶段，基于卫星遥感平台的黑碳气溶胶探测更是存在较大的难度和不确定性，难以满足准确评估气候效应和环境效益的需求。因此，本书旨在详细介绍与评价黑碳气溶胶在大气辐射传输过程中的定量化影响，讨论基于不同遥感平台的黑碳气溶胶反演方法，为提高陆地上空气溶胶遥感监测能力提供了新方向。

基于作者在气溶胶遥感领域多年的研究成果，系统总结并整理成本书。全书共分 8 章。第 1 章主要概述黑碳气溶胶的环境气候效应，以及当前黑碳气溶胶探测研究进展；第 2 章介绍气溶胶光学特性与辐射传输理论；第 3 章重点描述黑碳气溶胶的微物理模型；第 4 章对黑碳气溶胶光学散射模型进行详细地论述，并对光学物理参量在辐射传输过程中的敏感性进行分析；第 5 章介绍大气黑碳气溶胶浓度地基遥感反演方法；第 6 章和第 7 章分别基于不同的卫星载荷，介绍两种不同的大气黑碳气溶胶卫星遥感反演技术；第 8 章以城市污染和生物质燃烧为例，展示反演结果在环境监测上的应用能力与潜力。

本书由程天海策划并组织编写。各章主要参加编写人员如下：第 1 章，程天海、包方闻；第 2 章，包方闻、吴俣；第 3 章，吴俣、谢东海、陈好；第 4 章，包方闻、吴俣；第 5 章，程天海、包方闻、张晓川；第 6 章，程天海、包方闻；第 7 章，包方闻；第 8 章，程天海、包方闻、师帅一。全书由包方闻统稿和修改，程天海定稿。

本书得到国家重点研发计划“大气污染成因与控制技术研究”专项“东北哈尔滨-长春城市群大气污染联防联控技术集成与应用示范”项目（编号：2017YFC0212302）的资助，特此致谢。

限于作者水平，书中疏漏之处在所难免，敬请读者批评指正。

作　者

2020 年 10 月

目　录

第1章 大气黑碳气溶胶遥感综述

大气气溶胶是对流层大气中普遍存在的非恒定化学组分的混合体，是一种分散在大气环境系统中的固态或液态的多相物质，具有众多的自然来源以及人为来源（D'Almeida et al., 1991; Mészáros, 1999; Rahn, 1976）。近些年来，分布广泛、空间变化巨大且化学组成复杂的大气气溶胶污染已经成为我国乃至全球面临的重要问题之一（Akimoto, 2003; Chan and Yao, 2008; Elsom, 1992; Huang et al., 2014; Lelieveld et al., 2015），影响全球及局地气候，制约国家经济发展，干扰人类健康生活（Anderson et al., 2012; Kampa and Castanas, 2008; Lave and Seskin, 2013）。因此，气溶胶已经成为大气科学领域研究的热点。作为全球大气气溶胶的主要人为来源，以黑碳气溶胶（常简称黑碳）为主的吸收性气溶胶是影响全球大气气候环境重要的因素之一（Bond et al., 2013; Cooke and Wilson, 1996; Haywood and Ramaswamy, 1998; Jacobson, 2001; Menon et al., 2002; Ramanathan and Carmichael, 2008; 邓雪娇等, 2011; 吴兑等, 2009）。目前，由于遥感平台的高覆盖性、时效性、经济性等优势，基于不同平台遥感数据的气溶胶反演是实现黑碳气溶胶观测的有效方式之一（Bond et al., 2013），因此，深入研究黑碳气溶胶浓度遥感定量化方法对环境变化评估具有重要的科学意义与研究前景。

1.1 大气黑碳气溶胶概述

黑碳主要由含碳化石原料和生物质原料不完全燃烧产生，是大气气溶胶的重要组成部分。黑碳气溶胶的来源可分为自然源和人为源。其中，火山爆发、森林大火等自然现象是黑碳排放的主要自然来源，此类自然现象的发生在区域或全球范围内具有一定的偶然性，因此对大气中黑碳浓度的长期背景值变化贡献较低。相反，人为源排放的黑碳更加具有广泛性和持续性。自工业革命以来，随着城市化进程的加快与世界人口数量的激增，大量的煤、石油等化石燃料被使用，进而在全球范围内造成黑碳排放的持续增加；出于农业目的的生物燃烧活动也逐渐活跃，严重影响区域空气质量；另外由汽车尾气带来的黑碳排放也成为城市大气中黑碳的重要来源。黑碳气溶胶粒子属于超细颗粒（PM_1），但有别于大气气溶胶中其他形式的含碳化合物，黑碳对可见光和部分红外光谱的强吸收能力是大气辐射传输中的一个显著特点，远超其他类型的气溶胶粒子。黑碳气溶胶排放至大气后，会经历区域甚至洲际的传输过程，并通过干湿沉降作用降落到地球表面。尽管这一过程的周期十分短（1天到1周左右），但通常会与含有其他物质的大气气溶胶粒子发生混合生长，在大气中发生各种化学和光化学反应、非均相反应以及气粒转化过程，造成其粒子大小、化学成分和光学特性的剧烈变化，从而对气候环境产生直接或间接的影响。

1.1.1 黑碳气溶胶对气候变化的影响

大气气溶胶是影响全球以及区域气候变化的重要因素之一（Hansen et al., 1997; Sokolik and Toon, 1996）。不同混合态的气溶胶颗粒对不同波段光的吸收、散射和反射效应，可对气候环境产生直接或间接的影响，主要体现在直接辐射强迫和间接辐射强迫两个方面（Charlson et al., 1992; Haywood and Boucher, 2000; Haywood and Ramaswamy, 1998）。黑碳作为一种强吸收性气溶胶，在上述两种效应中均占有重要地位。

在地球表面-大气系统中，气溶胶对短波辐射以及长波辐射的直接散射或吸收作用，直接导致地表、大气层中以及大气顶层的太阳辐射能的变化，从而影响地气收支辐射平衡（Bellouin et al., 2005; Bond et al., 2013; Jacobson and Mark, 2001）。大气中的黑碳气溶胶含量不高（通常小于 15%），但由于黑碳气溶胶在整个太阳光谱内具有很强的吸收，是大气气溶胶中太阳辐射的主要吸收体。一般认为，黑碳气溶胶是全球大气系统中仅次于二氧化碳的增温成分，约是 CO_2 增温能力的三分之一，大大超越了其他温室气体和气溶胶等大气成分对全球的增温效应。此外，黑碳气溶胶粒子与硫酸盐、硝酸盐和有机物等气溶胶粒子混合，产生更加强烈的吸收放大效应，抵消了大部分的气溶胶致冷效应（Jacobson, 2001; Tripathi et al., 2005; Yang et al., 2017）。现有研究指出，由黑碳气溶胶造成的直接辐射强迫约为 0.17～1.48W/m^2（Bond et al., 2013），其中中国排放的黑碳气溶胶对全球辐射强迫的影响约占 14%，对全球造成约+0.09W/m^2 的辐射强迫（Li et al., 2016），这一辐射强迫已显著影响全球及区域的气候、天气现象以及大气环境。

高浓度的黑碳气溶胶对云的特性产生作用，影响云的温度及云凝结核作用（Sun and Ariya, 2006）。通过改变云微物理以及辐射性质，黑碳气溶胶影响大气及地面温度、云的生命周期以及区域降水，间接影响区域气候环境（Haywood and Boucher, 2000; Jones et al., 1994; Yang et al., 2017a）；高空的黑碳气溶胶加热上层大气温度形成逆温，进一步导致气溶胶在近地面层的堆积，恶化区域空气质量与环境气候；此外，当黑碳气溶胶沉降在冰雪等高反照率表面上时，会降低原有的冰雪反照率，从而增加地表温度并减少积雪，进一步破坏地气辐射收支平衡（Flanner et al., 2007; Hadley and Kirchstetter, 2012）。这种效应在南北极及喜马拉雅冰川上将造成严重的气候环境恶化，加速冰川融化速度，从而导致全球的极端天气环境以及气候异常（Ming et al., 2009; Ramanathan and Carmichael, 2008）。

1.1.2 黑碳气溶胶对人体健康的影响

气溶胶对人体健康具有严重危害，威胁着人类生存与可持续发展。研究表明，自工业革命以来，人类对于煤炭化石燃料的需求增高，黑碳气溶胶浓度也随着工业化进程而增长，从而造成严重的大气污染。这种超细颗粒物质对人体的危害极大，特别是直径小于 5μm 的含碳气溶胶颗粒容易被吸入人体，直接进入支气管，干扰肺部的气体交换，引发包括哮喘、支气管炎和心血管病等方面的疾病，对人的呼吸系统产生重要影响（Kampa and Castanas, 2008）。此外，含碳气溶胶在空气中具有很强的吸附性，能吸附很多致癌、致畸的有毒有害的重金属元素外壳。这些有害气体、重金属等致癌物质溶解在血液中，直接影响大脑、肝脏心脏等其他人体器官，造成死亡。同时，含碳气溶胶还会夹杂如细菌、病毒、病菌等一部分具生物活性的气溶胶，给人体健康带来巨大的危害（Anenberg et al., 2012; Heinrich et al., 1995; Lelieveld et al., 2015）。

1.2　黑碳气溶胶浓度探测研究进展概述

快速有效地分析大气黑碳气溶胶的时空分布和含量水平，有助于锁定大气污染物的来源，提高黑碳气溶胶辐射效应估计的准确性，掌握气溶胶成分及区域污染特征，为政府制定合理的大气污染防治措施提供重要依据。当前获得黑碳成分含量的几种常见方法有现场化学采样、扫描电镜分析和化学模式模拟等。自 20 世纪 60 年代以来，遥感技术逐渐兴起，通过人造卫星、飞机或地面传感器对远距离目标所辐射或者反射的电磁波信号进行成像，根据电磁波与辐射传输理论判定地球大气环境与资源特性。相比传统实验室采样方法，遥感数据获取相对简单，可以在不破坏气溶胶原始状态下反演整层大气气溶胶的瞬时参数信息，在黑碳气溶胶浓度探测研究中具有很大的应用和发展潜力。目前，利用遥感数据获取大气气溶胶光学特性的方法已趋于成熟，但对于气溶胶组分浓度反演的相关研究还较为薄弱。针对黑碳气溶胶的主要研究方向有基于地基遥感手段的黑碳气溶胶分类研究、基于地基遥感手段的黑碳气溶胶浓度反演研究与基于卫星遥感手段的气溶胶吸收特性反演研究等。

1.2.1　大气黑碳气溶胶浓度获取方法概述

传统的化学采样利用滤膜进行气溶胶颗粒物采样收集和化学分析，获得气溶胶颗粒物中的各种气溶胶化学成分（Jimenez et al., 2003）。而扫描电镜方法通过对样品表面材料的物质进行微观成像，从而对其显微组织性貌进行观察和成分分析（Ebert et al., 2002; Kresge et al., 1992; Li and Shao, 2009）。这两种离线分析技术能够有效获取大气气溶胶化学成分信息，但存在较大的局限性。一方面，现场采样方法操作烦琐，为避免滤膜基体的干扰问题，通常需要长时间采样收集，并且需要带回实验室进行分析，其结果空间覆盖能力较低；另一方面，被收集的样品在被分析前的那段时间内通常会发生一些物理或化学性质的变化，如挥发、结晶、发生气-粒转化反应等，难以反映气溶胶粒子初始特性，并且容易受到人为操作的影响，造成化学成分分析的较大误差。

为了解决传统气溶胶化学组分实验室判定方法的局限性，各种实时的在线颗粒物化学组分监测仪器相继出现，如气溶胶质谱仪（aerosol mass spectrometer, AMS），能够同时测定包括有机组分和无机组分的亚微米级别结果，在大气颗粒物以及灰霾监测研究中被广泛应用（DeCarlo et al., 2006; Drewnick et al., 2005; Jayne et al., 2000）。此外，诸如颗粒物化学组分在线检测仪（aerosol chemical speciation monitor, ACSM）、蒸汽喷射气溶胶采样器（steam jet aerosol collector, SJAC）和移动式离子色谱仪（mobile ion chromatograph, 通称 MOBIC）等气溶胶在线测量技术，能够避免传统采样方法中由于易挥发物和人为操作造成的化学变化，可以实现气溶胶组成成分的准实时分析，自动化程度高，采样效率高，但是相比于传统采样方法，其精度相对较低，测量误差约为 5%～10%（0.05～50μg/m^3）（Khlystov et al., 1995; Ng et al., 2011; Sun et al., 2012）。

大气化学传输模式模拟是目前获取大气黑碳气溶胶浓度、分析其气候环境效应的主流方法与手段之一。基于计算机的高性能计算，结合大气动力学和化学过程来描述大气过程，通过数值模拟的方法再现黑碳气溶胶在一维垂直、二维平面甚至三维立体面上的分布与贡献（Collins et al., 2001; Ginoux et al., 2001; Takemura et al., 2005）。目前，不同尺度的大气化学传输模式可以对区域乃至全球气溶胶组分浓度的空间分布进行模拟，并开展环境气候效应评估。大气化学传输模式具有全球及区域尺度大气气溶胶成分的源汇评估、历史过程再现和未来预测等其他手段不具备的优势。尽管如此，大气模式的模拟结果精度很大程度上受到气溶胶源排放清单、气象数据等输入资料准确性等因素影响，在实际应用中难以保证模型输入与真实世界的一致性。

1.2.2 气溶胶类型识别研究进展

作为大气气溶胶的先验知识及标定验证数据，基于太阳-天空辐射计观测的气溶胶类型遥感在近年来得到了初步开展与应用（李正强等, 2019）。Dubovik 等（2002）利用地基站点观测的单次散射反照率（single scattering albedo, SSA）、谱分布（particle size distribution, PSD）以及复折射指数（refraction index, RI）对全球的生物质燃烧产生的黑碳气溶胶、沙尘气溶胶、海洋气溶胶以及城市工业气溶胶进行了区分。Omar 等（2005）结合分布在全球范围内的气溶胶自动检测网络（Aerosol Robotic Network, AERONET）站点的遥感数据集，采用聚类分析的方法获取了全球 6 种不同的气溶胶类型，并分析了他们各自的物理、光学特性以及典型站点气溶胶类型的季节性变化。Lee 等（2010）通过粒子大小及粒子的吸收特性，利用 AERONET 观测的细模态比（fine mode fraction, FMF）和 SSA 对全球范围内的气溶胶进行了分类，识别出了人为排放的黑碳气溶胶（FMF>0.6，SSA<0.95）、沙尘气溶胶（FMF<0.4，SSA<0.95）以及非吸收性气溶胶（FMF>0.6，SSA>0.95）。针对中国区域，Chen 等（2013）考虑到中国地区气溶胶的特殊性与复杂性，利用 AERONET 地基观测资料中的气溶胶物理光学等参数，通过层次聚类分析方法构建了针对东亚及中国地区的四种气溶胶模型，包括强吸收性的黑碳气溶胶、中度吸收气溶胶、强散射气溶胶以及粗粒子沙尘气溶胶，并结合 SSA 及对称因子等气溶胶光学参数，对北京重污染天气下的气溶胶进行了分类，并计算出不同气溶胶在北京地区的辐射强迫。这种气溶胶分类方法，能够简单快速地判断出气溶胶类型。尽管如此，聚类分析出的气溶胶类型并不能反映具体气溶胶的组成成分以及含量，只能通过气溶胶光学物理参数对气溶胶类型进行初步的判断，识别大气气溶胶的主要成分。

1.2.3　基于地基遥感的黑碳气溶胶浓度反演研究进展

大多数研究认为气溶胶自源排放初期就处于混合状态（Jacobson, 2001），在随后的大气动力学过程中会发生一系列的化学反应（Fiebig et al., 2003）。因此，基于遥感手段观测的通常是混合状态下的气溶胶，其分类出的气溶胶类型并不能满足当前气候变化和环境研究的需要。

气溶胶化学成分的种类、含量及混合方式，决定了气溶胶的微物理特征，进而影响了气溶胶的光学特性。反之，利用地基遥感观测到的气溶胶物理光学参数，通过符合实际情况的气溶胶混合模型假设，反算出混合气溶胶中各个化学组成成分及含量。其中，复折射指数是描述大气气溶胶粒子散射和吸收能力的参数之一，通常复折射指数的虚部越高，其吸收能力越高。由于不同成分的气溶胶复折射指数随着波长的变化及混合方式的不同而显示出不同的吸收和散射特性，因此成为地基遥感反演气溶胶化学成分浓度参数的主要参量之一。大多数的强散射性气溶胶（如硫酸盐、海盐粒子等）吸收能力较弱，其复折射指数虚部接近于 0，在全波段的数量级仅位于 10^{-9}～10^{-7}；弱吸收性气溶胶（如沙尘、有机碳等）的复折射指数较高，其吸收能力为强散性气溶胶的数百万倍，但在具有强吸收性的蓝光波段（440nm）也小于 0.1，其他波段小于 0.01；黑碳气溶胶的吸收性最为显著，其复折射指数的虚部在全波段可以达到 0.5 及以上，这也是从混合气溶胶吸收特性的观测值区分出黑碳气溶胶贡献的基础。

基于黑碳气溶胶的强吸收特性，利用地基遥感数据反演的黑碳气溶胶浓度方法逐渐成熟（表 1-1）。Schuster 等（2005）较早的基于地基遥感手段，利用 AERONET 复折射指数的观测结果，结合黑碳、硫酸盐以及水滴等三种气溶胶类型特性，反演出以黑碳为主的吸收性组分浓度和硫酸盐为主的散射性组分浓度；Arola 等（2011）和王玲等（2012）分别在 Schuster 方法的基础上，考虑了复折射指数的光谱依赖性，将蓝光波段（440nm）和其他波段的吸收特性分开考虑，分别引入了有机碳以及沙尘成分，将三成分反演算法扩展成四成分反演算法；为了同时反演黑碳、沙尘、有机碳、硫酸盐和气溶胶水的浓度参数，Wang 等（2013）和 Li 等（2013）在原来复折射指数的基础上引入了单次散射反照率，发现沙尘与有机碳在非蓝光波段的数值有所差别，沙尘的单次散射反照率随波长的增加而增加，而有机碳则相反，由此建立了五成分反演模型；谢一淞（2014）在五模型反演的基础上，又引入了对数正态体积谱分布模拟，利用细模态体积浓度与粗模态体积浓度，结合气溶胶光学厚度矫正，分离了粗细粒子特别是海盐气溶胶在总体积谱分布中的占比，从而模拟出六种不同气溶胶类型的浓度及体积谱分布；此外，Xie 等（2017b）进一步完善了气溶胶组分正演模型与优化反演方案，通过考虑气溶胶的球形度因子，进一步区分粗粒子中的沙尘和海盐气溶胶组分，并基于气溶胶的吸湿特性区分有机颗粒物与类硫酸盐气溶胶。

表 1-1　相关气溶胶组分浓度地基遥感反演研究比较

相关研究	待反演组分	约束参数/条件
Schuster et al., 2005	黑碳、硫酸盐、水	复折射指数（440～1020nm）
Arola et al., 2011	黑碳、棕碳、硫酸盐、水	复折射指数实部（440～1020nm） 复折射指数虚部（440nm、675～1020nm）
王玲等，2012	黑碳、沙尘、硫酸盐、水	复折射指数实部（440～1020nm） 复折射指数虚部（440nm、675～1020nm）
Wang et al., 2013	黑碳、棕碳、沙尘、硫酸盐、水	复折射指数实部（440～1020nm） 复折射指数虚部（440nm、675～1020nm） 单次散射反照率（670～1020nm）
谢一淞，2014	黑碳、棕碳、沙尘、硫酸盐、海盐、水	复折射指数实部（440～1020nm） 复折射指数虚部（440nm、675～1020nm） 单次散射反照率（670～1020nm） 气溶胶粒子体积谱
Xie et al., 2017b	黑碳、棕碳、沙尘、硫酸盐、海盐、有机颗粒物、水	复折射指数实部（440～1020nm） 复折射指数虚部（440nm、675～1020nm） 单次散射反照率（670～1020nm） 气溶胶粒子体积谱 气溶胶吸湿增长

1.2.4　基于卫星遥感的气溶胶吸收特性反演研究进展

相比地基观测数据，卫星遥感观测具有监测范围广，受到地理条件限制少等优势，在大气气溶胶监测领域具有很高的应用潜力。不同于地基观测手段，卫星接收到的辐射除了大气的贡献之外，还受到地表反射辐射的影响，因此如何对地表-大气的辐射信息进行解耦是大气气溶胶卫星遥感反演算法的难点。Kaufman 等（2002a）通过航空实验和卫星观测发现密集植被具有较低的反射率，并且在红、蓝、近红外波段具有较高的线性关系。利用这种关系，Remer 等（2005）通过建立查找表，发展了中分辨率成像光谱仪（moderate resolution imaging spectroradiometer, MODIS）气溶胶光学厚度（aerosol optical depth，AOD）反演算法。Levy 等（2013）在此算法的基础上加入了散射角的影响，探讨了不同植被指数下可见光与近红外波段地表反射率关系，提升 MODIS 的反演精度。

目前，依赖地表反射率假设的气溶胶光学特性反演方法，已经形成了一个完整的研究体系并趋于成熟（Hsu et al., 2004, 2013; Zhang et al., 2016; Bao et al., 2016）。大多数的反演方法在地表反射信息先验条件的基础上，建立气溶胶类型与待反演参数查找表，利用辐射传输模型对卫星观测信号进行模拟，再结合卫星的真实观测，反向“挑选”预先定义的气溶胶类型与光学参数，达到反演的目的（魏曦，2016; 张文豪, 2016）。虽然此类方法可以初步确定强吸收性气溶胶（如黑碳等）的空间分布，但假设的气溶胶类型参数通常为固定值，因此其反演结果无法进一步量化出黑碳在大气中的含量，结果精度也依赖于预先定义的气溶胶类型参数。此外，无法获取动态变化的气溶胶类型反演结果也限制了其在气溶胶组分浓度监测研究中的应用。

在气溶胶类型划分中，以气溶胶类型反演结果进行正演模拟，可获得先验定义的气溶胶吸收特性参数（如 SSA 等）。若能充分细化先验定义的气溶胶类型，则可以对吸收特性参数进行反演。但由于大气顶部辐射在暗背景条件下对气溶胶的吸收不敏感（Kaufman and Yoram, 1987），因此大多数的前期研究选取高亮背景像元进行反演。例如，Kaufman 等（2002b）发现海洋镜面反射所造成的耀斑可以有效地突出气溶胶的吸收信息，提出了一种有效反演 SSA 的方法。Torres 等（2007）以大气分子在 350～390nm 波段上的强瑞利散射作为背景，利用臭氧监测仪（ozone monitoring instrument, OMI）反演对流层气溶胶的吸收特性，业务化运行程度较高。Sayer 等（2016）选取较厚的云层作为背景，通过云顶的辐射传输过程反演出云顶气溶胶吸收特性参数。

事实上，由于多光谱卫星传感器仅包含有限的独立测量，且气溶胶光学厚度是一个必不可少的待反演参数。因此，为了保证反演结果不出现病态解，通常只会细化先验定义中 1～2 个气溶胶类型参数（如复折射指数虚部、细粒子比等）；或将气溶胶光学厚度产品作为已知参数输入到反演模型中（Hu et al., 2007; Lee et al., 2007），减少未知参数以实现对气溶胶吸收特性更加合理的解算。此外，Seidel 和 Popp（2012）指出在大气辐射传输中卫星观测辐射存在一个临界值，该值对气溶胶的吸收十分敏感，且可以忽略气溶胶光学厚度与地表反射率的影响，从而为解决反演中地气耦合与未知参数过多的问题提供了新的解决方案。在实际应用中，通过比对待反演的遥感影像与晴朗条件下的参考影像，即可确定临界反射率的值，进而实现对气溶胶吸收性参数反演的目的。由于影像比对需要保证观测几何的高度统一，因此该方法十分适用于静止卫星观测数据（Kim et al., 2014; Yoshida et al., 2018）。但是，上述方法仍忽略了气溶胶组分对混合异质气溶胶的影响，无法对黑碳浓度进行解算，主要问题在于黑碳的浓度参数与混合异质气溶胶的吸收能力密不可分，因此若能够充分了解黑碳气溶胶浓度参数在大气辐射传输过程中对气溶胶吸收的敏感性规律，就可进一步建立黑碳气溶胶浓度卫星遥感反演方法。

第 2 章　气溶胶光学特性与辐射传输理论

2.1　大气气溶胶光学特性

大气辐射传输理论描述电磁波在大气介质中的物理传播输送过程，是遥感应用中获取和反演各种环境参量的重要理论基础。在遥感应用发展的初期阶段，人们就已经开始研究行星大气中辐射传输的基本理论（Lenoble et al., 2013; Saunders et al., 1999）。作为大气环境中的重要组成部分，气溶胶粒子本身的光学性质在辐射传输过程中对太阳的辐射状态与辐射过程具有重要影响。传感器获取的辐射信息中，大气气溶胶粒子对太阳辐射能量的单次和多次消光（包括散射和吸收作用）、对目标场景周围环境热辐射的多次消光以及其自身热辐射等消光作用致使原有的太阳辐射传输产生强弱和路径上的变化，导致地面目标自身辐射以及太阳辐射能量在大气传输路径中的多次衰减，从而影响传感器接收到的辐射能量（Vermote and Kotchenova, 2008）。因此，准确描述大气气溶胶的散射和吸收特性，完善大气辐射传输模型，是当前气溶胶定量遥感领域的主要研究内容之一。

2.1.1　气溶胶粒子散射特性

1. 气溶胶散射的函数表达

气溶胶散射是指电磁波通过大气气溶胶粒子时，由于其介质的折射率在各个方向上具有非均匀的结构，从而引起入射波波阵面的扰动，使得入射波中的一部分能量偏离原来入射传播方向，并以一定规律向其他方向发射的过程。气溶胶的散射过程通常用 Stokes 矢量来表示，表达如下：

$$\begin{bmatrix} I \\ Q \\ U \\ V \end{bmatrix} = \frac{\sigma_{\mathrm{s}}}{4\pi R^2} P(\phi) \begin{bmatrix} I_0 \\ Q_0 \\ U_0 \\ V_0 \end{bmatrix} \tag{2-1}$$

式中，I 为大气顶层总辐射；Q、U、V 为偏振参量，与传感器和偏振光方向的夹角有关，分别为垂直或平行平面方向上的偏振光强度、与参考平面成 45°夹角的偏振光强度以及圆偏振光强度；R 为散射粒子和卫星观测相机之间的距离；σ_{s} 为粒子的散射截面。通常情况下，Stokes 矢量与入射和出射角度有关，令 $I = [I, Q, U, V]^{\mathrm{T}} = I(\mu_0, \mu_1, \varphi_0, \varphi_1, \lambda)$。其中，$\mu_0$ 是太阳天顶角的余弦（$\mu_0 = \cos\theta_0$）；μ_1 为卫星传感器观测天顶角的余弦（$\mu_1 = \cos\theta_1$）；φ_0、φ_1 分别为太阳和传感器观测方位角；λ 是波长。

式（2-1）中，$P(\phi)$ 是与散射角 ϕ 相关的散射矩阵，若粒子是随机朝向、旋转对称且独立散射的，则 $P(\phi)$ 可简化为 6 个独立的元素，其他元素相对这 6 个元素而言，可以忽略不计：

$$P(\phi)=\begin{bmatrix} P_{11}(\phi) & P_{12}(\phi) & 0 & 0 \\ P_{12}(\phi) & P_{22}(\phi) & 0 & 0 \\ 0 & 0 & P_{33}(\phi) & P_{34}(\phi) \\ 0 & 0 & -P_{34}(\phi) & P_{44}(\phi) \end{bmatrix} \tag{2-2}$$

其中，$P_{11}(\phi)$ 为归一化的散射相函数，描述电磁波被介质散射后在各个方向上的强度分布比例，该参数在整个圆球的积分为 4π；$P_{12}(\phi)$ 为偏振相函数，表示偏振光被散射之后各个方向的强度比例；对于球形粒子有 $P_{11}(\phi)=P_{22}(\phi)$，$P_{33}(\phi)=P_{44}(\phi)$；对于非偏振入射光，入射 Stocks 矢量为 $[I,0,0,0]^{\mathrm{T}}$。

2. Mie 散射理论

通常情况下，对于球形粒子的散射问题，1908 年古斯塔夫·米（Gustav Mie）从麦克斯韦方程组出发，提出了求解球形散射体与电磁波场相互作用解析解算法，是目前应用最为广泛的气溶胶粒子散射计算方法。假设气溶胶颗粒为理想的球形、内部的成分均匀且表面为镜表面，通过 Mie 散射理论（Wiscombe, 1980），在大气辐射传输中可以计算出单个气溶胶粒子球内和球外任一点上的电场分量。通常在研究矢量辐射传输时只需要考虑球外远场的解，即通过下面两个函数计算：

$$\begin{cases} S_1(\phi)=\sum\limits_{n=1}^{\infty}\dfrac{2n+1}{n(n+1)}\left[a_n\tau_n'(\cos\phi)+b_n\tau_n(\cos\phi)\right] \\ S_2(\phi)=\sum\limits_{n=1}^{\infty}\dfrac{2n+1}{n(n+1)}\left[b_n\tau_n'(\cos\phi)+a_n\tau_n(\cos\phi)\right] \end{cases} \tag{2-3}$$

其中，$\tau_n'(\cos\phi)$、$\tau_n(\cos\phi)$ 可以由勒让德多项式 $p_n^1(\cos\phi)$ 计算：

$$\begin{cases} \tau_n'(\cos\phi)=p_n^1(\cos\phi)/\sin\phi \\ \tau_n(\cos\phi)=\mathrm{d}p_n^1(\cos\phi)/\mathrm{d}\phi \end{cases} \tag{2-4}$$

a_n、b_n 可由下式计算：

$$\begin{cases} a_n=\dfrac{\varPsi_n'(xm)\varPsi_n(x)-m\varPsi_n(xm)\varPsi_n'(x)}{\varPsi_n'(xm)\xi_n(x)-m\varPsi_n(xm)\xi_n'(x)} \\ b_n=\dfrac{m\varPsi_n'(xm)\varPsi_n(x)-\varPsi_n(xm)\varPsi_n'(x)}{m\varPsi_n'(xm)\xi_n(x)-\varPsi_n(xm)\xi_n'(x)} \end{cases} \tag{2-5}$$

其中，

$$\begin{cases} \varPsi_n(x)=\sqrt{\pi x/2}J_{n+1/2}(x) \\ \xi_n(x)=\sqrt{\pi x/2}H_{n+1/2}^{(2)}(x) \end{cases} \tag{2-6}$$

式中，x 为与波长 λ 有关的尺度参数；$\varPsi_n'$ 与 $\xi_n'(x)$ 分别为对 $\varPsi_n(x)$ 与 $\xi_n(x)$ 求导；J 为

Bessel 函数，$H_{n+1/2}^{(2)}$ 为第二类 Hankel 函数；m 为气溶胶的复折射指数 $m=n+ki$，是描述气溶胶粒子吸收和散射的物理量。其中，n 为复折射指数实部，表征气溶胶粒子对光的散射作用；虚部 k 代表电磁波在吸收介质中的衰减，表征单个气溶胶粒子对太阳光辐射的吸收作用。

结合气溶胶散射的 Stokes 矢量表达，单个粒子散射相函数各个参数的解可表达为

$$\begin{cases} P_{11}=\dfrac{2\pi}{k^2\sigma_s}\left(S_1S_1^*+S_2S_2^*\right) \\ P_{12}=\dfrac{2\pi}{k^2\sigma_s}\left(S_1S_1^*-S_2S_2^*\right) \\ P_{33}=\dfrac{2\pi}{k^2\sigma_s}\left(S_2S_1^*+S_1S_2^*\right) \\ P_{34}=\dfrac{2\pi}{k^2\sigma_s}\left(S_2S_1^*+S_1S_2^*\right) \end{cases} \tag{2-7}$$

其中，k为波数；*为共轭；σ_s 为散射截面，与消光截面 σ_e 一起可表示为 a_n 、b_n 的函数：

$$\begin{cases} \sigma_s=\dfrac{2\pi}{k^2}\sum\limits_{n=1}^{\infty}(2n+1)\left(|a_n|^2+|b_n|^2\right) \\ \sigma_e=\dfrac{2\pi}{k^2}\sum\limits_{n=1}^{\infty}(2n+1)\mathrm{Re}\left(a_n+b_n\right) \end{cases} \tag{2-8}$$

因此，通过式（2-8）获取单个粒子的散射函数的散射截面、消光截面等光学性质后，对大气中粒子群的谱分布函数 $n(r)$ 进行积分可以得到大气气溶胶粒子的众多光学散射特征，如消光系数 β_e 与散射系数 β_s 分别定义为

$$\beta_s=\int_{r_1}^{r_2}\sigma_s n(r)\mathrm{d}r \tag{2-9}$$

$$\beta_e=\int_{r_1}^{r_2}\sigma_e n(r)\mathrm{d}r \tag{2-10}$$

其中，粒子谱分布用于表征气溶胶不同粒子大小的分布情况，即在固定空间内单位粒子半径间隔内的粒子个数。在不同地区内或者不同时间段，这些粒子的数浓度有很大差别。城市地区的数密度比极地或背景值大得多，甚至可以大到 1 万倍以上，主要集中在污染类气溶胶的细粒子；当发生沙尘暴时，巨粒子浓度可以增加 1 千倍以上，主要集中在沙尘类气溶胶的粗粒子。谱分布函数 $n(r)$ 通常可以写作粒子数谱分布的形式 $\mathrm{d}N/\mathrm{d}\ln r$，表示每单位体积内每单位粒子半径间隔内的粒子个数；谱分布函数也可写为体积谱分布的形式 $\mathrm{d}V/\mathrm{d}\ln r$，表示每单位体积内每单位粒子半径间隔内的粒子体积。比较常用的气溶胶粒子谱分布函数主要包括：容格谱（Junge）、伽马谱（Gamma）、修正伽马谱（modified Gamma）、对数正态谱（log-normal）、双对数正态谱（bi-modal log-normal）等。

基于上述参数，诸如气溶胶光学厚度 τ_e、单次散射反照率 ω_0、不对称因子 $g(\lambda,z)$ 等参数可以被 Mie 散射方法或其他非球形的散射方法计算出来：

（1）气溶胶光学厚度是评价气溶胶对太阳辐射衰减作用的重要参数，是表征大气浑浊程度的关键物理量，也是评价评估气溶胶气候效应的重要参数，其定义为介质的消光系数在垂直方向上大气边界内（$z_0 \sim z_h$）的积分：

$$\tau_e = \int_{z_0}^{z_h} \beta_e dz \tag{2-11}$$

（2）单次散射反照率是评价气溶胶散射能力的重要参数，反映气溶胶吸收与散射性质的相对大小，其定义为散射系数与消光系数的比值。

$$\omega_0 = \beta_s / \beta_e \tag{2-12}$$

（3）气溶胶不对称因子（asymmetry parameter，AP）是度量前向与后向散射的辐射量，被定义为散射相函数的余弦加权平均，其取值范围为[−1,1]：对各向同性散射，$g = 0$；当相函数的衍射峰越来越尖锐时，g 也随之增大；当 $g = 1$ 时，表示全部辐射发生散射角为 0°的前向散射；当相函数的峰值位于后向，g 为负值，$g = -1$ 表示全部辐射发生散射角为 180°的后向散射；$(1+g)/2$ 可以看作积分前向散射能量的百分比数；$(1-g)/2$ 可以看作积分后向散射能量的百分比数。

$$g(\lambda, z) = \int \cos\phi P(\lambda, \phi, z) \mathrm{d}\cos\phi \Big/ \int P(\lambda, \phi, z) \mathrm{d}\cos\phi \tag{2-13}$$

2.1.2　气溶胶粒子吸收特性

由于气溶胶空间分布的复杂性，气溶胶的散射通过改变辐射能量的空间分布与传播方向，直接影响对大气顶层（top of atmosphere，TOA）辐射的贡献。而由于黑碳、沙尘、有机碳等吸收性气溶胶的存在，不仅通过散射减少了到达地表的辐射能量，还在吸收能量的同时发生能级跃迁，发射能量并对大气进行加热，导致垂直方向上的太阳辐射能量的重新分配与大气温度变化。这将直接改变正常的大气层温度结构，影响大气对流、云的生消等重要物理过程，从而影响全球以及区域气候。由于气溶胶的吸收和散射是同时发生的，因此在大气辐射传输过程中对于气溶胶粒子的吸收特性，也可以通过各种散射计算方法获得。

（1）气溶胶的消光截面是反映粒子散射吸收能力的一个重要参数，可以定义为其散射截面与吸收截面之和（Barnard et al., 2008）：

$$\sigma_e = \sigma_s + \sigma_a \tag{2-14}$$

（2）大气气溶胶的质量吸收截面（mass absorption cross section, MAC）是单位质量内粒子的吸收能力，被广泛应用于辐射强迫和气候效应模型计算。对于球形气溶胶粒子，定义为

$$\mathrm{MAC} = 3\sigma_a / 4\pi r^3 \rho \tag{2-15}$$

式中，r 为气溶胶粒子半径；ρ 为气溶胶的质量密度。

（3）吸收气溶胶光学厚度（absorption aerosol optical depth，AAOD）定义为整层气

溶胶的吸收系数在垂直方向上的积分，可直接利用总气溶胶光学厚度 τ_e 与单次散射反照率 ω_0 直接计算：

$$\tau_a = \int_{z_0}^{z_h}\int_{r_1}^{r_2}\sigma_e n(r)\mathrm{d}r\mathrm{d}z = \tau_e \cdot (1-\omega_0) \tag{2-16}$$

2.2　大气辐射传输

2.2.1　大气-地表耦合介质中的辐射传输方程

对于卫星遥感手段，星载传感器对地观测获取信息的过程中，除了大气的辐射信息外，也包含了目标地表的反射辐射信息，形成大气-地表耦合介质（Vermote and Kotchenova, 2008; Vermote et al., 1997）。因此，大气中各种成分与地表的辐射信息相互影响，直接影响待反演参数在卫星定量遥感中的准确性与精度。因此，为了从遥感器获取的光谱信息中分别提取地表和大气信息，达到地气解耦的目的，需要对大气-地表耦合介质中的传输过程进行定量化研究。目前，由于光谱学取得的重大进展和高性能计算机的广泛应用，使辐射传输中一系列复杂的过程得以精确地计算和准确地模拟。

大气顶层探测的电磁波信号包含了大气的散射辐射以及地表的反射辐射，大气辐射传输方程一般有如下形式：

$$\mu\frac{\mathrm{d}I(\tau,\mu,\varphi)}{\mathrm{d}\tau} = I(\tau,\mu,\varphi) - S(\tau,\mu,\varphi) \tag{2-17}$$

其中，μ 为天顶角余弦；τ 为总光学厚度；φ 为方位角；源函数 $S(\tau,\mu,\varphi)$ 为大气散射项，包含单次散射和多次散射，可表示为

$$S(\tau,\mu,\varphi) = \frac{\omega_0}{4\pi}P(\mu,\mu_0,\varphi,\varphi_0,\tau)E_0\mathrm{e}^{\frac{\tau}{\mu}} + \frac{\omega_0}{4\pi}\int_0^{2\pi}\int_{-1}^{1}P(\mu,\mu',\varphi,\varphi',\tau)I(\mu',\varphi',\tau)\mathrm{d}\mu'\mathrm{d}\varphi' \tag{2-18}$$

式中，右边第一项为大气粒子单次散射贡献，在平行大气条件下为各层独立的散射相加；第二项为大气粒子多次散射贡献；E_0 为大气顶太阳辐射入射通量；$P(\mu,\mu',\varphi,\varphi',\tau)$ 为对散射相函数进行参考平面转动变换后的散射矩阵：

$$P(\mu,\mu',\varphi,\varphi',\tau) = L(\pi-\beta)P_i(\Theta,\lambda)L(-\alpha) \tag{2-19}$$

其中，α、β 为入射矢量平面、散射矢量平面与散射平面的夹角，可由球面几何关系求得，L 为变换矩阵，可由矢量旋转公式和 Stokes 矢量的定义得到：

$$L(\chi) = \begin{bmatrix} 1 & 0 & 0 & 0 \\ 0 & \cos(2\chi) & \sin(2\chi) & 0 \\ 0 & \sin(2\chi) & \cos(2\chi) & 0 \\ 0 & 0 & 0 & 1 \end{bmatrix} \tag{2-20}$$

由上述公式可知，ω_0^a、$P_a(\Theta,\lambda)$ 以及 τ_a 是辐射传输模拟中最重要的三个气溶胶参数，

他们与气溶胶粒子的大小、对称性以及吸收散射能力有着密切的关系。需要注意的是，辐射传输方程中除了气溶胶的贡献之外，每一层大气的消光能力还包括大气气体以及大气分子的贡献。令 $\tau_{i-1}-\tau_i=\Delta\tau_i$，那么第 i 层的 ω_0^i、$P_i(\Theta,\lambda)$ 以及 τ_i 还可以表示成

$$\omega_0^i=\frac{\omega_{\mathrm{a}}^i\Delta\tau_{i\mathrm{a}}+\Delta\tau_{i\mathrm{m}}}{\Delta\tau_{i\mathrm{a}}+\Delta\tau_{i\mathrm{m}}+\Delta\tau_{i\mathrm{g}}} \tag{2-21}$$

$$P_i(\Theta,\lambda)=\frac{\omega_{0\mathrm{a}}^i\Delta\tau_{i\mathrm{a}}P_{i\mathrm{a}}(\theta,\lambda)+\Delta\tau_{i\mathrm{m}}P_{i\mathrm{m}}(\Theta,\lambda)}{\Delta\tau_{i\mathrm{a}}+\Delta\tau_{i\mathrm{m}}+\Delta\tau_{i\mathrm{g}}} \tag{2-22}$$

$$\tau=\tau_{\mathrm{a}}+\tau_{\mathrm{m}}+\tau_{\mathrm{g}} \tag{2-23}$$

式中，下标 a 、m 、g 分别代表了气溶胶、大气分子以及大气气体贡献。其中，大气分子通常尺度远小于入射波长（如大气分子对可见光的散射），其光学特性参数可由瑞利散射公式得到精确计算；此外，某些大气气体在特定的波段有显著的吸收能力，如水汽、二氧化碳和臭氧等。这些气体产生的辐射衰减，通常可用气象以及气体浓度数据进行模拟。

对于不受地表反射影响的地基遥感观测，辐射传输方程（2-17）的形式解为

$$I(\tau,\mu,\varphi)=-\int_0^{\tau}\mathrm{e}^{-(\tau'-\tau)}/\mu S(\tau',\mu,\varphi)\mathrm{d}\tau'/\mu \tag{2-24}$$

不同于地基测量，卫星传感器除了大气的散射信息之外，还受到目标地表反射的影响。若考虑地表反射边界条件，则辐射传输方程（2-17）的形式解为

$$I(\tau,\mu,\varphi)=L'(\tau^*,\mu,\varphi)\mathrm{e}^{-(\tau'-\tau)/\mu}+\int_0^{\tau^*}\mathrm{e}^{-(\tau'-\tau)}/\mu S(\tau',\mu,\varphi)\mathrm{d}\tau'/\mu \tag{2-25}$$

其中，L' 为目标地表反射贡献。

对于海洋表面，由于海水表面的均一性，大多数的海洋反射可以结合海平面风速通过 Cox-Monk 模型进行模拟（Weber, 1988）。但对于内陆地表，不同地物的反射贡献具有明显的差异性。当给定入射方向上的辐照度时，通常利用双向反射率分布函数（bidirectional reflectance distribution function，BRDF）以及双向偏振反射率分布函数（bidirectional polarization distribution function，BPDF）来计算给定出射方向上的反射率与偏振反射率，它描述了入射光线经过某个地面物理表面反射后在各个方向上的分布（Litvinov et al., 2011, 2012; Schaaf et al., 2002）。

目前，常用的 BRDF 模型中 Ross-Li 核驱动模型具有较好的普适性，能模拟大部分地表的双向反射率，相关系数与均方差可以分别达到 0.934 和 0.016，因此普遍应用于 MODIS 卫星反演（Schaaf et al., 2002; Strahler et al., 1999）。半经验的核驱动模型的 BRDF 构造形式如下：

$$R(\theta_0,\theta_1,\varphi_0,\varphi_1,\Lambda)=f_{\mathrm{iso}}(\Lambda)+f_{\mathrm{vol}}(\Lambda)K_{\mathrm{vol}}+f_{\mathrm{geo}}(\Lambda)K_{\mathrm{geo}}(\theta_0,\theta_1,\varphi_0,\varphi_1) \tag{2-26}$$

其中，K_{vol}、K_{geo} 分别为体散射核和几何光学核，它们是太阳天辐射几何光学角度以及观测几何角度的函数，f_{iso}、f_{vol}、f_{geo} 为权重系数，分别表示各向同性散射、体散射、

几何光学散射这三个部分所占的比例。通过卫星观测数据以及光学几何信息，利用最小二乘法拟合出3个最佳的权重系数，再根据权重系数，可以模拟出任意入射方向的BRDF。在该模型中，体散射核采用 RossThick 核，是根据 Ross（1981）的辐射传输理论推导出来的，其表达式为

$$K_{\mathrm{RT}}(\theta_0,\theta_1,\varphi_0,\varphi_1)=\frac{\left(\frac{\pi}{2}-\phi\right)\cos\theta+\sin\theta}{\cos\theta_0+\cos\theta_1}-\frac{\pi}{4} \tag{2-27}$$

式中，ϕ 为散射角，即入射方向与散射方向的夹角。几何光学核采用 LiSparseR 核，是通过 Li 和 Strahler（1992）的几何光学模型推导出来的，表达式为

$$K_{\mathrm{Li}}(\theta_0,\theta_1,\varphi_0,\varphi_1)=f(\theta_0',\theta_1',t)-\sec\theta_0'-\sec\theta_1'+\left[1+\cos\phi'\right]\sec\theta_0'\sec\theta_1'/2 \tag{2-28}$$

其中，

$$f\left(\theta_0',\theta_1',t\right)=\frac{1}{\pi}(t-\sin t\cos t)(\sec\theta_0'+\sec\theta_1') \tag{2-29}$$

$$\cos(t)=\frac{h}{b}\frac{\sqrt{D^2(\tan\theta_0'\tan\theta_1'\sin\varphi)}}{(\sec\theta_0'+\sec\theta_1')} \tag{2-30}$$

$$D=\sqrt{\tan^2\theta_0'+\tan^2\theta_1'-2\tan\theta_0'\tan\theta_1'\cos\varphi} \tag{2-31}$$

$$\theta_0'=\tan^{-1}\left(\frac{b}{r}\tan\theta_0\right) \tag{2-32}$$

$$\theta_1'=\tan^{-1}\left(\frac{b}{r}\tan\theta_1\right) \tag{2-33}$$

式中，假定目标地表形状为一个椭球体；h 为球心距地面的高度；b 为球体垂直半径；r 为球体水平半径。

相对于非偏的地表信号，地表的偏振反射信息较弱，并且没有明显的光谱依赖性。大多数的 BPDF 模型通常基于 Fresnel 函数来表达：

$$F_{\mathrm{p}}(m,\phi)=\frac{1}{2}\left(\left(\frac{m\mu_{\mathrm{t}}-\mu_{\mathrm{r}}}{m\mu_{\mathrm{t}}+\mu_{\mathrm{r}}}\right)^2-\left(\frac{m\mu_{\mathrm{r}}-\mu_{\mathrm{t}}}{m\mu_{\mathrm{r}}+\mu_{\mathrm{t}}}\right)^2\right) \tag{2-34}$$

其中，m 为折射率，取值 1.5；ϕ 为散射角；μ_{r}、μ_{t} 分别是镜面反射角和折射角的余弦，是散射角的函数。目前，国内外许多研究学者提出了不同的 BPDF 经验模型。Bréon 等（1995）提出了两种不同的 BPDF 模型来表述植被和裸土的偏振反射特性；Nadal 和 Bréon（1999）通过偏振卫星观测数据研究分析了不同地物的偏振反射率特性，提出了一种基于归一化植被指数（normalized difference vegetation index，NDVI）的 BPDF 模型；Maignan 等（2009）同样基于偏振卫星数据的研究分析，提出了植被和裸土的单参数偏振反射率模型；Xie 等（2017a）在 Fresnel 公式中进一步加入了 NDVI、阴影和斜坡的影响，提出了针对城市地区 BPDF 模型。不同模型之间的对比如图 2-1 所示。

基于典型大气和地表特性，考虑地-气之间的多次散射，可以构建面向多角度偏振探

测仪应用的矢量辐射传输模型。通过耦合气溶胶多角度偏振散射模型和地表双向偏振反射模型，求解矢量辐射传输方程，输出大气层顶的偏振反射率。基于上述气溶胶散射以及地表反射函数表达，可以通过式（2-25）对大气顶层的表观反射率/辐照度进行求解。由于研究对象为具有半边界条件的物理问题，且大气辐射传输方程中多次散射项为高度非线性的微分积分方程，因此通常采用二流或四流近似等简化方法求解辐射传输方程的近似解。Evans 和 Stephens（1991）提出的“倍加累加法”，将大气划分为不同的层，然后用反射矩阵、透射矩阵和源矢量来表示每个层的矢量辐射传输特性。Hammad 和 Chapman（1939）提出的“逐次散射近似法”，分别计算一次、二次、三次散射的强度，总的散射强度为所有各次散射强度之和。除此之外，离散纵标法（Stamnes et al., 1988）与蒙特卡罗模拟法（Collins et al., 1972）也是解决大气多次散射的精确算法，常用于不同的辐射传输模型中。

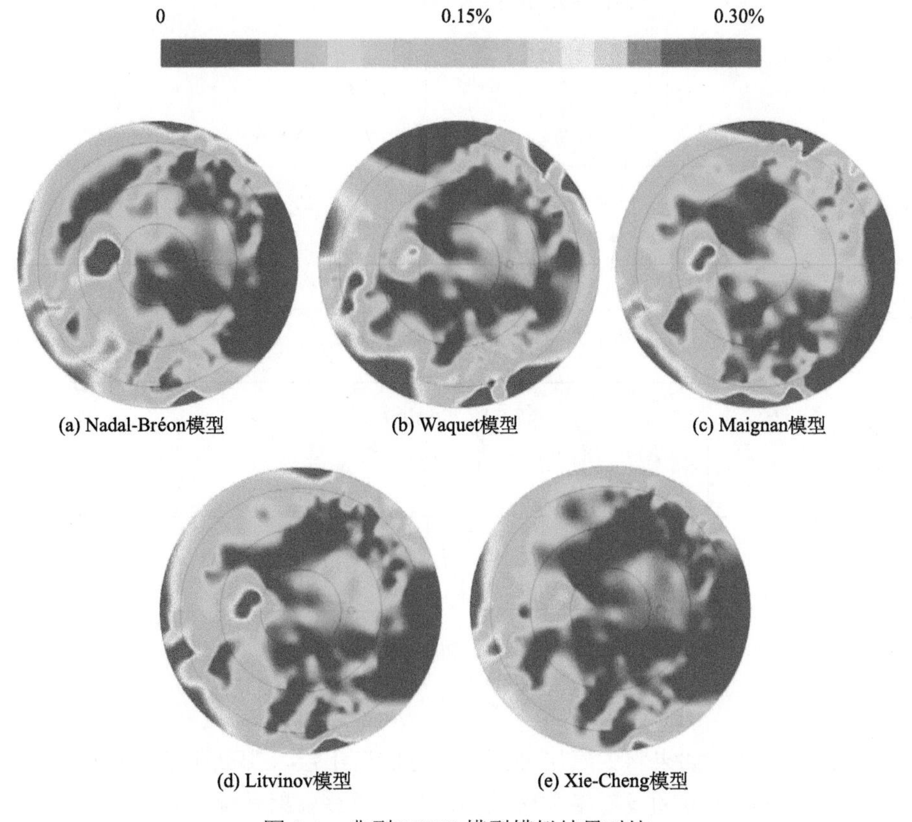

图 2-1　典型 BPDF 模型模拟结果对比

2.2.2　气溶胶多角度偏振散射模拟

综合考虑目前矢量辐射传输模型的优缺点，基于倍加累加算法进行矢量辐射传输模拟，用于气溶胶粒子群的多角度偏振散射模型构建。如果将大气层分为水平分布的若干层，并且每层的反射率和透过率已知，那么累加法可以用来计算相邻两层联合之后总的反射率和透过率。

如图 2-2 所示，当光线从上方射入时，R_1、T_1代表上面一层的反射率和总的透过率（包括直接透射和来自漫反射的透射），当光线从下方射入时，反射率和总的透过率用R_1^*、T_1^*来表示。理论上，光束在相邻两层之间会经历无限次的散射。考虑到两层之间的多次散射，组合后的反射率和透过率为

$$\begin{aligned} R_{12} &= R_1 + T_1^* R_2 T_1 + T_1^* R_2 R_1^* R_2 T_1 + T_1^* R_2 R_1^* R_2 R_1^* R_2 T_1 + \cdots \\ &= R_1 + T_1^* R_2 [1 + R_1^* R_2 + (R_1^* R_2)^2 + \cdots] T_1 \\ &= R_1 + T_1^* R_2 (1 - R_1^* R_2)^{-1} T_1 \end{aligned} \tag{2-35}$$

$$\begin{aligned} T_{12} &= T_2 T_1 + T_2 R_1^* R_2 T_2 + T_2 R_1^* R_2 R_1^* R_2 T_2 + \cdots \\ &= T_2 [1 + R_1^* R_2 + (R_1^* R_2)^2 + \cdots] T_1 \\ &= T_2 (1 - R_1^* R_2)^{-1} T_1 \end{aligned} \tag{2-36}$$

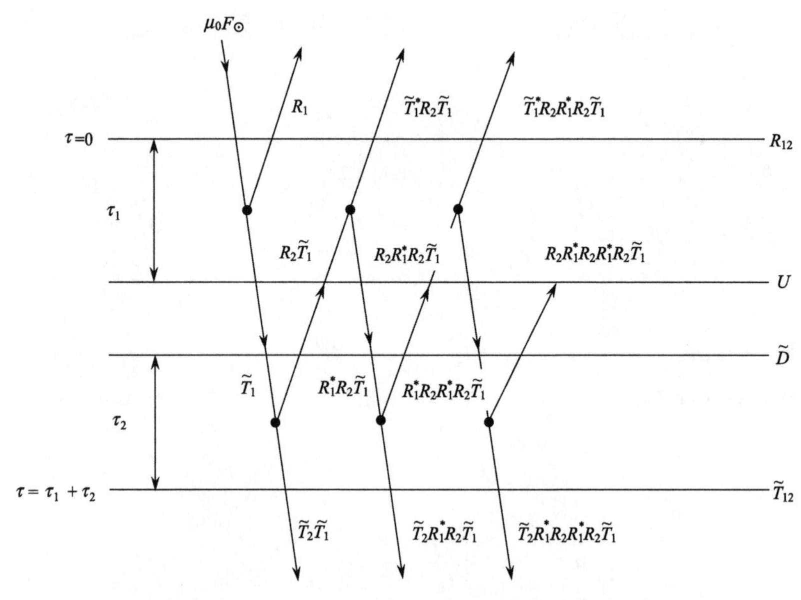

图 2-2　倍加累加法的基本原理

$F_\odot$ 为入射辐射亮度；$\tilde{T}$ 为等效透过率

由上述公式可知，如果将大气层分割为平行的若干层，那么不断地对相邻两层进行累加，可以得到整层大气的反射率与透过率，从而解算辐射传输方程。理论上，大气上下两层的光学厚度可以不同，但在数值计算中，常常将大气层分为光学厚度相同的若干薄层，这时候累加法就被称作为倍加法。

基于气溶胶粒子群的散射特性，在不考虑地表贡献的前提下，利用倍加累加方法，不断的将相邻的大气层进行合并，模拟分析出气溶胶粒子群的多角度偏振反射特性。再针对多角度偏振探测仪的观测方式及气溶胶卫星遥感应用，可以构建灰霾、沙尘等高浓度气溶胶粒子群的多角度偏振散射模型。图 2-3 展示了中国区域典型气溶胶模式的大气

层顶多角度偏振反射率极化图。

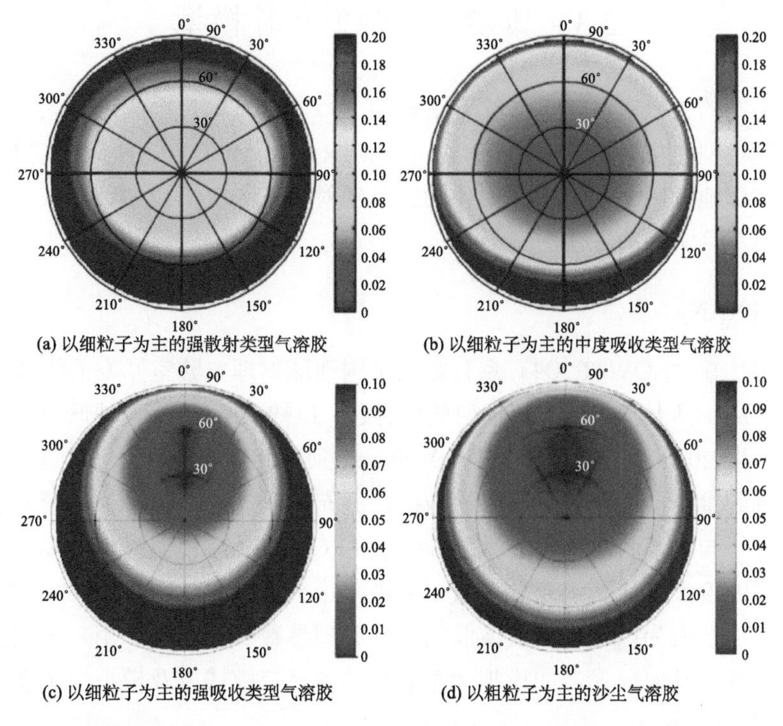

(a) 以细粒子为主的强散射类型气溶胶　(b) 以细粒子为主的中度吸收类型气溶胶

(c) 以细粒子为主的强吸收类型气溶胶　(d) 以粗粒子为主的沙尘气溶胶

图 2-3　中国区域典型气溶胶模式的大气层顶（TOA）多角度偏振反射率模拟结果的极化图

太阳天顶角为 40°

实际上，大气顶层的偏振反射率存在饱和现象（图 2-4），随着气溶胶浓度增加，偏振反射率趋于稳定。其中，当 0<AOD<0.5 时，偏振反射率随着 AOD 的增加而增加；当 AOD>1.0 时，偏振反射率趋于稳定，不再增加；大气信号饱和现象与观测角度具有显著的相关性。

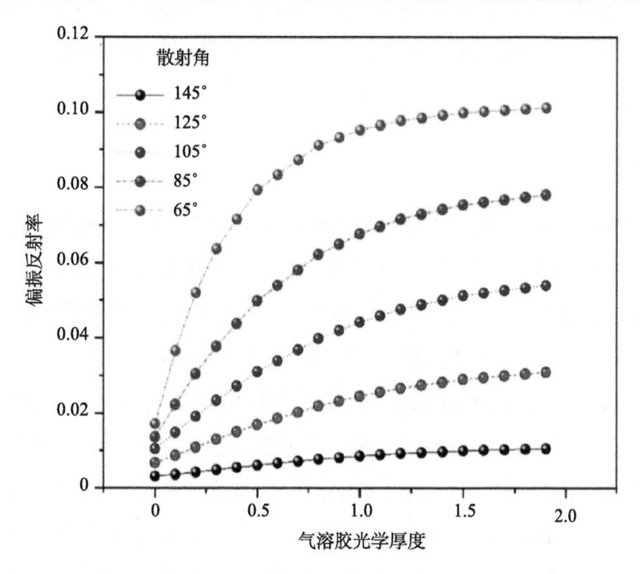

图 2-4　多角度观测过程中的大气信号饱和现象

2.3 典型大气辐射传输模型

在上述不同的大气辐射传输计算方法基础上，对地-气耦合系统进行大气辐射传输模拟的辐射传输模型也相继被开发出来，如 LOWTRAN、MODTRAN、6SV 等。这些辐射传输模型被广泛地运用于卫星遥感影像的大气辐射校正与气溶胶参数获取中，是大气定量遥感研究可靠且常用的方法。

2.3.1 LOWTRAN

低分辨率传输（LOWTRAN）系列是由美国地球物理实验室开发的谱代模式大气辐射传输模型，是计算大气透过率和辐射的软件包。LOWTRAN 是一种低分辨率的大气辐射传输模式，以 $20cm^{-1}$ 的光谱分辨率计算 $0cm^{-1}$ 到 $50000cm^{-1}$ 的大气透过率，大气背景辐射、太阳辐照度、单次散射以及多次散射，并充分考虑了 O_3 和 O_2 在紫外波段的吸收性以及大气分子与气溶胶对辐射的散射和吸收。LOWTRAN 模型提供了多种参考大气模式参数，包括温度参考值、气压参考值、多种痕量气体（H_2O、CH_4、CO、N_2O 等）的混合比垂直扩线、人为以及自然气溶胶的光学物理参数等。此外，用户可根据自己的需求选取不同的观测几何形式，如模拟地基观测的地对空模式以及模拟卫星观测的空对地模式，适用对象广泛。

LOWTRAN 在其发展的历程中不断扩大充实并改进订正基础参考资料，提供了更多应用的可能。当前最新版本的 LOWTRAN7 加入了多次散射的计算，通过改进的倍加类加法，自海平面开始向上直到大气上界，逐层计算大气在每一界面上的透过率、吸收散射效率、反射率以及辐射通量，再利用得到的源函数基于二流近似求解辐射传输方程。这一改变使得模型能够更好地处理短波辐射问题，但基于二流近似处理辐射传输方程也限制了最终结果的计算精度，与方向有关的辐射量度计算精度受到较大的限制。

2.3.2 MODTRAN

中等分辨率大气辐射传输模型（MODTRAN）是 LOWTRAN 模型的改进，它是由美国空军研究实验室与光谱科技公司利用 FORTRAN 语言联合开发的计算大气透过率与辐射的软件包。与 LOWTRAN 相比，其光谱分辨率在 0～$22680cm^{-1}$ 光谱范围内可达到 $2cm^{-1}$，在 22680～$50000cm^{-1}$ 光谱范围内仍然为 $20cm^{-1}$。MODTRAN 还对多次散射的计算进行了优化。它基于离散纵标法，用标准矩阵解法直接从大气辐射传输方程组求解特征值，在提高了计算效率的基础上，比 LOWTRAN 中的二流近似方法具有更高的精度与灵活性。

除此之外，MODTRAN 还对辐射传输的大气模式输入、几何路径、透过率模式以及气溶胶模式提供了更多的选择。例如，模型提供了多种大气模式参数输入选择，除用户自定义大气模式之外，还提供了热带大气、中纬度夏季/冬季大气、极地夏季/冬季大气以及美国标准大气参考模型；对于大气路径，考虑到辐射流方向上的单次或多次散射，MODTRAN 提供了水平、倾斜和垂直三种选择；对于气溶胶模式，MODTRAN 允许用户自行选择气溶胶参数数据，还可以将气溶胶消光系数转换为等效的液态水形式。此外，MODTRAN 将气溶胶模型分为 9 种对流层和 8 种平流层气溶胶，并且同时考虑气溶胶的季节性变化以及风速、降水和海拔对气溶胶的影响，可以运用不同的气溶胶模式对不同的参考模型进行修正。需要注意的是，由于分子透过率的带参数计算同时包括了直接的太阳辐射亮度与散射的太阳辐射亮度，因此 MODTRAN 更适合于低大气路径（小于 30km）和中大气路径（小于 60km）的模拟。

2.3.3　6S/6SV

6S（second simulation of the satellite signal in the solar spectrum）是在法国里尔科技大学大气光学实验室开发的 5S 模型（simulation of the satellite signal in the solar spectrum）的基础上，由 Vermote 等（1997）改进的辐射传输模型。当前最新的 6SV2.1（6S-Vector）版本可通过逐次散射近似法来对矢量辐射传输方程进行解算，可以描述无云大气情况下大气气体、分子以及气溶胶的散射与非均一地面的双向反射率分布等问题，常用于卫星影像的大气校正。与其他辐射传输模型相比，6S 模型具有以下几个特点。

（1）6S 通过太阳、观测目标与传感器之间的角度参数（太阳天顶角/方位角、观测天顶角/方位角）来描述辐射传输过程中的几何路径。

（2）与 MODTRAN 一样，6S 定义了 6 种大气模式，包括热带大气、中纬度夏季/冬季大气、极地夏季/冬季大气以及美国标准大气参考模型。同时，也为用户提供了自定义模块，通过输入实测的气压、温度、水汽以及 O_3 的含量，生成局地更加准确、与实际情况更加准确的大气条件。

（3）6S 提供了一套更加完整的气溶胶类型定义方案，除了内含沙尘、生物质燃烧以及平流程三种气溶胶类型之外，还定义了 4 种主要的气溶胶成分（复折射指数、谱分布、单次散射反照率等），包括类沙尘（dust-like）成分、海洋成分（oceanic）、水溶性（water-soluble）成分以及煤烟（soot）成分，通过一定比例的外混合，可以描述多种气溶胶的物理光学特征。6S 提供了三种典型气溶胶模型的比例分布，即大陆型气溶胶、海洋型气溶胶以及城市型气溶胶。用户也可自定义这四种成分使得模拟的气溶胶更加接近真实大气中气溶胶的类型以及光学特征。另外，6S 也允许用户通过不同的谱分布（双峰对数谱分布、Gamma 分布、Junge 分布）来对气溶胶类型进行自定义，也可利用地基观测（太阳-天空辐射计）的气溶胶微物理特征参数作为模型的输入。

（4）6S 耦合了大多数卫星传感器的光谱响应函数，如 AVHRR、TM、MODIS、POLDER 等。最新的 6SV2.1 版本还加入了较新发射的 S-NPP VIIRS 和 Himawari-8 AHI 部分波段的光谱响应函数。此外，6S 也为用户提供了自定义光谱响应函数的接口，应用面更广。除了可以模拟地基观测与卫星观测之外，6S 还可以对不同测量高度的航空测量数据进行模拟。

（5）6S 可以描述均一地表与非均一地表两种情况下的辐射传输过程，每种情况均定义了 4 种缺省的地表类型（植被、清洁水体、沙子和湖水）。此外，在均一地表中也可考虑地表的方向性散射问题。双向反射率分布函数（BRDF）则是描述地表方向反射的重要函数。6S 模型中耦合了 10 种 BRDF 模型，包括 Hapke 模型、海洋模型、MODIS 官方模型 Ross-Li 等。这些地表模型可以提高辐射传输的模拟精度，使模型模拟更加接近于真实观测值，从而使大气校正或气溶胶参数的反演更加精确。

第 3 章　黑碳气溶胶的微物理模型

3.1　高浓度气溶胶模型

3.1.1　高浓度气溶胶特征聚类

大气气溶胶的类型众多，变化复杂，要全面地了解大气气溶胶的光学特性及其对辐射平衡的影响，就需要明确区域大气气溶胶的组成、谱分布以及总含量。近几年，国内外许多学者利用地基和卫星观测资料对区域和全球范围的气溶胶类型进行了研究和探索。基于太阳光度计的多角度、偏振等多种手段，可以有效探测太阳直射和天空漫射辐射，获得高精度的气溶胶光学微物理特征参数，如气溶胶光学厚度、单次散射反照率、复折射指数、粒子尺度谱分布等，为了解气溶胶特性和区分气溶胶类型信息提供基础。

由于来源不同，不同类型气溶胶在物理、化学特性上有很大差异，如粒子大小、形状、组成成分等，导致这些类型气溶胶在光学特性上有很大差异，如散射、吸收特性等。通常情况下，基于历史长时间序列地基观测资料和大量地基实验的观测结果，利用气溶胶类型的聚类统计分析算法，可以建立重点区域的晴空和灰霾、沙尘等高浓度气溶胶的模型。通常聚类中使用的参数如下：

（1）单次散射反照率，包括四个波长分别为 440nm、676nm、869nm 和 1020nm。

（2）复折射指数的实部（real part of refractive index，REFR），四个波长同 SSA。

（3）复折射指数的虚部（imaginary part of refractive index，REFI），四个波长同 SSA。

（4）不对称因子（asymmetry parameter，ASYM），四个波长同 SSA。

（5）描述粒子尺度谱分布（双峰正态分布）的参数：细粒子和粗粒子体积浓度（VolConF/VolCon）；细粒子和粗粒子有效半径（EffRadF/EffRadC）；细粒子和粗粒子的标准差（StdDevF/StdDevC）。

地基观测的气溶胶物理、光学特性参数多，并且连续观测，数据量大，基于地基观测参数进行气溶胶类别划分的方法有简单的归纳统计分析方法，也有数据挖掘的聚类方法。其中，聚类分析方法（cluster analysis）是根据事物本身的特性研究个体分类的方法。在以往的分类学中，人们主要靠经验和专业知识作定性分类处理，许多分类不可避免地带有主观性和任意性，不能揭示客观事物内在的本质差别和联系；或者人们只根据事物单方面的特征进行分类，这些分类虽然可以反映事物某些方面的区别，但却往往难以反映各类事物之间的综合差异。聚类分析方法有效地解决了科学研究中多因素、多指标的分类问题。

层次聚类算法是气溶胶模型相关研究中常用的统计方法，也称为树聚类算法，它的目标是对于具有 n 个样本的集合，首先通过相似性函数计算样本间的相似性并构成相似性矩阵，再根据样本间的相似性矩阵把样本集组成一个分层结构，产生一个从 1 到 n 的聚类序列。这个序列有着二叉树的形式，即每个树的结点有两个分支，从而使得聚类结果构成样本集的系统树图（图 3-1）。

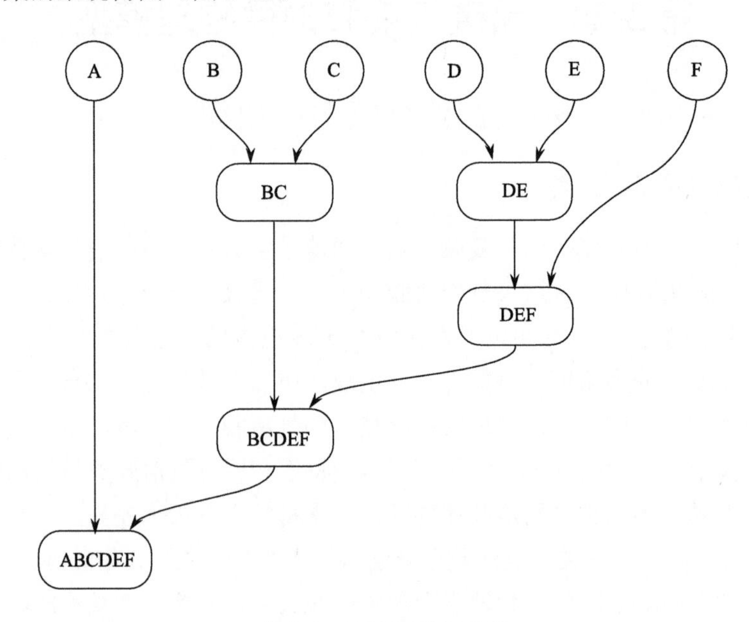

图 3-1　层次聚类示意图

从系统树图形成的方式来看，层次聚类算法包括两种形式：凝聚式算法和分裂式算法。凝聚式算法是以“自底向上”的方式进行的，首先将每个样本作为一个聚类，然后合并相似性最大的聚类为一个大的聚类，直到所有的聚类都被融合成一个大的聚类，它以 n 个聚类开始，以 1 个聚类结束。分裂式算法是以一种“自顶向下”的方式进行的，一开始它将整个样本看作一个大的聚类，然后在算法进行的过程中考察所有可能的分裂方法把整个聚类分成若干个小的聚类。第 1 步分成 2 类，第 2 步分成 3 类，这样一直能够进行下去直到最后一步分成 n 类，在每一步中选择一个使得相异程度最小的分裂。运用这种方法，可以得到一个相反结构的系统树图，它以 1 个聚类开始，以 n 个聚类结束。与分裂式算法相比，由于凝聚式算法在计算上简单、快捷，而且得到相近的最终结果，所以绝大多数层次聚类方法都是凝聚式的，它们只是在聚类的相似性度量的定义上有所不同。层次聚类算法是一个非常有用的聚类算法，它在迭代的过程中直到所有的数据都属于同一个簇才停止迭代。

两个数据集之间的距离可使用曼哈顿距离来定义：

$$\text{Distance} = \sum_{i=1}^{n} \left| a_i - b_i \right| \tag{3-1}$$

式中，a 和 b 为 AERONET 的两条数据记录。为了保证所有参数在聚类中的权重一致，在聚类之前，将所有参数都归一化到[0,1]之间，两类之间的距离被计算作为它们的两个最远点间的距离。具体聚类流程如图 3-2 所示。

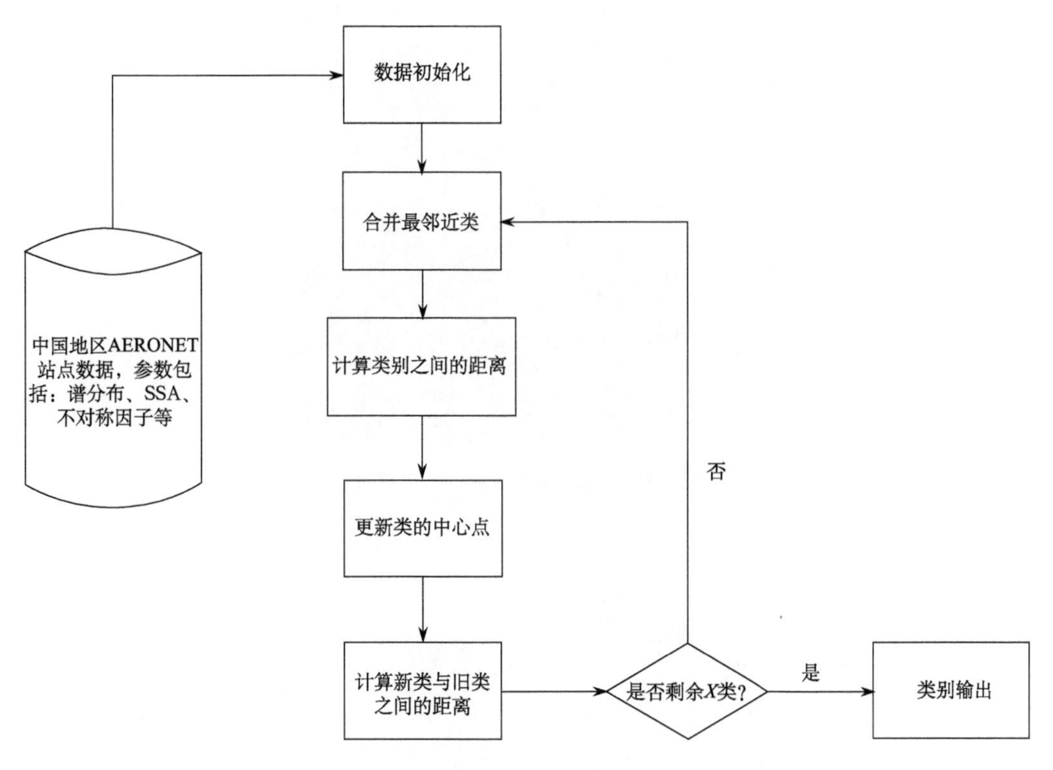

图 3-2　基于地基气溶胶观测数据的聚类流程图

以中国地区为例，采用层次聚类分析的方法获得了 4 种高浓度气溶胶类型。采用的地基站点分布如图 3-3 所示。根据 4 种高浓度气溶胶类型的散射吸收特性将聚类中心 1～4（Cluster1-4）分别命名为细粒子为主的强散射类型气溶胶（Fine1-NA）、细粒子为主的中度吸收类型气溶胶（Fine2-MA）、细粒子为主的强吸收类型气溶胶（Fine3-HA）和粗粒子为主的沙尘气溶胶（Coarse-dust）。每个类型的气溶胶体积谱分布、单次散射反照率和不对称因子如图 3-4 所示。这 4 种气溶胶类型各自的光学物理参数如表 3-1 所示。

图 3-5 为中国典型站点不同气溶胶类型的季节变化特性。沙尘和混合型气溶胶主要出现在春季（3～5 月）。强吸收类的细粒子主要出现在秋冬季（9 月至翌年 2 月），这是由于秋冬季节北方的采暖和南方的工业活动造成黑碳成分增高，细粒子气溶胶的吸收性增强。强散射型细粒子气溶胶主要出现在夏季，这是由于夏季雨水多，空气相对湿度较大，细粒子气溶胶吸湿性增长较明显，气溶胶对光线的吸收能力明显减弱。

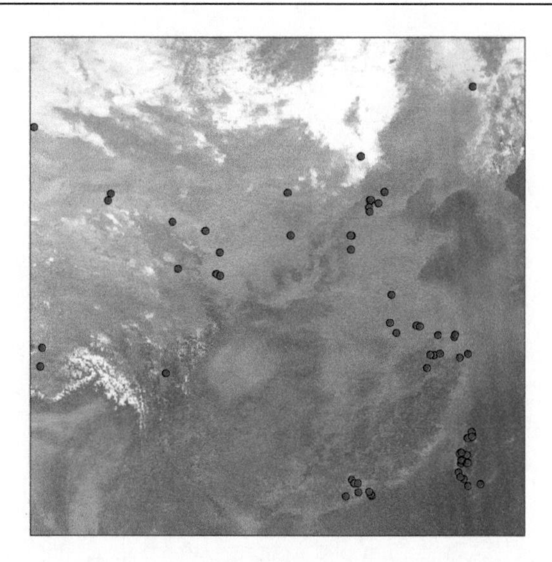

图 3-3　地基气溶胶监测站点的地理分布

圆点为地基站点

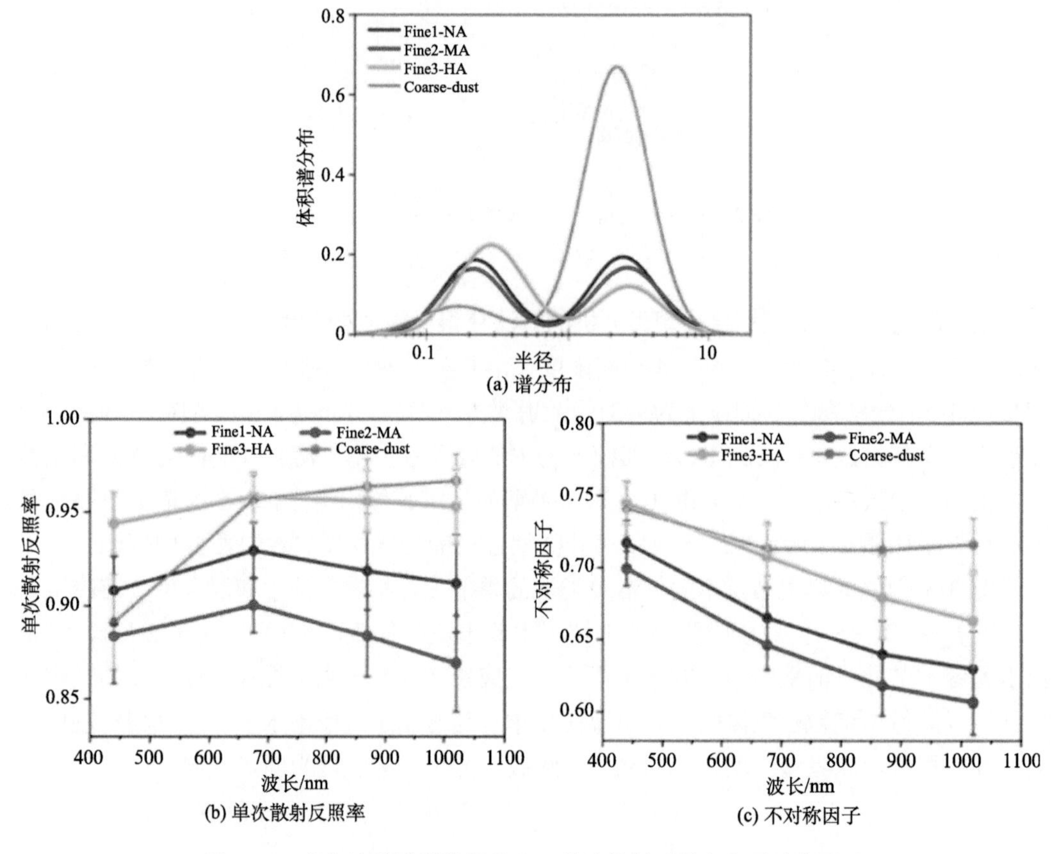

图 3-4　4 种气溶胶类型的谱分布、单次散射反照率和不对称因子

表 3-1　4 种气溶胶类型光学物理参数

指标	Fine1-NA	Fine2-MA	Fine3-HA	Coarse-dust
单次散射反照率（440nm）	0.943	0.891	0.842	0.905
单次散射反照率（676nm）	0.948	0.903	0.845	0.942
单次散射反照率（869nm）	0.944	0.893	0.821	0.946
单次散射反照率（1020nm）	0.941	0.887	0.804	0.949
复折射指数实部（440nm）	1.413	1.462	1.471	1.494
复折射指数实部（676nm）	1.426	1.481	1.487	1.521
复折射指数实部（869nm）	1.434	1.491	1.498	1.526
复折射指数实部（1020nm）	1.432	1.491	1.502	1.519
复折射指数虚部（440nm）	0.007	0.014	0.025	0.008
复折射指数虚部（676nm）	0.005	0.010	0.020	0.004
复折射指数虚部（869nm）	0.005	0.010	0.021	0.004
复折射指数虚部（1020nm）	0.005	0.010	0.022	0.004
不对称因子（440nm）	0.736	0.708	0.702	0.717
不对称因子（676nm）	0.675	0.645	0.638	0.674
不对称因子（869nm）	0.641	0.622	0.614	0.668
不对称因子（1020nm）	0.628	0.618	0.607	0.673
细模态体积浓度	0.127	0.103	0.084	0.083
细模态半径	0.219	0.183	0.179	0.161
细模态谱宽度	0.510	0.498	0.516	0.515
粗模态体积浓度	0.080	0.112	0.083	0.300
粗模态半径	2.731	2.673	2.757	2.402
粗模态谱宽度	0.602	0.625	0.643	0.599
细粒子比	0.87	0.79	0.78	0.42
占总数的百分比/%	26	52	6	15

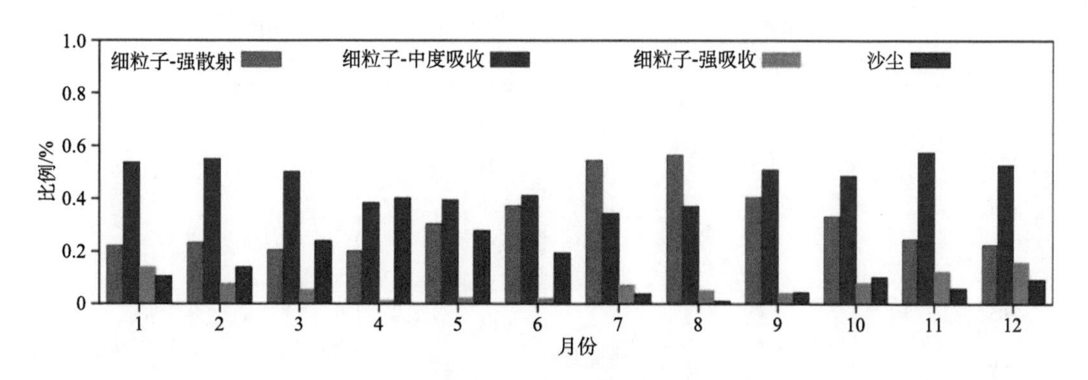

图 3-5　中国地区 4 种高浓度气溶胶类型月变化

图 3-6 显示了严重污染日和晴朗天的可降水量季节性变化。随着相对湿度的增加，气溶胶颗粒由于吸水而表现出吸湿性的尺寸增长。这对气溶胶光学特性产生重要影响，导致消光系数增加和大气能见度降低。夏季可降水量值最高，平均值为 2.72；其次是秋

季，平均可降水量值为 1.05；冬季可降水量最低，平均值为 0.40。春、夏、秋三季，污染案例的可降水量值比晴朗日约大 0.4，冬季约大 0.1。严重气溶胶污染中较大的可降水量值表明，高气溶胶浓度可能与高相对湿度和由此产生的气溶胶吸湿性增长有关。

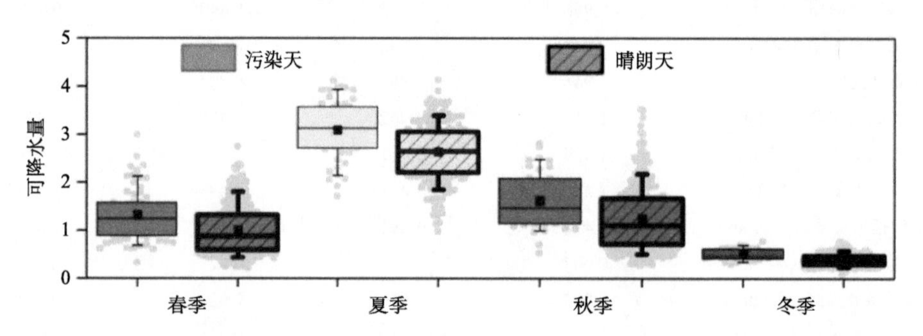

图 3-6　北京 AERONET 站 2002～2014 年高浓度气溶胶污染条件下和晴朗天气条件下可降水量的季节性变化

区域气溶胶污染严重受局地强辐射或长距离输送的强气溶胶羽流的影响，并表现出明显的季节变化。如图 3-7 所示，气溶胶体积谱分布说明了高气溶胶浓度条件下的颗粒

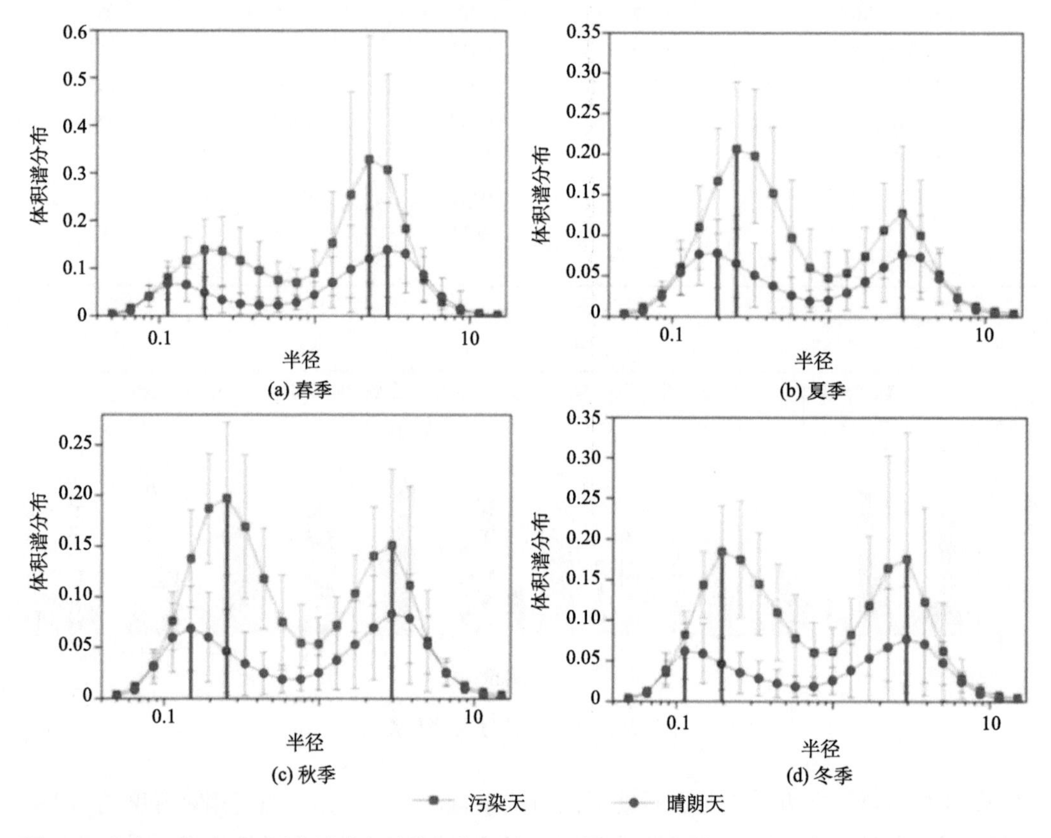

图 3-7　北京 AERONET 站高浓度气溶胶污染条件下和晴朗天气条件下平均柱状尺度分布季节性变化

大小季节性变化。在重度气溶胶污染条件下，无论是细颗粒还是粗颗粒物，其体积浓度在四季均有不同程度的增加趋势。春季污染日的粒径分布在粗模式分量上显著增加，证明了北京在春季受到粗模态沙尘气溶胶影响。在夏季至冬季，高浓度气溶胶的尺度分布在细模态上的体积浓度显著增加，分别增长了 3～4 倍，表明本地的人为排放可能是造成区域气溶胶污染的原因之一。

图 3-8 和图 3-9 显示了在高浓度气溶胶污染条件下，675nm 波长处的单次散射反照率和不对称因子的季节性变化。气溶胶的单次散射反照率和不对称因子呈现了相似的趋势，即在为夏季、春季、秋季和冬季依次递减。其中，气溶胶的不对称因子和单次散射反照率在夏季最高。其原因是较大的空气湿度使得气溶胶显示出一种吸湿生长现象。相反，由于冬季存在大量的因燃煤而形成的吸收性含碳气溶胶，使得大气中气溶胶的吸收辐射的能力增强，进而描述气溶胶吸收的单次散射反照率均值最低。

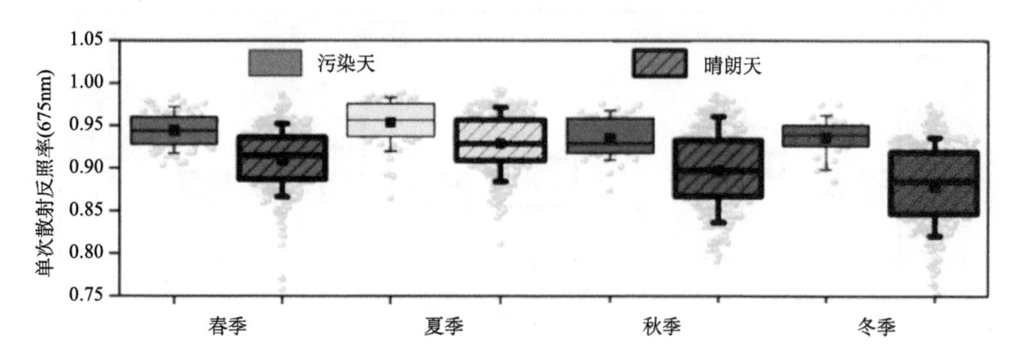

图 3-8　北京 AERONET 站 2002～2014 年高浓度气溶胶污染条件下和晴朗天气条件下单次散射反照率（675nm）的季节性变化

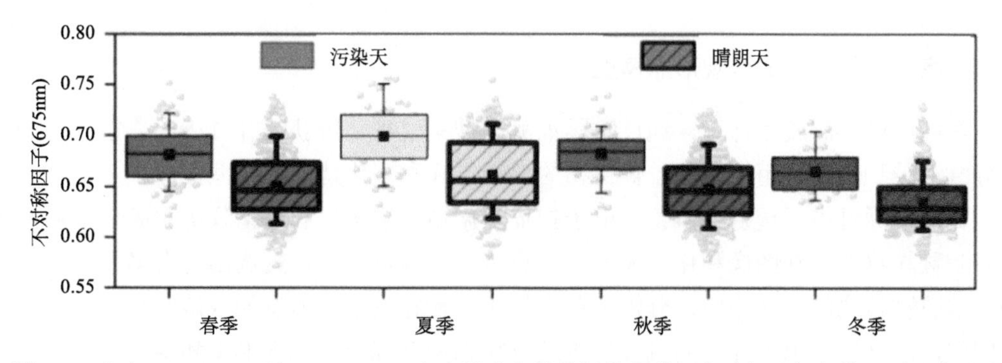

图 3-9　北京 AERONET 站 2002～2014 年高浓度气溶胶污染条件下和晴朗天气条件下不对称因子（675nm）的季节性变化

图 3-10 显示了北京地区气溶胶辐射强迫和辐射强迫效率的季节变化。结果表明，结果表明，高浓度的气溶胶使得整层大气的辐射强迫增加，这也表明气溶胶污染使得大气的温度增加。此外，污染日的气溶胶辐射强迫要比晴空条件下的辐射强迫高 2 倍左右，较大的大气辐射强迫意味着气溶胶具有更强的吸收能力。此外，大气辐射强迫和强迫效

率在夏季都出现了最低值，这主要是由于非吸收粒子的大量出现导致的。冬季的大气辐射强迫效率较高，其原因可能是冬季大气边界层高度较低，气溶胶光学厚度较小，从而导致了大气辐射强迫效率升高，即使少量的气溶胶也会对气候环境造成显著的变化。

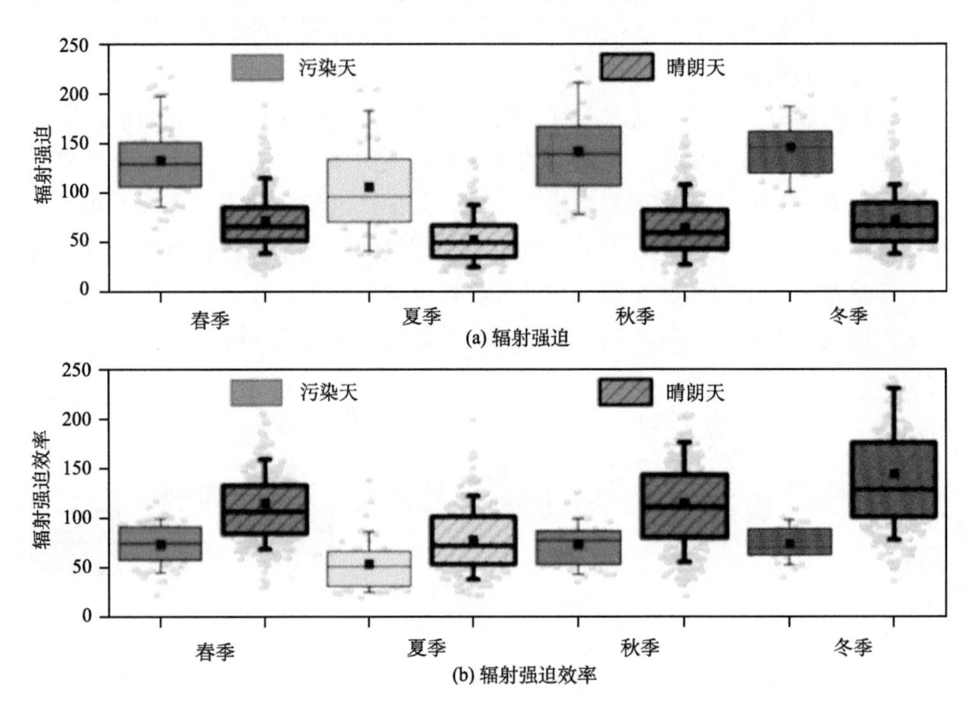

图3-10　北京AERONET站2002～2014年高浓度气溶胶污染条件下和晴朗天气条件下辐射强迫和辐射强迫效率的季节性变化

3.1.2　高浓度气溶胶的微观形态模型

在高浓度气溶胶条件下，通过实际观测和搜集整理，可获得并分析出典型模态的多成分气溶胶颗粒物，用于气溶胶颗粒物的混合方式和理化特性的模型模拟。

目前，通过电子透射显微镜、电子扫描显微镜、黑碳仪和质谱仪等实验仪器可获得气溶胶颗粒物的微观图像和化学成分等信息。通过仪器分析，甄选出含有多种不同成分的气溶胶颗粒物的微观图像，分析出单个气溶胶颗粒物中的所有的气溶胶成分。基于这些图像，总结归纳出多种不同成分气溶胶颗粒物相互混合的微观形态和组成成分，主要包括粒子大小、形态参数、复折射指数（化学成分）、混合方式和混合程度等。根据这些参数的不同约束，可以构建生成随机形态和多成分混合的大气气溶胶颗粒物的微物理模型模拟最接近观测的理化特性。

基于电子显微镜等实验手段获得的气溶胶颗粒微观图像，利用图像分割技术（图3-11）确定气溶胶粒子在显微镜图像上的精确位置与区域，提取不同气溶胶成分的几何信息。通过先验知识和人工判读等手段进行面向对象的图像分类，确定分割对象相对应的气溶胶化学成分。基于图像分类结果，结合体积大小、表面粗糙度和含水量等辅助信息，利用图像阴影恢复深度信息，然后从单视角二维投影图像直接重建出三维微物理模型（图 3-12）。通过引入气溶胶不同化学成分在不同波长和相对湿度等条件下的复折射指数等理化参数，构建气溶胶粒子的微物理模型。基于相同输入参数生成的多个微物理

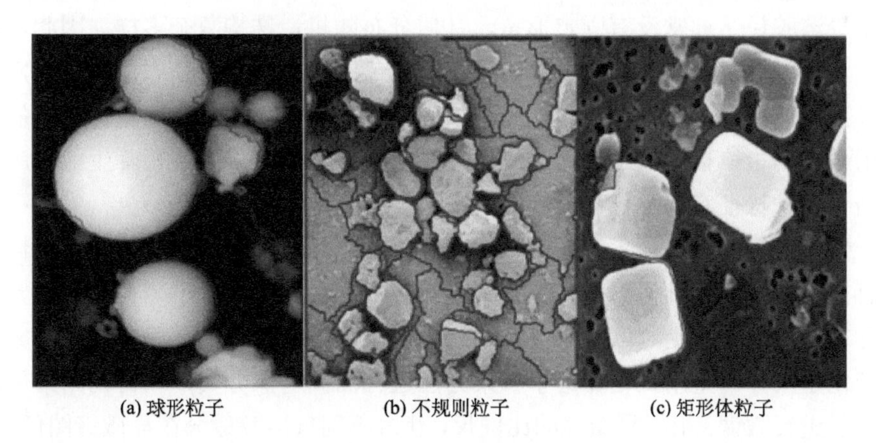

(a) 球形粒子　(b) 不规则粒子　(c) 矩形体粒子

图 3-11　典型气溶胶显微图像分割结果

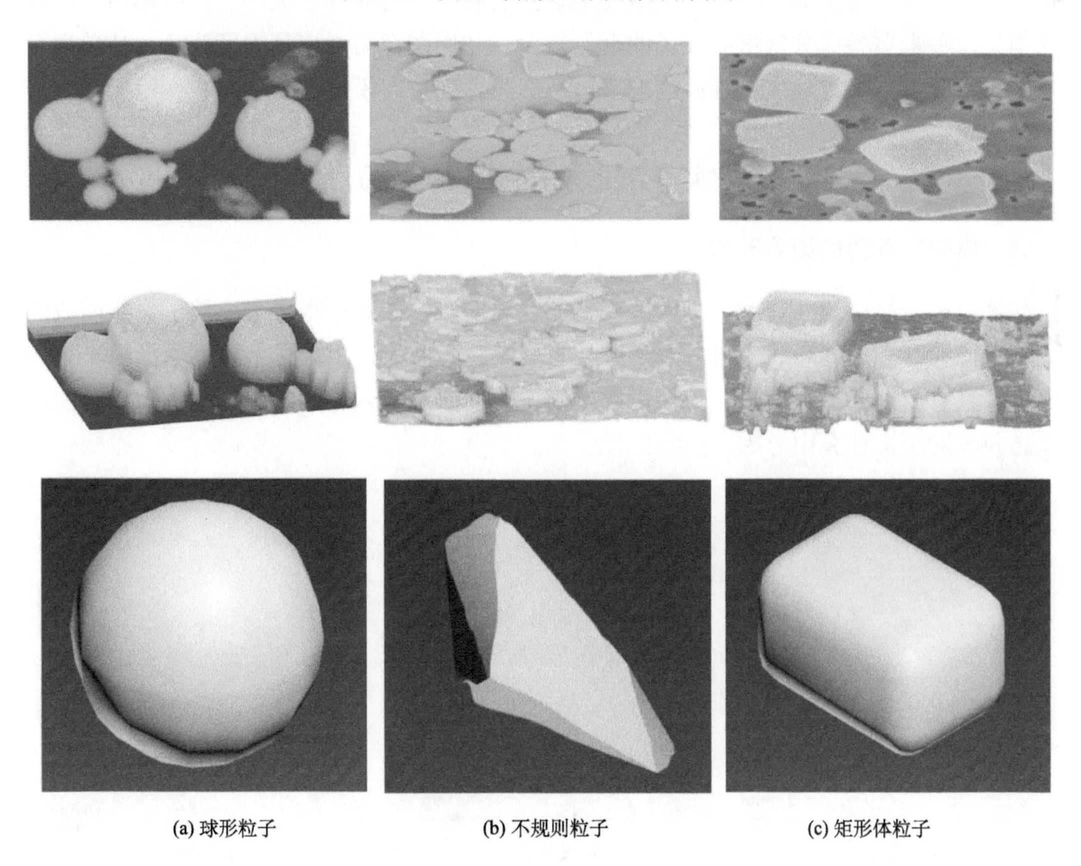

(a) 球形粒子　(b) 不规则粒子　(c) 矩形体粒子

图 3-12　典型气溶胶三维重建效果

模型，优化获得更加通用的气溶胶微物理模型，解决由于采样和显微镜观测角度等原因导致气溶胶三维重建的结果与实际状态不一致的问题，以获得更加真实、通用的模拟结果。基于不同时间的气溶胶粒子的微物理模型，研究气溶胶粒子大小、微观形态、化学成分、混合方式及吸湿增长等特性，分析气溶胶生成老化过程中的物理化学特性变化规律。

由于气溶胶粒子通常没有固定形态，几何分布随机，结构复杂多样。因此，基于电子显微镜获得的气溶胶微观图像，采用多特征均值漂移的图像分割方法，以确定气溶胶粒子在显微镜图像上的精确位置与区域。其中，基于形态学属性断面获得丰富的形态特征，利用角点和边缘检测技术获得精确的几何信息，利用灰度共生矩阵生成相应的纹理特征，结合多种特征有助于分割精度的提升。

基于预先获得的训练样本和先验知识确定气溶胶几何形态，如沙尘等大颗粒气溶胶具有带有棱角的不规则几何形态、黑碳等小颗粒气溶胶具有多个小球粒子相互聚集而成的团簇形态等，结合人工判读等手段，进行面向对象的图像分类，确定分割对象相对应的气溶胶化学成分。采用正则化最小二乘方法进行面向对象分类，获得初始结果，并利用交互手段进行微调。根据显微镜的比例尺，获得不同气溶胶成分在显微镜图像上的长、宽、边界长度、内/外接圆半径等几何信息。结合化学成分、体积大小、表面粗糙度等辅助信息，参考典型成分气溶胶粒子的形态参数，利用图像阴影恢复深度信息，从单视角二维投影图像直接重建出三维微物理模型，形成微观形态模型。

3.2 黑碳气溶胶的光学及微物理特性

3.2.1 黑碳气溶胶的微观形态

透射电子显微镜（TEM）的实际观测图像表明，黑碳是由很多个小粒子聚焦而成的团簇状微粒（图 3-13）。特别是大气悬浮的干燥黑碳微粒，由数百个微小球形粒子聚集而成，具有复杂的散射和吸收特性，给气候变化的研究引入相当的不确定性，有必要在遥感和辐射平衡计算中考虑。

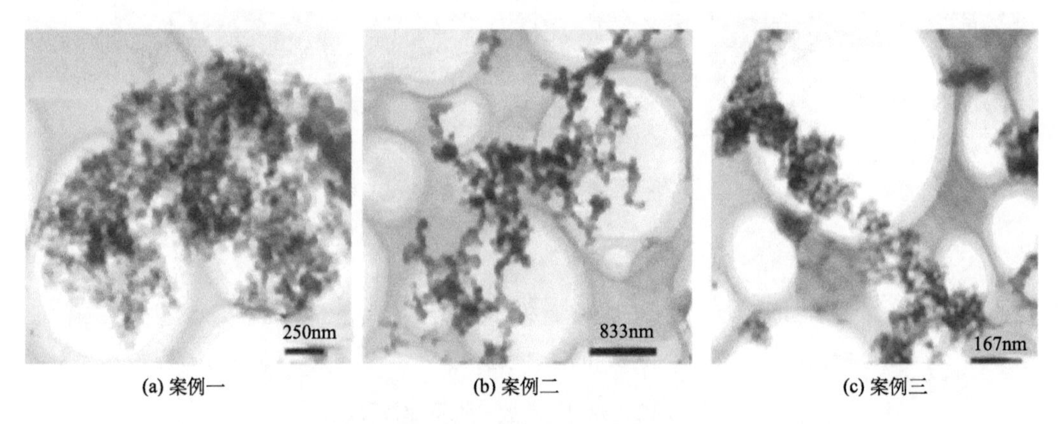

(a) 案例一　　(b) 案例二　　(c) 案例三

图 3-13　典型黑碳气溶胶微观图像（Yang and Shao, 2007）

黑碳气溶胶表现为多个球形小粒子聚集的微观形态，这种团簇结构可以由以下统计公式表示（Liu et al., 2008）：

$$N_s = k_0 \left(\frac{R_g}{a} \right)^{D_f} \tag{3-2}$$

$$R_g^2 = \frac{1}{N_s} \sum_{i=1}^{N_s} r_i^2 \tag{3-3}$$

式中，团簇中小粒子个数 N_s、小粒子半径 a、分形因子 k_0、分形维数 D_f、回转半径 R_g 代表了团簇中整体聚集半径的偏差；r_i 为单个小粒子与团簇中心的距离。由分形前因子 k_0 和分形维数 D_f，建立团簇中小粒子个数 N_s 与回转半径 R_g 的联系。

3.2.2　黑碳气溶胶的复折射指数

单颗粒黑碳的气溶胶复折射指数是描述其吸收和散射能力的物理量，是大气辐射传输 t 和大气化学模式模拟研究中重要的输入参数之一。其中黑碳气溶胶的复折射指数虚部在可见光与近外波段具有明显的光谱依赖性，这也是黑碳区分于其他吸收性气溶胶（如沙尘和有机碳）的重要参考。在现有遥感反演算法中，黑碳的复折射指数通常设置成为一个经验值代入到辐射传输模型中，以实现对混合气溶胶吸收特性的模拟与量化。

当前，获取气溶胶复折射指数的常用方式包括基于偏振技术的测量方法、基于光学参数的反演方法与基于地基观测数据的数理统计方法。其中，基于偏振技术的测量方法是通过测量反射光的相位和振幅来测定黑碳复折射指数的实部和虚部；基于光学参数的反演方法是指基于 Mie 散射等计算模型，通过气溶胶光学特性参数的模拟值与观测值的最佳拟合，反向挑选最合适的黑碳复折射指数参数；基于地基观测数据的数理统计方法则是利用大量的地基观测数据，通过对复折射指数等气溶胶微物理特征参数的聚类，分离出具有独特物理光学特性的气溶胶类簇，选取强吸收气溶胶类型的复折射指数作为黑碳的测定值。

这些方法所测定的黑碳气溶胶复折射指数已被广泛应用于大气粒子微物理特性的研究和分析中。但是，这些研究中提出的参考值各不相同，对于黑碳气溶胶理化光学特性模拟造成较大的不确定性（Bond and Bergstrom, 2006）。气溶胶与云光学特性库（Optical Properties of Aerosols and Clouds, OPAC）建议，黑碳的气溶胶复折射指数可设置为 1.74–0.44i（Hess et al., 1998）；Bond 和 Bergstrom（2006）指出黑碳复折射指数的变化是由于粒子中的微孔引起的，并建议无孔隙的黑碳在 550nm 波段处的复折射指数为 1.95–0.79i。与 OPAC 的值相比，该值与观测到的大气吸收具有更好的一致性；Shettle 和 Fenn（1979）通过不同种气溶胶混合的实测数据，给出了不同尺度分布下的黑碳气溶胶复折射指数。在大多数波段，该经验模型都具有较高的可信度，精度达到±5%。图 3-14 表示的则是 Shettle 和 Fenn（1979）所提出的全波段黑碳气溶胶的复折射指数。从图中可以看出，无论是实部还是虚部，黑碳气溶胶的复折射指数在全波段内的变化明显。在多光谱传感器可接收到的可见光-近红外范围内（图中虚框线），实部的值并没有明显地变化，但虚部值具有较明显的高低起伏变化，值均在 0.3 以上，表现为强吸收性。

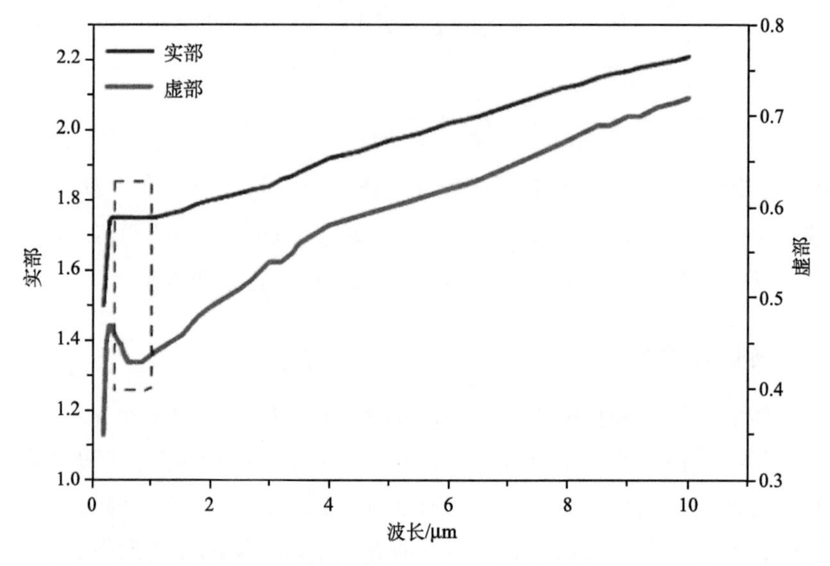

图 3-14　黑碳气溶胶复折射指数（Shettle and Fenn, 1979）

3.3　黑碳气溶胶的微物理模型

3.3.1　有效介质模型

大气气溶胶颗粒的光学性质与其物理化学特性直接相关。不同源排放的气溶胶化学组成不同，其在源处就呈现混合状态，并具有明显的地域特征。此外，大气湍流、风切变等因素也致使各气溶胶粒子相互碰并、融合以及产生各种化学反应。因此，大气中的黑碳气溶胶通常较少以单成分气溶胶粒子的形式出现，大多与其他成分的气溶胶粒子混合。不同比例混合的大气气溶胶粒子具有不同的光学性质，相应地具有不同的散射辐射特性（Covert and Heintzenberg, 1984; Lesins et al., 2002）。

辐射传输模型进行模拟时，通常将不同成分气溶胶的混合比例作为一个可变参量，假设混合状态下的多成分气溶胶粒子为一个等效的单成分气溶胶粒子来表述。有效介质理论是一种建立等效气溶胶粒子的理论方法，通过假设气溶胶粒子为一种单相介质，其性质与多相介质在宏观平均相同，这种假设的单相介质就称为该多相介质的“有效介质”。在大气气溶胶中混合介质的光学参数可由各组成成分的体积比例和气溶胶粒子的光学特性计算获得。依据单颗粒气溶胶不同成分的混合方式，可以将气溶胶成分有效介质混合模型分成外混合和内混合模型。

1. 外混合模型

气溶胶的外混合模型是指不同的气溶胶粒子以分离的形式在大气中存在，不存在不同成分之间的包裹、附着及凝聚等物理过程，各个粒子独立散射和吸收太阳辐射，表现各自的光学性质，互不干扰。其等效气溶胶粒子的光学性质，如 AOD、SSA 等，可以表示为粒子光学性质的加权之和（Mishchenko et al., 2004）：

$$\alpha_{\mathrm{eq}} = \sum_{i=0}^{n} f_i \alpha_i \tag{3-4}$$

式中，α_{eq} 为等效气溶胶的光学性质；α_i 为第 i 种气溶胶成分的光学性质；f_i 为第 i 种气溶胶成分的体积比例。

通常情况下，气溶胶外混合一般出现在空气湿度较为干燥的地区，或者气溶胶浓度较低的时候，此时，吸湿性气溶胶粒子形态稳定，不容易与非吸湿性的气溶胶进行碰撞和包裹，处于相互独立的外混状态。

2. 内混合模型

在实际大气中，气溶胶粒子存在多种内混合形式，它们相互附着、包裹以及糅合，形成了随机分布的多种混合状态（Cappa et al., 2012; Lack et al., 2012; Lesins et al., 2002）。相比于外混合模型，内混合模型能够模拟出更高的气溶胶吸收比率，更加接近于真实测量值（约 10m^2/g），这与内混合气溶胶具有更大的吸收截面有关（Fuller et al., 1999; Schuster et al., 2005）。而当黑碳气溶胶体积比例达到峰值（5%）时，外混合模型模拟的混合气溶胶吸收比率仅为内混合模型的一半（约 4.5m^2/g）。目前内混合的有效介质模型有很多，本书主要介绍以下几种模型。

（1）镶嵌模型。多种气溶胶相互混合，其中较小的气溶胶粒子镶嵌到较大的粒子中，并被其包裹或者吸附。该结构目前广泛应用于反演气溶胶组分浓度的算法中。比较著名的内混合等效结构模型有麦克斯韦-加内特（Maxwell-Garnett，MG）模型（Bohren and Huffman, 1983）与布鲁格曼（Bruggeman，BR）模型（Bruggeman，1935）（图 3-15）。

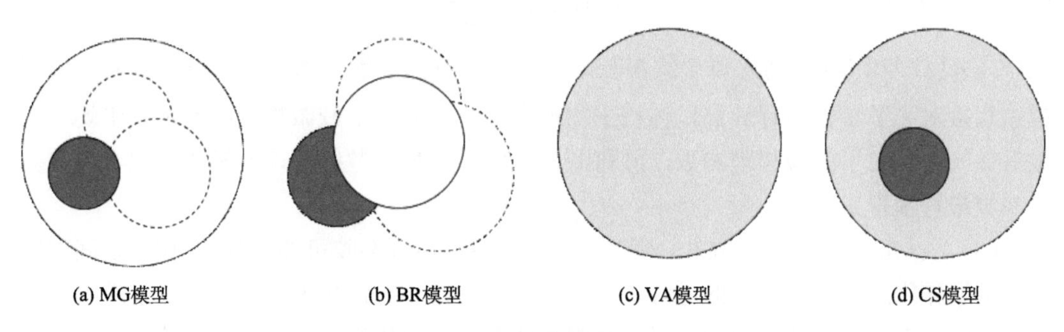

图 3-15　内混合模型结构示意图

在假设气溶胶粒子为球形的情况下，MG 有效介质模型[图 3-15（a）]针对粒子之间相互包裹的情况，展示了较小的气溶胶粒子气溶胶内核（core）被较大粒子外壳（shell）随机包裹的情况。其表达形式为

$$\varepsilon_{\mathrm{MG}}=\varepsilon_{\mathrm{m}}(\lambda)\left[1+\frac{3\sum f_i\left(\dfrac{\varepsilon_i(\lambda)-\varepsilon_{\mathrm{m}}(\lambda)}{\varepsilon_i(\lambda)+2\varepsilon_{\mathrm{m}}(\lambda)}\right)}{1-\sum f_i\left(\dfrac{\varepsilon_i(\lambda)-\varepsilon_{\mathrm{m}}(\lambda)}{\varepsilon_i(\lambda)+2\varepsilon_{\mathrm{m}}(\lambda)}\right)}\right] \tag{3-5}$$

式中，等式左边的 $\varepsilon_{\mathrm{MG}}$ 为 MG 等效介电常数；f_i 为核心粒子在混合气溶胶中的体积比例；$\varepsilon_i(\lambda)$ 与 $\varepsilon_{\mathrm{m}}(\lambda)$ 分别为内核以及外壳粒子的介电常数。式子中介电常数均是复数形式，与气溶胶粒子的吸收和散射能力密切相关，可以通过以下式子转换成复折射指数：

$$\begin{cases} n(\lambda)=\sqrt{\dfrac{\sqrt{\varepsilon_r^2(\lambda)+\varepsilon_i^2(\lambda)}+\varepsilon_r(\lambda)}{2}} \\ k(\lambda)=\sqrt{\dfrac{\sqrt{\varepsilon_r^2(\lambda)+\varepsilon_i^2(\lambda)}-\varepsilon_r(\lambda)}{2}} \end{cases} \tag{3-6}$$

BR 有效介质模型[图 3-15（b）]主要用于研究多种球形不溶性气溶胶颗粒附着于其他气溶胶中的情况，不同气溶胶粒子非均匀随机分布，相互粘连但还未形成包裹。与 MG 有效介质模型不同，BR 模型并不区分气溶胶的外壳以及内核，它更加强调了各种气溶胶随机分布的情况，因此适合于模拟相对湿度较低时的气溶胶混合。其表达式为

$$\sum f_i\left(\frac{\varepsilon_i(\lambda)-\varepsilon_{\mathrm{BR}}(\lambda)}{\varepsilon_i(\lambda)+2\varepsilon_{\mathrm{BR}}(\lambda)}\right)=0 \tag{3-7}$$

式中，$\varepsilon_{\mathrm{BR}}(\lambda)$ 为混合气溶胶的介电常数；$\varepsilon_i(\lambda)$ 为各个气溶胶粒子的介电常数。

（2）均匀混合（volume-averaged，VA）模型。不同的化学组成的气溶胶，凝聚成一个颗粒，每个气溶胶粒子在颗粒内均匀混合，是一种理想状态。通常情况下，采用体积权重平均的方法进行计算[图 3-15（c）]。表达式为

$$\begin{cases} n(\lambda)=\sum f_i n_i(\lambda) \\ k(\lambda)=\sum f_i k_i(\lambda) \end{cases} \tag{3-8}$$

式中，$n_i(\lambda)$ 与 $k_i(\lambda)$ 分别为每个气溶胶成分的复折射指数的实部和虚部值。不同于外混模型直接对光学参数进行计算，体积平均混合模型先对气溶胶微物理参数加权平均，形成等效气溶胶粒子的微物理参数，再利用该参数通过 Mie 散射等理论模型对混合后的光学参数进行模拟。

（3）核-壳（core-shell，CS）模型。在自然界中，气溶胶可通过气体-粒子之间的凝结与潮解作用进行转化。在此过程中，大的气溶胶粒子时常包裹着更小的气溶胶粒子，产生气溶胶混合成分的差异性，也同时带来混合气溶胶体积的变化，进而造成了气溶胶光学性质的差异性。CS 模型[图 3-15（d）]通过模拟气溶胶的等效半径来计算混合气溶

胶的光学特性（Cappa et al., 2012; Katrib et al., 2004）。等效半径比率的表达式为

$$\text{ratio}_{\text{core-shell}} = \left(1 + \frac{V_{\text{shell}}}{V_{\text{core}}}\right)^{-1/3} \tag{3-9}$$

式中，$\text{ratio}_{\text{core-shell}}$ 为外壳与内核的半径比率；V_{shell} 为外壳体积；V_{core} 为内核体积，由于外壳体积与内核体积相加得到气溶胶粒子的总体积，因此上述式子可以转化为

$$\text{ratio}_{\text{core-shell}} = f^{1/3} \tag{3-10}$$

式中，f 为内核气溶胶的体积比例。通过外壳内核半径比率以及复折射指数，经过 Mie 散射模拟，即可计算出混合气溶胶的光学特性。

3.3.2　团簇模型

团簇结构的建模，通常采用扩散限制聚集（diffusion limited aggregation algorithm, 通称 DLA）等算法进行分形模拟。基于输入参数 N_s、k_0 和 D_f，依次将小粒子聚集在已经生成的团簇结构，不断迭代直到 N_s 个小粒子全部聚集后满足当前的 k_0 和 D_f 参数与输入参数的差值绝对值小于给定阈值。如下图所示，理想类球形团簇如图 3-16（a）所示，这是最密集的多球聚集团簇。典型的黑碳气溶胶如图 3-16（b）和 3-16（c）所示，是 TEM 图像中常见的形态。链式团簇如 3-16（d）所示，其分形维数相对最小。通常 k_0 和 D_f 的取值越大，团簇越紧凑，反之则越松散。图示的所有黑碳气溶胶粒子含有的小粒子个数都是 500 个。

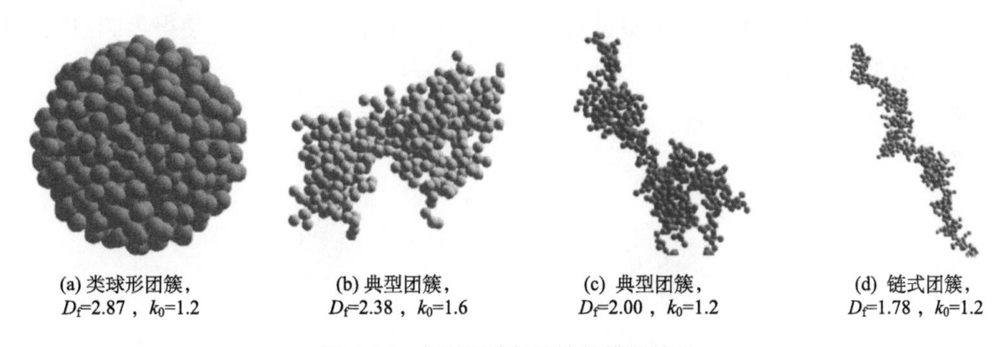

图 3-16　典型黑碳气溶胶的模拟结果

$N_s = 500$

3.3.3　老化过程

在真实大气中，不同化学成分的气溶胶通过非均相反应、吸湿效应和生长老化等过程，趋于相互混合，形成形态复杂和混合多样的气溶胶粒子（Moise et al., 2015）。基于电子透射显微镜的观测，典型模态的黑碳、有机物、硫酸盐、硝酸盐、烟尘和水滴等多种不同成分的气溶胶粒子通过相互包裹、附着和内嵌等混合方式，产生具有复杂的微观物理化学特性的多成分混合气溶胶（Shiraiwa et al., 2013; Li et al., 2016）（图 3-17）。

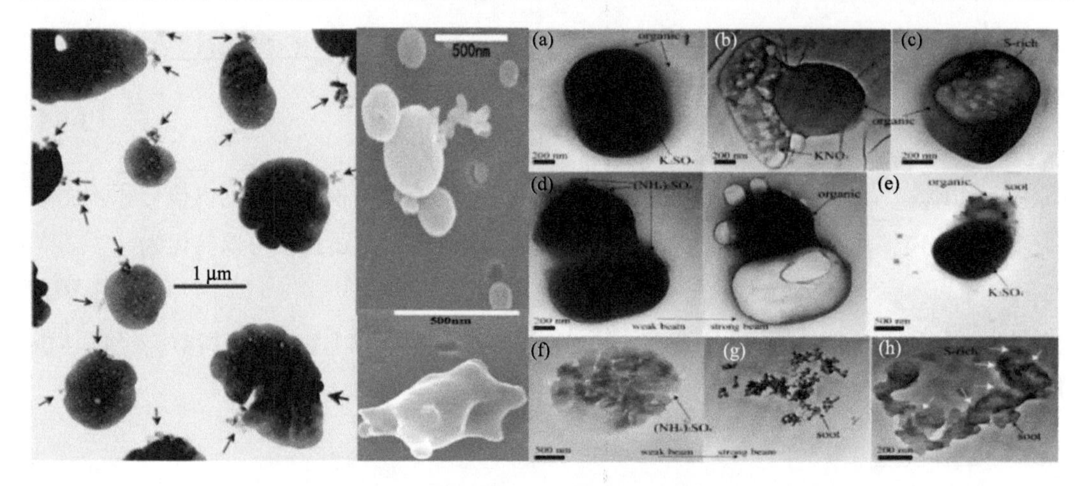

图 3-17　典型气溶胶粒子形态、混合方式等物理化学特性

（a）～（h）为不同的气溶胶粒子形态

黑碳气溶胶在老化过程中，常被不同大小的硫酸盐、有机物等气溶胶粒子包裹，而这种混合生长直接导致黑碳团簇形态等微物理特性发生剧烈的变化。实测和模拟结果指出，黑碳颗粒的分形因子通常为 1.2，而分形维数（ D_f ）一般从新鲜状态时的 1.8 变化到严重老化状态的 3.0 左右；黑碳颗粒的小粒子平均半径通常在 0.01～0.025μm 范围内；单个含碳气溶胶中黑碳小粒子的数量通常为 50～300 个，最多甚至可以高达约 800 个；而大多数硫酸盐颗粒的体积等效半径通常为 0.2～1.0μm。对于黑碳和硫酸盐组成的非均质气溶胶混合物，将硫酸盐颗粒假设为球形，对黑碳进行形态约束，使得黑碳被硫酸盐包裹，如图 3-18 所示。

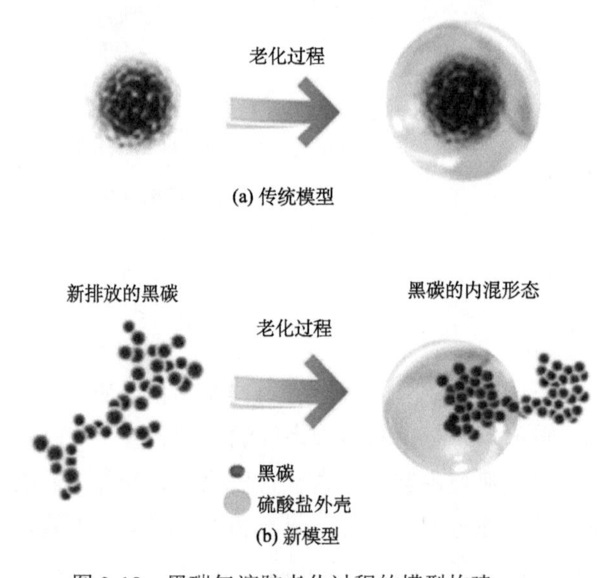

图 3-18　黑碳气溶胶老化过程的模型构建

针对黑碳气溶胶在老化过程中被有机物包裹而形成的典型多成分混合气溶胶，将含碳气溶胶粒子进行离散化，基于不同化学成分的体积比例，通过随机边缘偶极子的邻域搜索，生成被有机物包裹的含碳气溶胶模型。与现有模型相比，这种固定体积比算法（图 3-19）能够获得比球形假设法更加接近实测的气溶胶理化光学特性。而且，相比固定壳厚算法，固定体积比算法能够更好地模拟黑碳与有机物混合的初始阶段，即黑碳主导的异质气溶胶的光学模拟。

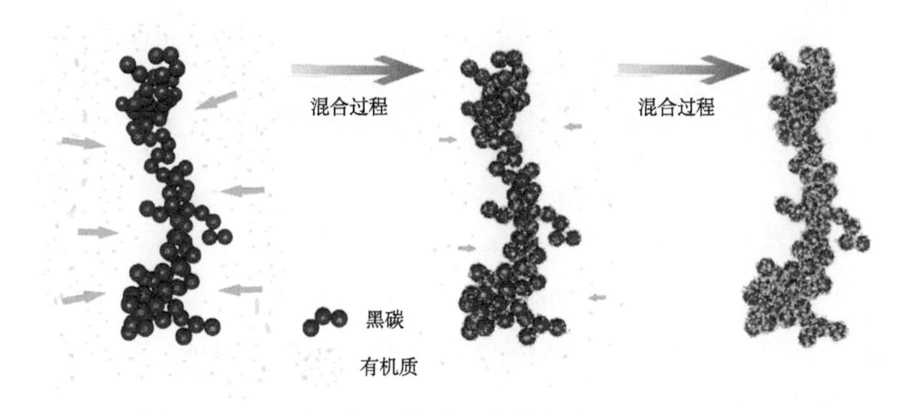

图 3-19　面向典型含黑碳类气溶胶老化过程的固定体积比算法

通过分析典型含碳类气溶胶粒子的微观形态，构建了含碳气溶胶不同老化阶段的微物理模型，如图 3-20 所示。

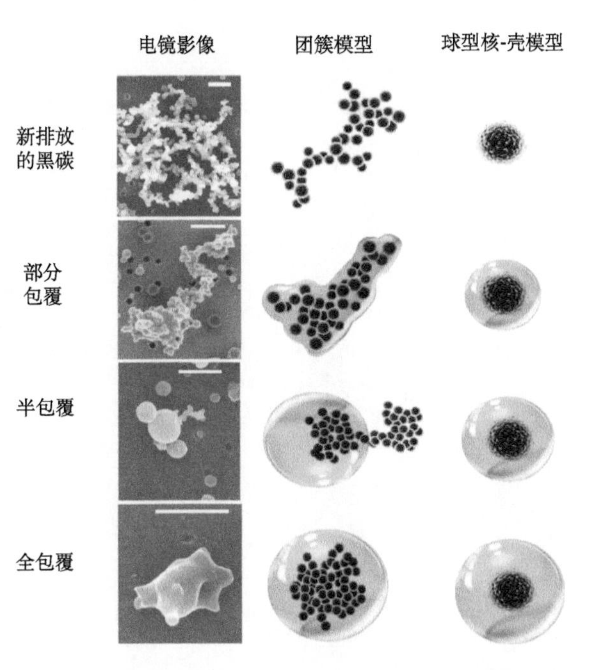

图 3-20　含碳气溶胶不同老化阶段的微物理模型构建

3.3.4 吸湿增长

含碳气溶胶粒子由于其吸湿增长，水的体积占比与湿度之间具有显著的相关性，水对于气溶胶粒子微观形态和混合方式造成相应的改变，如图 3-21 所示。在模拟中，通常假设黑碳具有疏水性，而硫酸盐和有机物等混合物具有亲水性。随着含水量的增加，含碳气溶胶粒子中的非黑碳成分大小不断增大，其复折射指数通常按照等效有效介质近似方法计算获得。

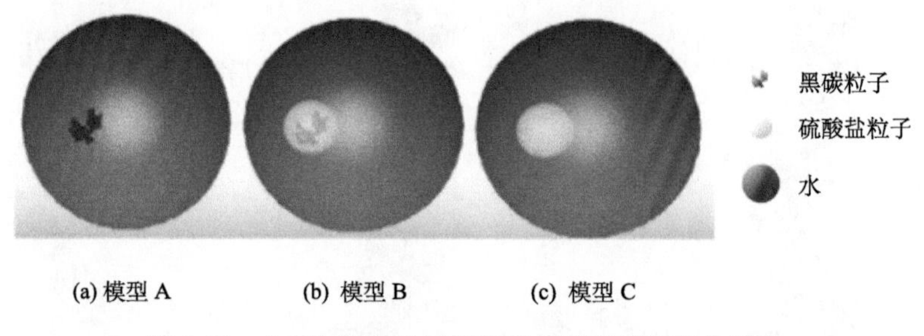

图 3-21　含碳气溶胶粒子微物理模型和吸湿变化规律

黑碳气溶胶的混合生长和老化过程引起的微观形态和化学成分变化，主要包括分形参数的增大，使得团簇由松散变成密集；而且单个含碳气溶胶粒子的含碳比例发生显著变化。而这种理化特性的变化显著改变了含碳气溶胶的光学特性，将在第 4 章重点介绍。

第 4 章　黑碳气溶胶光学散射模型及理化光学参量敏感性分析

4.1　黑碳气溶胶光学散射模型

地球大气中含有多种多样的粒子，从气溶胶、水滴、冰晶到雨滴、雪花和雹块。它们都是由大气中控制它们生成和增长的许多物理和动力过程产生的。特别是黑碳气溶胶粒子，微观形态和尺度分布都很复杂，制约其光学散射特性的模拟精度，是近年来研究的热点与难点。

光的散射现象是光束通过不均匀媒质时，部分光束将偏离原来方向而分散传播，从侧向也可以看到光的现象。其中，光的强度一般会根据散射角的变化而变化。而大气中的各种散射粒子的辐射效应，一般因其尺度与波长的相对大小的不同，采用不同的计算方法。在当前的散射计算过程中，通常将大气粒子简化为均匀介质的球形粒子来处理。对于大气中的分子而言，分子尺度远远小于入射波长，其散射辐射场可以通过瑞利（Rayleigh）散射公式得到精确分析解，也称为分子散射。而光通过介质时由于入射光与分子运动相互作用而引起的频率发生变化的散射，称为拉曼散射，或拉曼效应，通常用于激光遥感探测。而对于大气中的气溶胶粒子和云粒子而言，当入射光为可见光和近红外等短波波段时，气溶胶粒子尺度远远大于入射波长，一般采用比较复杂的光学散射模型来进行求解。

近百年以来，对于气溶胶粒子的光散射计算方法不断改进，前人所提出的各种计算方法一般都有各自的优缺点和适用范围。其中根据严格的理论的数值解法有：有限时域差分法（finite difference time domain, FDTD）、离散偶极子近似法（discrete dipole approximation, DDA）和 T 矩阵（T-Matrix）等方法；根据近似理论的数值解法有：几何光学法（geometric optics method, GOM）、逐线积分法（ray-by-ray integration, RBRI）等。其中，已经有越来越多的研究表明，通过模拟黑碳气溶胶的复杂微观形态和多成分混合等理化特性，可以获得更加接近真实场景的光学散射特性。

4.1.1　Mie 模型

在当前的大气辐射研究中，对于大气粒子而言，主要是利用其球形假设，将粒子的微观形态近似的看作标准的球形。针对球形粒子的辐射特性研究广泛采用的是米氏散射，又称为 Lorenz-Mie 理论。Mie 散射模型理论已经在 2.1.1 节中详细介绍。一般情况下，尺度参数定义为 $x = 2\pi a / \lambda$，其中，a 为粒子半径，λ 为入射波长。瑞利散射处理的是 $x \ll 1$ 时的散射；而当 $x \geqslant 1$ 时的散射通常可以利用 Mie 散射进行处理。利用水滴进行模拟验证，入射波长分别为 0.442μm 和 0.633μm。其中，复折射指数假设为 1.33+0i，利用 Mie 散射计算获得模拟结果，并与实验室观测结果对比（实验观测数据都来自 Amsterdam-Granada 粒子散射数据库），如图 4-1 所示。

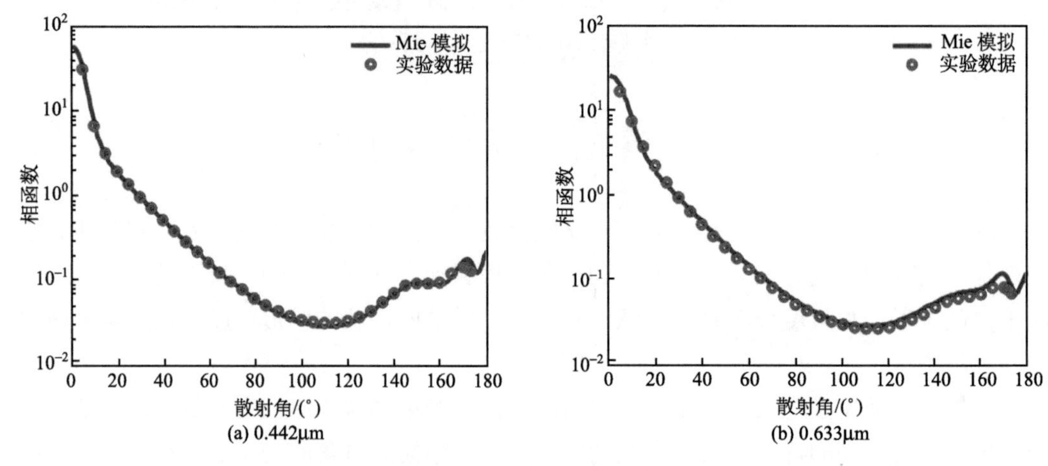

图 4-1　基于 Mie 模型模拟的散射相函数结果

尽管如此，运用 Mie 散射模型模拟气溶胶光学散射性质主要基于 3 个假设条件：颗粒为理想的球形；内部的成分均匀；表面为镜表面。实际上，大气中存在的粒子既不是球形也不是均质的，大多数散射理论学者采用球形粒子模型研究粒子散射问题，只是为使问题易于处理，同时希望结果与真实的情况相近。对于大气遥感而言，非球形粒子的微观理化特性，更符合实际的情况（程天海, 2009）。

4.1.2　*T* 矩阵模型

在实际大气中，气溶胶粒子并不呈现标准球形，特别是黑碳气溶胶粒子。目前已有不少的理论与试验表明，非球形粒子的光散射特性与其对应的所谓等效球（等效体积/面积/半径）无论是光学截面还是散射函数，都有本质的区别。长期以来，对气溶胶粒子散射特性的理论研究一直使用 Mie 散射理论，即把气溶胶粒子近似成球形。近些年来随着非球形粒子测量和识别技术的出现，非球形粒子散射计算方法得到不断改进。目前，*T* 矩阵法被公认为当前非球形气溶胶粒子散射较为有效的方法，已广泛应用于气溶胶粒子的散射研究中。

Mishchenko 等（2004）发展了 *T* 矩阵方法，使之成为计算非球形粒子散射特性的严格数值工具。其中，所有的场，包括入射场、散射场都用球矢量波函数来展开，利用零场方程求得散射场系数和入射场系数之间的关系，即 *T* 矩阵（STM）。其中，*T* 矩阵理论的优点在于计算过程中只与粒子的形状、尺度因子、复折射指数以及粒子在坐标系中的方位有关而与入射场无关，即将散射与入射简化为矩阵运算关系。因此，*T* 矩阵只需要被计算一次，从而能计算任意波长和方向的入射场的散射场。*T* 矩阵理论用于计算非球形粒子散射问题时，通常将沙尘等非球形粒子抽象成 3 种相对规则的形状，分别是椭球体、圆柱体和切比雪夫变形粒子。椭球体的形状描述用 a/b 来表示，指水平直径与垂直直径的比例；圆柱体的用 D/L 来表示，指底面直径与高度的比例；切比雪夫变形粒子用 $T_n(\varepsilon)$ 来表示，n 和 ε 分别指变形程度和变形参数。

考虑平面电磁波被一个非球形粒子散射的情况，入射波和散射波可以展开为矢量球函数 M_{mn} 和 N_{mn} 的形式：

$$\begin{aligned}E^{\text{inc}}(r)&=\sum_{n=1}^{\infty}\sum_{m=-n}^{n}\left[a_{mn}RgM_{mn}(k_1r)+b_{mn}RgN_{mn}(k_1r)\right]\\E^{\text{sca}}(r)&=\sum_{n=1}^{\infty}\sum_{m=-n}^{n}\left[p_{mn}M_{mn}(k_1r)+q_{mn}N_{mn}(k_1r)\right],\ r>r_{>}\end{aligned}\tag{4-1}$$

其中，k_1 为周围介质的波数；$r_{>}$ 为散射粒子外接球面的半径，坐标系原点位于球内，其中入射波平面的展开系数：

$$\begin{aligned}a_{mn}&=4\pi(-1)^m i^n d_n E_0^{\text{inc}}\cdot C_{mn}^*(\vartheta^{\text{inc}})\mathrm{e}^{-im\varphi^{\text{inc}}}\\b_{mn}&=4\pi(-1)^m i^{n-1} d_n E_0^{\text{inc}}\cdot B_{mn}^*(\vartheta^{\text{inc}})\mathrm{e}^{-im\varphi^{\text{inc}}}\end{aligned}\tag{4-2}$$

而出射波的展开系数与入射波线性相关，转化矩阵即为 T 矩阵：

$$\begin{aligned}p_{mn}&=\sum_{n'=1}^{\infty}\sum_{m'=-n'}^{n'}(T_{mnm'n'}^{11}a_{m'n'}+T_{mnm'n'}^{12}b_{m'n'})\\q_{mn}&=\sum_{n'=1}^{\infty}\sum_{m'=-n'}^{n'}(T_{mnm'n'}^{21}a_{m'n'}+T_{mnm'n'}^{22}b_{m'n'})\end{aligned}\tag{4-3}$$

即

$$\begin{bmatrix}p\\q\end{bmatrix}=T\begin{bmatrix}a\\b\end{bmatrix}=\begin{bmatrix}T_{11}&T_{12}\\T_{21}&T_{22}\end{bmatrix}\begin{bmatrix}a\\b\end{bmatrix}\tag{4-4}$$

可以获得相应的振幅矩阵元素如下：

$$\begin{aligned}S_{11}&=\frac{1}{k_1}\sum_{n=1}^{\infty}\sum_{n'=1}^{\infty}\sum_{m=-n}^{n}\sum_{m'=-n'}^{n'}\alpha_{mnm'n'}\mathrm{e}^{i(m\varphi_{\text{sca}}-m'\varphi_{\text{inc}})}\\&\quad\left[T_{mnm'n'}^{11}\pi_{mn}(\vartheta_{\text{sca}})\pi_{m'n'}(\vartheta_{\text{inc}})+T_{mnm'n'}^{21}\tau_{mn}(\vartheta_{\text{sca}})\pi_{m'n'}(\vartheta_{\text{inc}})+T_{mnm'n'}^{12}\pi_{mn}(\vartheta_{\text{sca}})\tau_{m'n'}(\vartheta_{\text{inc}})+T_{mnm'n'}^{22}\tau_{mn}(\vartheta_{\text{sca}})\tau_{m'n'}(\vartheta_{\text{inc}})\right]\\S_{12}&=\frac{1}{ik_1}\sum_{n=1}^{\infty}\sum_{n'=1}^{\infty}\sum_{m=-n}^{n}\sum_{m'=-n'}^{n'}\alpha_{mnm'n'}\mathrm{e}^{i(m\varphi_{\text{sca}}-m'\varphi_{\text{inc}})}\\&\quad\left[T_{mnm'n'}^{11}\pi_{mn}(\vartheta_{\text{sca}})\tau_{m'n'}(\vartheta_{\text{inc}})+T_{mnm'n'}^{21}\tau_{mn}(\vartheta_{\text{sca}})\tau_{m'n'}(\vartheta_{\text{inc}})+T_{mnm'n'}^{12}\pi_{mn}(\vartheta_{\text{sca}})\pi_{m'n'}(\vartheta_{\text{inc}})+T_{mnm'n'}^{22}\tau_{mn}(\vartheta_{\text{sca}})\pi_{m'n'}(\vartheta_{\text{inc}})\right]\\S_{21}&=\frac{1}{k_1}\sum_{n=1}^{\infty}\sum_{n'=1}^{\infty}\sum_{m=-n}^{n}\sum_{m'=-n'}^{n'}\alpha_{mnm'n'}\mathrm{e}^{i(m\varphi_{\text{sca}}-m'\varphi_{\text{inc}})}\\&\quad\left[T_{mnm'n'}^{11}\tau_{mn}(\vartheta_{\text{sca}})\pi_{m'n'}(\vartheta_{\text{inc}})+T_{mnm'n'}^{21}\pi_{mn}(\vartheta_{\text{sca}})\pi_{m'n'}(\vartheta_{\text{inc}})+T_{mnm'n'}^{12}\tau_{mn}(\vartheta_{\text{sca}})\tau_{m'n'}(\vartheta_{\text{inc}})+T_{mnm'n'}^{22}\pi_{mn}(\vartheta_{\text{sca}})\tau_{m'n'}(\vartheta_{\text{inc}})\right]\\S_{22}&=\frac{1}{k_1}\sum_{n=1}^{\infty}\sum_{n'=1}^{\infty}\sum_{m=-n}^{n}\sum_{m'=-n'}^{n'}\alpha_{mnm'n'}\mathrm{e}^{i(m\varphi_{\text{sca}}-m'\varphi_{\text{inc}})}\\&\quad\left[T_{mnm'n'}^{11}\tau_{mn}(\vartheta_{\text{sca}})\tau_{m'n'}(\vartheta_{\text{inc}})+T_{mnm'n'}^{21}\pi_{mn}(\vartheta_{\text{sca}})\tau_{m'n'}(\vartheta_{\text{inc}})+T_{mnm'n'}^{12}\tau_{mn}(\vartheta_{\text{sca}})\pi_{m'n'}(\vartheta_{\text{inc}})+T_{mnm'n'}^{22}\pi_{mn}(\vartheta_{\text{sca}})\pi_{m'n'}(\vartheta_{\text{inc}})\right]\end{aligned}\tag{4-5}$$

其中，

$$\begin{aligned}
&\alpha_{mnm'n'}=i^{n'-n-1}(-1)^{m+m'}\left[\frac{(2n+1)(2n'+1)}{n(n+1)n'(n'+1)}\right]^{\frac{1}{2}}\\
&\pi_{mn}(\vartheta)=\frac{m\mathrm{d}_{0m}^{n}(\vartheta)}{\sin\vartheta}\\
&\pi_{-mn}(\vartheta)=(-1)^{m+1}\pi_{mn}(\vartheta)\\
&\tau_{mn}(\vartheta)=\frac{\mathrm{dd}_{0m}^{n}(\vartheta)}{\mathrm{d}\vartheta}\\
&\tau_{-mn}(\vartheta)=(-1)^{m}\tau_{mn}(\vartheta)
\end{aligned} \tag{4-6}$$

相对应的消光截面和散射截面，也可以获得。

$$\begin{aligned}
&C_{\text{ext}}=-\frac{1}{k_1^2\left|E_0^{\text{inc}}\right|^2}\operatorname{Re}\sum_{n=1}^{\infty}\sum_{m=-n}^{n}\left[a_{mn}(p_{mn})^*+b_{mn}(q_{mn})^*\right]\\
&C_{\text{sca}}=\frac{1}{k_1^2\left|E_0^{\text{inc}}\right|^2}\sum_{n=1}^{\infty}\sum_{m=-n}^{n}\left[\left|p_{mn}\right|^2+\left|q_{mn}\right|^2\right]
\end{aligned} \tag{4-7}$$

针对沙尘类气溶胶，表现为非球形的微观形态，在光学散射模拟中通常假设其为椭球体，虚部值很小，具有较强的散射特性。模拟以扁圆形椭球体和扁长形椭球体为参考，对比标准球形的模拟结果，可以假设非球形椭球体的长宽比为 3 或 1/3，如图 4-2 所示。

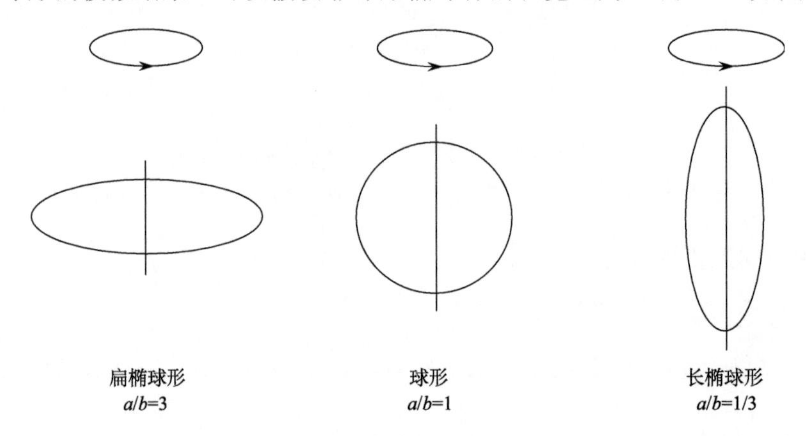

图 4-2　不同长宽比的椭球体假设

假设非球形粒子满足对数正态分布

$$n(r)=\frac{1}{(2\pi)^{\frac{1}{2}}r\ln\sigma_{\mathrm{g}}}\mathrm{e}^{-\frac{(\ln r-\ln r_{\mathrm{g}})^2}{2\ln^2\sigma_{\mathrm{g}}}} \tag{4-8}$$

利用 T 矩阵算法，可以模拟尺度参数 $x\leqslant 80$ 情况下的结果，结合几何光学方法可以得到沙尘类气溶胶的散射特性（Dubovik et al., 2006）。与实验观测相对比，T 矩阵-几何光学方法比 Mie 方法更接近于实验测量结果，如图 4-3 所示。

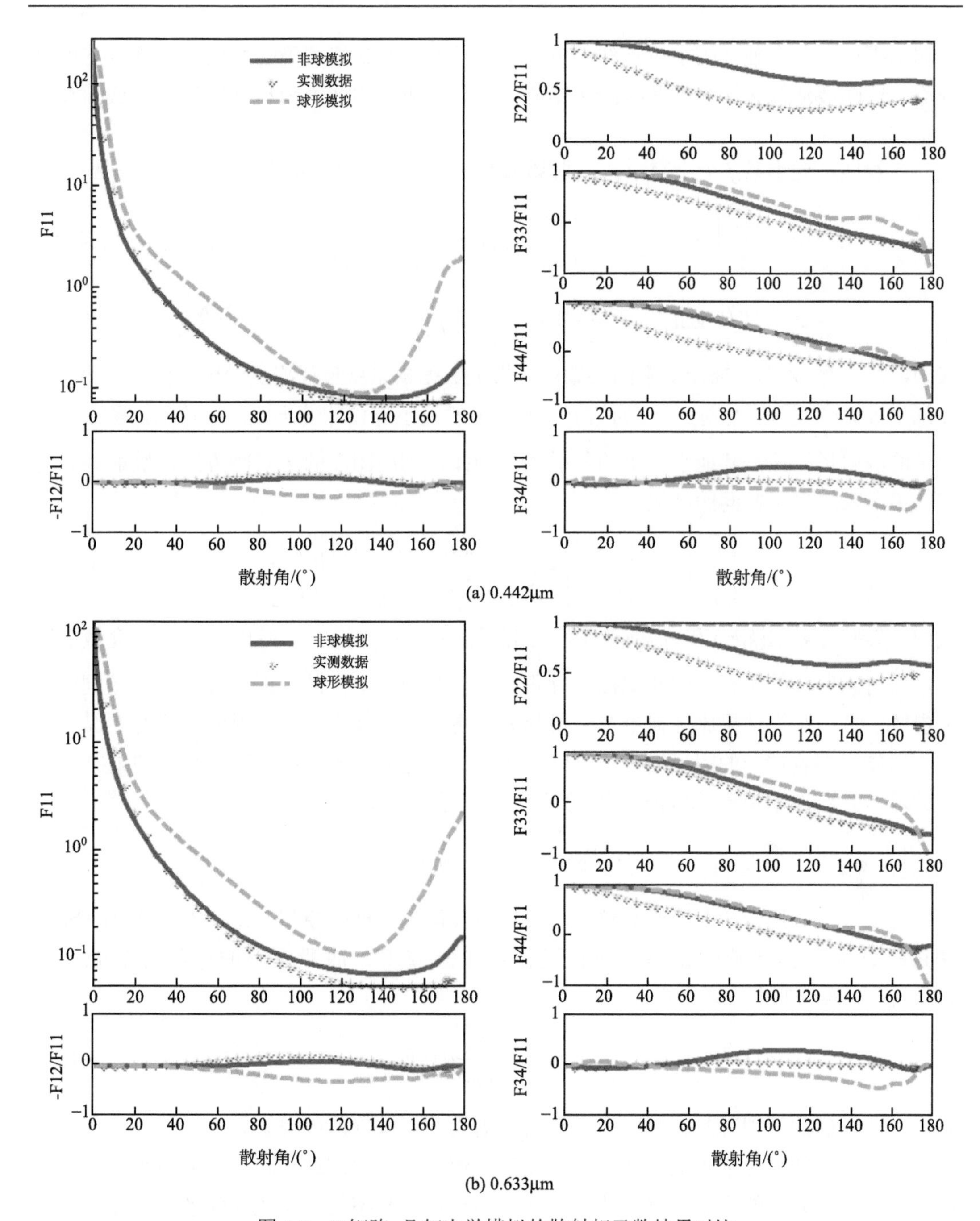

图 4-3　T 矩阵-几何光学模拟的散射相函数结果对比

对于黑碳及其混合物等形态复杂的气溶胶粒子，Mackowski（2014）研究得到一种数值精确的叠加 T 矩阵算法，用以计算并阐述分形形态和复折射指数对黑碳粒子整体的消光、散射和吸收特性的影响，并考虑了含黑碳气溶胶的散射和辐射特性。这类气溶胶由许多微小球形粒子组成，形成一种非球形的外在形态。但是，这类团簇有别于单个的非球形模型，各个独立的小粒子都贡献各自的散射。而数值精确的叠加 T 矩阵方法可以利用合适的叠加技术计算出散射的 T 矩阵表达，解析获得团簇随机朝向的光学截面和散射矩阵。

一般地，对于第 j 个小粒子，入射场 E_j^{inc} 和散射场 E_j^{sca} 可用矢量球谐函数表达：

$$E_j^{\text{inc}}(r)=\sum_{nm}\left[\left(a_{mn}^{j0}+\sum_{l\neq j}a_{mn}^{jl}\right)R_g M_{mn}(k_1r_j)+\left(b_{mn}^{j0}+\sum_{l\neq j}b_{mn}^{jl}\right)R_g N_{mn}(k_1r_j)\right] \quad (4\text{-}9)$$

$$E_j^{\text{sca}}(r)=\sum_{nm}\left[p_{mn}^{j}M_{mn}(k_1r_j)+q_{mn}^{j}N_{mn}(k_1r_j)\right], r_j>r_{j>}, j=1,N \quad (4\text{-}10)$$

式中，$k_1=2\pi/\lambda$ 为传播介质中的波数；r 联系坐标系原点与观测点坐标；r_j 联系第 j 个局部坐标系和观测点坐标；$r_{j>}$ 为第 j 个小粒子的最小外接球的半径。理论上，第 j 个小粒子的散射场往往是其他小粒子的入射场。因此，利用团簇的 T 矩阵方法，散射系数是团簇中所有小粒子共同的结果：

$$\begin{bmatrix}p^j\\q^j\end{bmatrix}=T^j\left(\begin{bmatrix}a^{j0}\\b^{j0}\end{bmatrix}+\sum_{l\neq j}\begin{bmatrix}A(k_1r_{ij}) & B(k_1r_{ij})\\B(k_1r_{ij}) & A(k_1r_{ij})\end{bmatrix}\begin{bmatrix}p^l\\q^l\end{bmatrix}\right) \quad (4\text{-}11)$$

式中，转化系数 $A(k_1r_{ij})$ 和 $B(k_1r_{ij})$ 可以利用解析公式计算而得。进而可以由幅度散射矩阵，并对入射场的所有方向和偏振进行积分，获得随机朝向的散射矩阵。基于相同的分形参数，多个平均结果比任何单个结果都能够更好地表现出单次散射的一般特性。

黑碳气溶胶粒子的团簇结构，也可以相应地转化成球形结构，利用 Mie 散射方法进行计算，其黑碳体积等效半径（R_{BC}）通过如下公式获得：

$$R_{\text{BC}}=\frac{1}{2}D_{\text{BC}}=\sqrt[3]{N_{\text{S}}}a \quad (4\text{-}12)$$

对于多成分混合含碳气溶胶粒子，可以将其假设成球壳模型，采用 Mie 散射 CS 方法进行计算，其黑碳体积等效半径同样由上式获得，而非黑碳的体积等效壳厚度（$T_{\text{non-BC}}$）通过如下公式获得：

$$T_{\text{non-BC}}=\sqrt[3]{\frac{N_{\text{S}}}{F_{\text{BC}}}}a-R_{\text{BC}} \quad (4\text{-}13)$$

式中，非黑碳的体积等效壳厚度为 0 的话，则为纯黑碳气溶胶粒子。

基于实测的显微镜图像，面向典型黑碳气溶胶，提出团簇小粒子的非球形形态，采用提供数值精确解的光学计算方法，发展了多种典型形态的气溶胶光学散射建模方法，其模拟的质量吸收截面结果（MAC≈7.5m^2/g）比传统气溶胶光学模型（MAC≈6.5m^2/g）更加接近于实测的光学特性（MAC=7.5±1.2m^2/g），为气溶胶光学建模提供了新的思路。而且，通过模拟多分散小粒子聚合而成的团簇状黑碳气溶胶颗粒，分析了不同粒径分布对于光学特性的影响。其中，基于相同的体积和小粒子个数，利用不同的对数概率分布函数（PDF），模拟了小粒子的粒径大小和分布。从模拟结果来看，小粒子粒径的多分散性造成约 10%的消光和吸收截面的差异。这种小粒子粒径的多分散性对于黑碳气溶胶颗粒的散射截面和单次散射反照率的影响较大，在极端情况下可达到 50%。因此，在研究黑碳气溶胶颗粒的散射特性时，有必要考虑这种小粒子粒径的多分散性。

通过提出的多成分混合异质气溶胶的光学散射建模方法，可分析出多种典型混合方式的异质气溶胶的微物理模型，主要包括外混合、嵌入、内混合和单体分层型（图 4-4）的黑碳、硫酸盐、有机物和水滴等多成分混合异质气溶胶的微物理特性，采用计算精确解析解的 T 矩阵方法，通过模拟非球形异质气溶胶的混合方式，可以模拟出光学散射特性的定量化影响（图 4-5）。结果表明，除了微观形态以外，多种气溶胶成分之间的混合方式也直接影响异质气溶胶的光学特性。通过研究黑碳与硫酸盐、有机物等多种成分气溶胶的相互混合状态，分析各种约束气溶胶混合方式的物理化学参数，发现异质气溶胶不同成分的复折射指数、不同成分之间的混合类型、体积占比和混合程度对于其光学特性具有重要的影响。

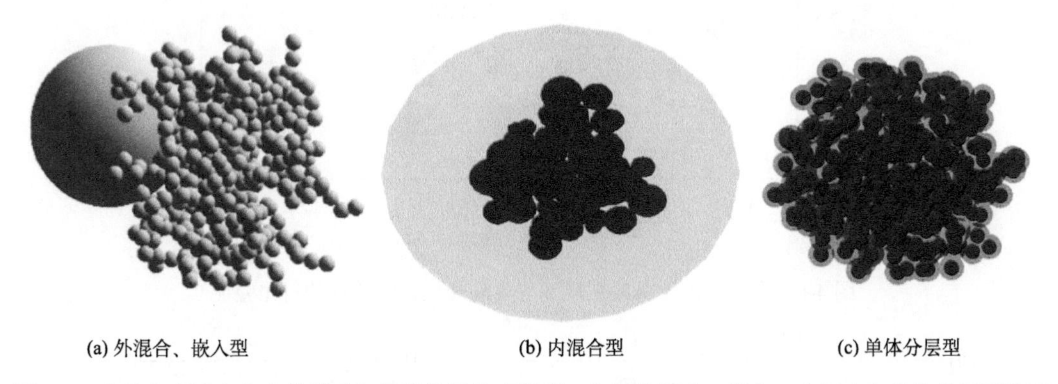

图 4-4　多种典型混合方式的异质气溶胶的微物理模型，包括外混合、嵌入、内混合和单体分层型的黑碳、硫酸盐、有机物和水滴等多成分混合异质气溶胶

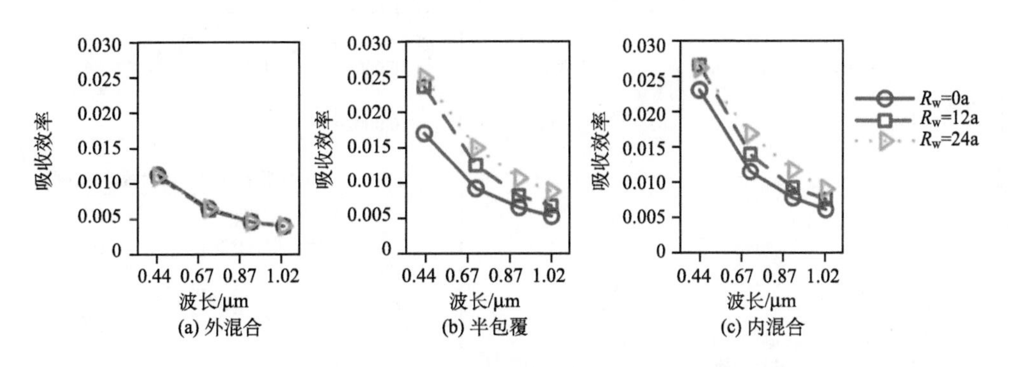

图 4-5　不同混合方式造成异质气溶胶的光学特性的变化

此外，含碳气溶胶随着老化过程的发展，其光学散射特性同样发生显著变化。通过上述模型与实验室实测理化光学数据的对比验证，分析了含碳气溶胶的混合生长和老化过程造成的吸收放大效应等光学散射特性变化规律（图 4-6、图 4-7）。基于离心粒子质量分析器（CPMA）、声光黑碳仪（PASS-3）和单颗粒黑碳光度计（SP2），组合测量典

型混合状态条件下黑碳气溶胶的光学特性，定量评估了改进模型对于气溶胶质量吸收截面（MAC）和散射截面的模拟精度。对于提出的异质多成分混合气溶胶散射建模方法，能够精确模拟黑碳与有机物、硫酸盐等成分混合初期的光学散射特性，将球形方法模拟误差约 25%～100%降低到 2%～10%。

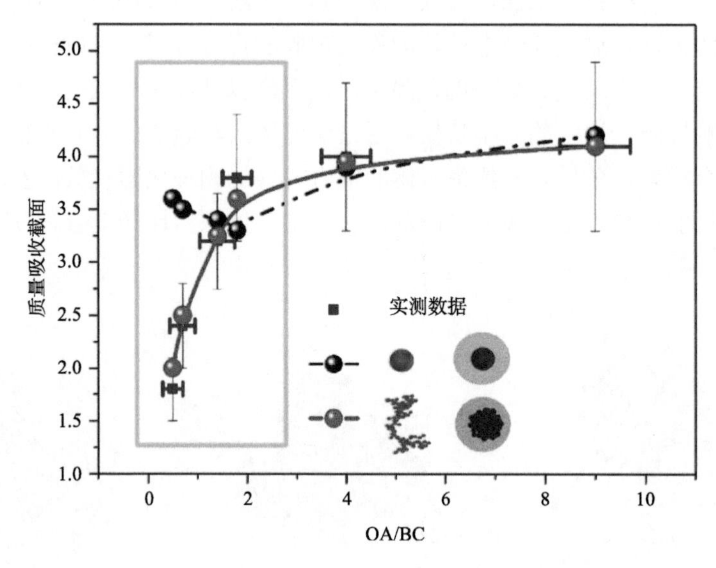

图 4-6　含碳气溶胶微物理模型与实测理化光学数据的对比验证

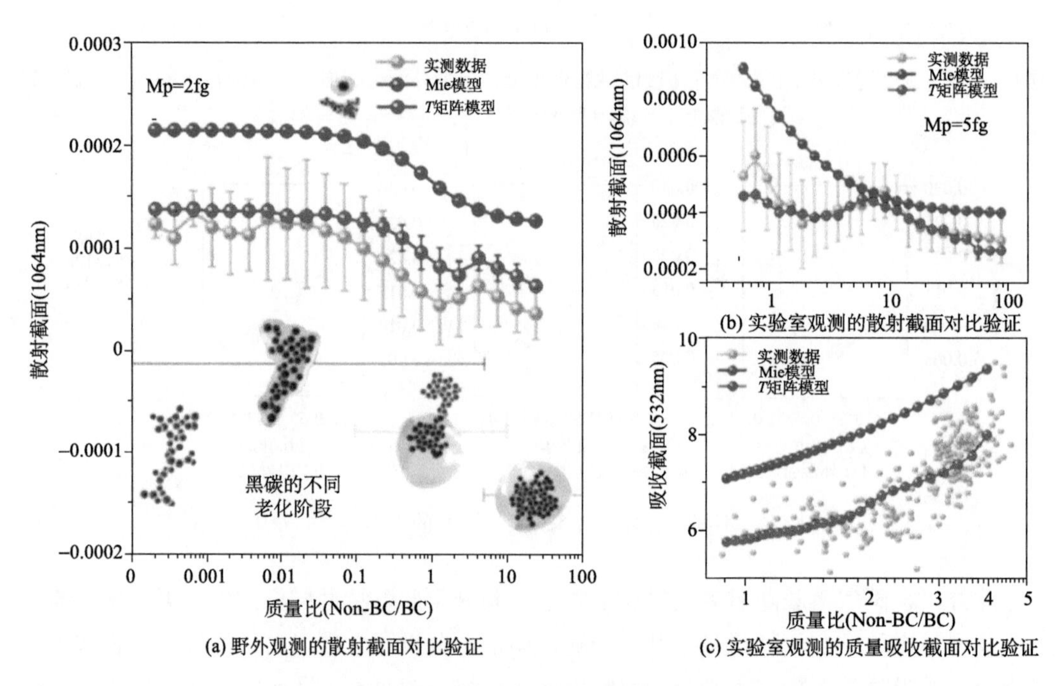

图 4-7　含碳气溶胶不同老化阶段的光学散射特性对比验证

此外，采用 DMT 公司研制的 PASS-3 黑碳仪，获得 532nm 波长的含黑碳类气溶胶的质量吸收截面结果，并与非黑碳质量与黑碳质量的比例建立相关性，获得随着质量比变化的含黑碳类气溶胶的质量吸收截面观测数据。与实验室观测获得的典型气溶胶质量吸收截面相比，吸收模拟精度从 20.6%提高到 5%左右，能够有效提高传统的 Mie 散射模型对于含碳气溶胶光学特性的模拟精度。

通过分析典型含碳类气溶胶粒子的微观形态，构建了含碳气溶胶不同老化阶段的微物理模型。模型构建中，重点研究了非黑碳质量与黑碳质量的比例关系，计算获得的光学散射特性与实验观测数据开展验证工作（图 4-8）。与当前常用的球形简化模型相比，提出的团簇模型能够获得更好的模拟精度，将吸收模拟误差从约 20.6%降低到约 5%，将散射模拟误差从约 73.6%降低到约 20%。

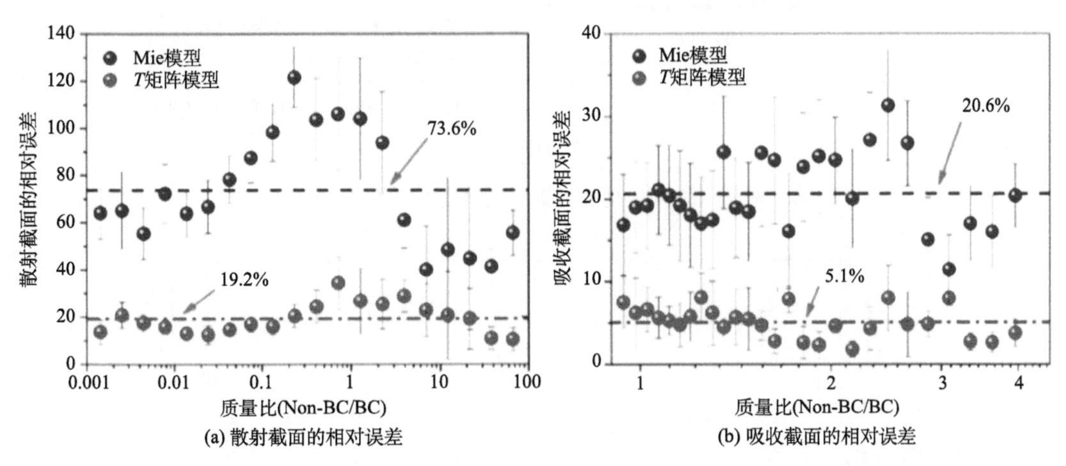

图 4-8　*T* 矩阵模型与常用的球形简化模型的吸收散射模拟精度对比

基于提出的含碳类气溶胶模型，可模拟并验证含碳类气溶胶发生的吸收放大效应。图 4-9 指出整个吸收放大效应可以分成三个阶段：①初始阶段（starting stage）：吸收放大系数几乎不变（1～1.05）；②增大阶段（rising stage）：吸收放大系数快速增大（约 2.5）；③稳定阶段（stable stage）：吸收放大系数相对稳定（2.5±0.5）。此外，提出的模型还为常用的球形假设提供纠正系数，可以作为参数化方案直接用于模式模拟与卫星反演（图 4-10）。基于下述指数函数，可以将球形简化模型的计算结果（MieCS，即利用 Mie core-shell 方法计算获得的吸收放大系数），快速地转化为更高接近真实观测结果的模拟值：

$$E_{\text{abs}} = 0.92 + 0.11\text{e}^{\text{MieCS}-1.07/0.55} \qquad (4\text{-}14)$$

4.1.3　DDA 模型

采用数值精确的 DDA 方法通过将目标分成多个相互作用的偶极子，可以计算任意形状的气溶胶粒子光学特性。为了获得高精度的结果，偶极子的尺寸必须足够小，相应地需要昂贵的计算代价（在内存和时间上）。此外，对于特定的粒子形状、大小和折射率，很难估计 DDA 模拟的先验精度。因此，在计算精确数值结果前，通常需要尝试不同的

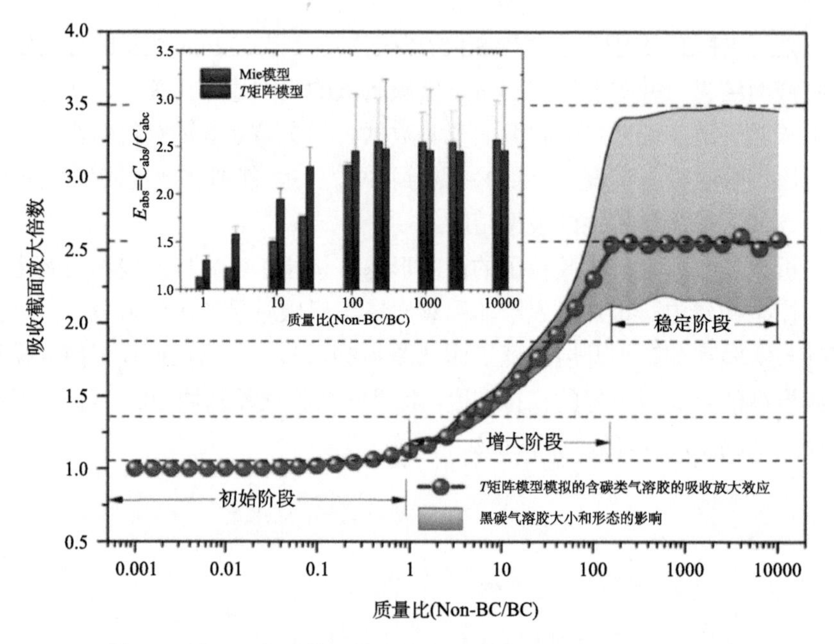

图 4-9　基于 T 矩阵模型的含碳类气溶胶的吸收放大效应模拟

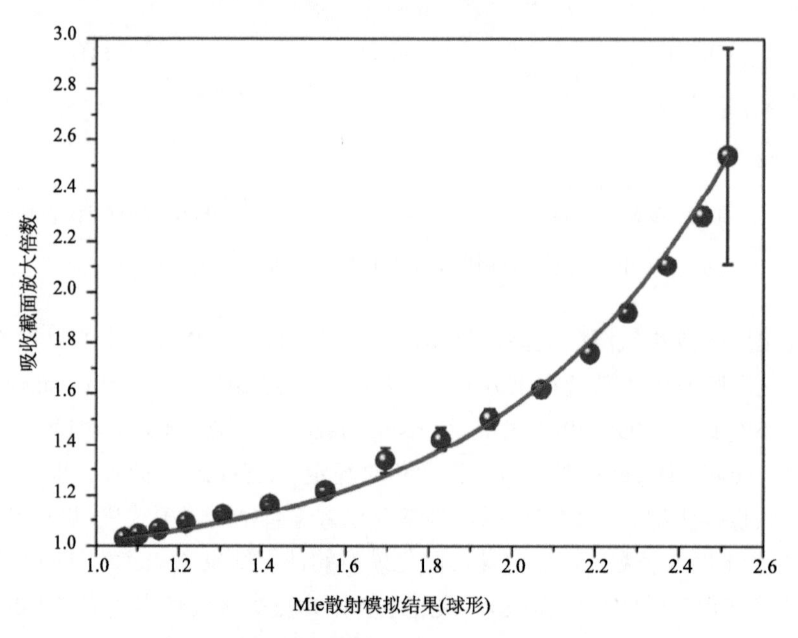

图 4-10　含碳类气溶胶的吸收放大效应的参数化方案

偶极子尺寸用于离散散射体，以获得足够精度。Kahnert 等（2012）发现 DDA 方法与 STM 方法相比，具有足够小的偶极间距和足够的离散取向角，对于黑碳团簇和硫酸盐粒子的外部混合物的光学计算是足够精确的，并讨论了各种形态的颗粒特性，如整体非球形度、原始形状、聚集和不同形式的不均匀性（如多孔和致密的不均匀形态）以及包裹的团簇形态等。建议 $|m|kd<0.32$ 用于黑碳光学散射计算，其中 m 是复折射指数，$k=2\pi/\lambda$，λ

是入射波长。DDA 的计算结果随着偶极子间距的减小而收敛，因此利用更多的偶极子数可以得到更精确的结果。

以黑碳和硫酸盐混合的典型气溶胶粒子为例（图 4-11），研究了其异质特征对于气溶胶粒子光谱特性的影响。主要研究了黑碳粒子部分嵌入硫酸盐粒子的两种形态，分别是粒子相交或者不相交的情况。基于 DLA 算法构建了粒子不相交情况下的含黑碳类气溶胶粒子模型，利用叠加 T 矩阵计算了相应的光学特性。基于相同参数，建立粒子相交情况下的含黑碳类气溶胶粒子模型，并用离散纵标法（DDA）计算了其光学特性。在异质气溶胶粒子模型构建过程中，通过引入混合程度因子，用于描述当前黑碳颗粒在宿主硫酸盐颗粒外部的体积占黑碳颗粒总体积的比值。

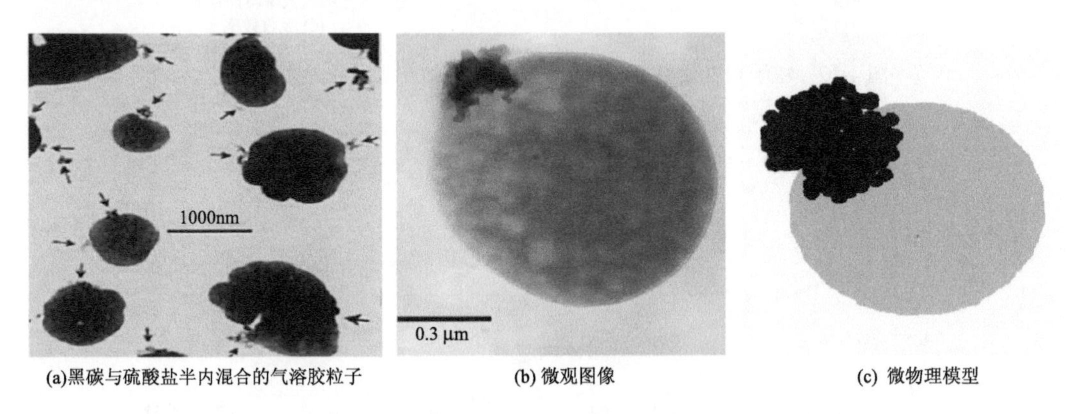

(a)黑碳与硫酸盐半内混合的气溶胶粒子　(b) 微观图像　(c) 微物理模型

图 4-11　黑碳气溶胶与硫酸盐的半内混合状态及建模

通过模拟发现（图 4-12 和图 4-13），采用粒子不相交的形态约束条件获得的气溶胶光学特性与常用模型结果差异可以忽略不计（小于 5%），但是由于采用了叠加 T 矩阵方法而不是通常的 DDA 方法，其计算速度提升数十倍以上。其中，假设完全内混合、深度内混合、半内混合、浅度内混合和半外混合的混合程度因子分别对应为 0、0.2、0.5、0.8 和 1.0。对于吸收截面，完全内混合、深度内混合、半内混合和浅度内混合分别比半外混合大约 105%、65%、43%和 14%。

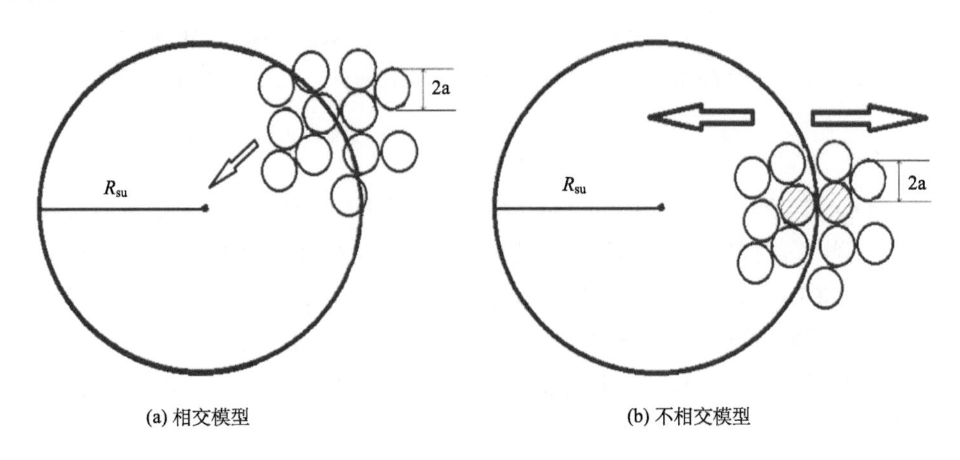

(a) 相交模型　(b) 不相交模型

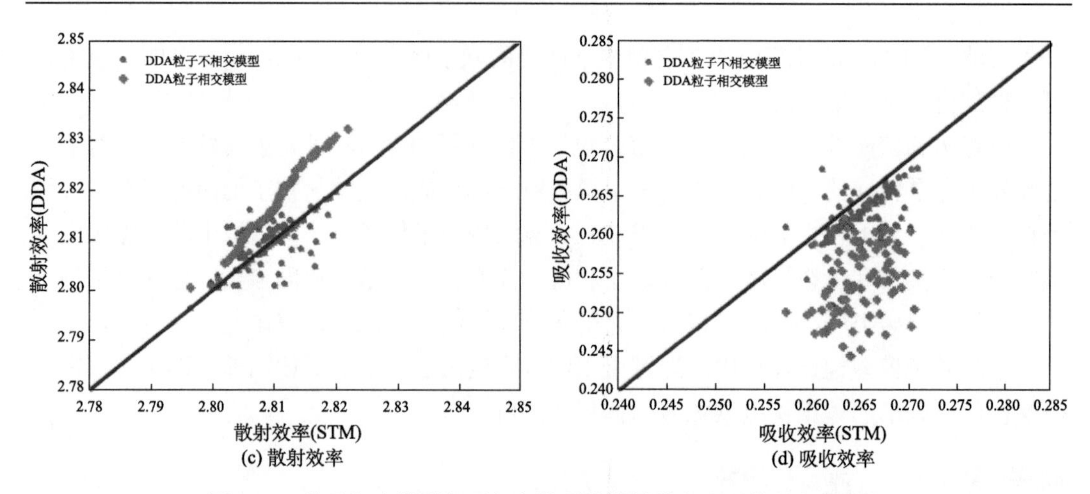

图 4-12　粒子相交模型与不相交模型的散射效率和吸收效率的对比

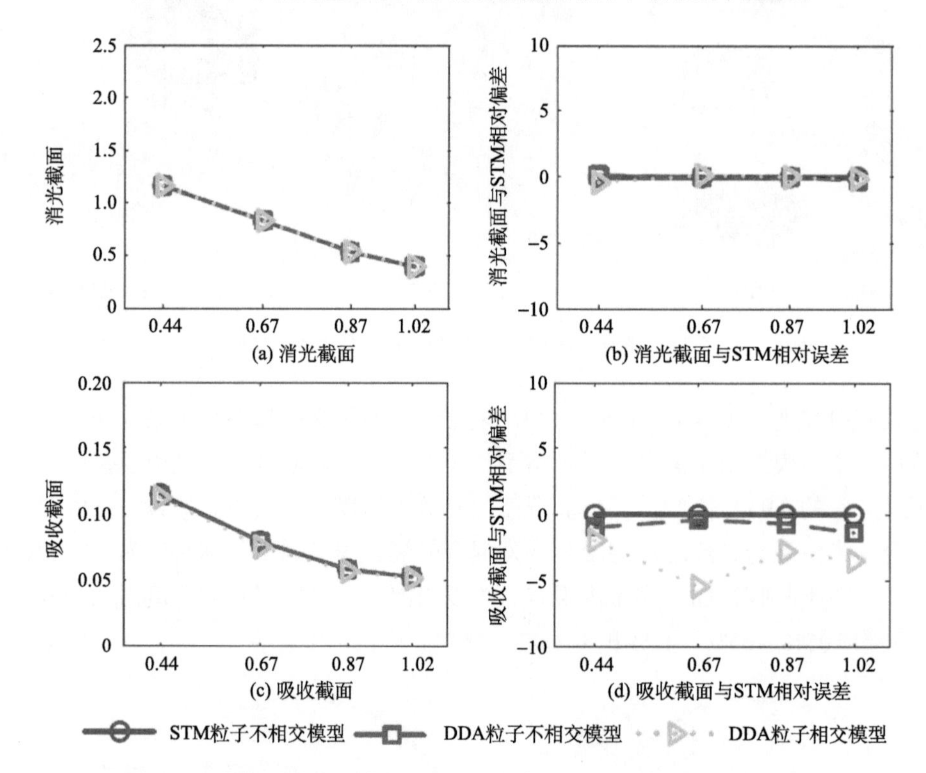

图 4-13　叠加 T 矩阵方法和 DDA 方法模拟半内混合状态的相对误差

目前，DDSCAT 和 Amsterdam DDA（ADDA）是 DDA 方法的两个最常用软件实现。以 ADDA 为例，它是完全源代码和扩展的自由软件，文档在线可用。基于消息传递接口（MPI）和 OpenCl 技术，利用并行计算可以显著提高计算效率。ADDA 使用欧拉角来表示目标的方向。散射强度的平均值作为立体角的函数，在 ADDA 中使用 Romberg 积分，它使用规则网格格式。这里，利用 Euler 角度表征颗粒物的朝向。在离散偶极方法中定义 α 、β 和 γ 三类角度对于 ADDA 中的定向平均值，α 、β 和 γ 的定向角数量限制为 2^i 、

2^{j+1} 和 2^k，总取向数为 $(2^i)\times(2^{j+1})\times(2^k)$。根据 STM 和 DDA 方法的比较，通常至少需要模拟 800 个以上的散射角度，才能获得精确的数值解，模拟获得散射矩阵。基于 DDA 方法，Soewono 和 Rogak（2013）指出，随着包裹黑碳的非黑碳涂层厚度的增加，计算获得的光学散射特性与等效核壳 Mie 散射方法之间的差异越来越大。Scarnato 等（2013）利用 DDA 模拟结果与实测结果进行了验证，发现由黑碳和海盐组成的内混含碳气溶胶粒子的光学性质与文献报道的实验结果一致。

4.1.4 其他模型

针对黑碳气溶胶粒子的光学散射模拟，近年来也涌现出许多计算方法。例如，利用广义多粒子米氏方法（GMM）计算黑碳的整体平均散射特性，可以展现其与等效单球近似的差异；利用几何光学表面波动方法，用于计算团簇的光学散射和吸收特性；利用改进的几何光学方法，可以模拟具有较大尺度参数的黑碳气溶胶光学散射特性（Takano et al., 2013）。

如图 4-14 所示，基于构建获得的典型气溶胶微物理模型，提出一种自适应的大气气溶胶粒子光学散射模型构建方法，能够面向不同的大气场景，针对不同粒子的微物理特性，选择合适的光学散射计算方法，计算获得具有复杂形态和多成分混合气溶胶粒子的光学散射特性。通过实际观测和搜集整理，获得并分析典型模态的多成分大气气溶胶粒子的微观形态和组成成分，研究约束其三维形态和混合方式的各种参数特征。研究相应的形态和混合方式的约束参数，用于构建多成分气溶胶粒子的微物理模型，模拟获得其微物理特性。基于典型大气气溶胶粒子的微物理模型，选择合适的微物理特性到光学散射特性的计算方法，构建其转换机理模型，计算其散射特性。根据不同的尺度参数，结合不同的形态约束，选择最优的光学散射计算方法，基于气溶胶粒子理化特性到光学转换机理模型，将典型模态的大气气溶胶粒子的微物理模型，转化为相应的大气气溶胶粒子的光学散射模型。基于合适的尺度参数，面向固定形态的大气气溶胶粒子散射开展不同计算方法的交叉验证。

通过搜集整理分析实测的大气粒子的微观物理化学特性，根据其粒子形态和混合方式进行分类，形态划分为球形、多层球体、椭球、圆柱、棱柱、团簇和粗糙表面等，以及多种不同形态之间相互混合的复杂形态；将混合方式划分为粒子成分、具体各种成分的复折射指数、不同成分之间的混合类型和混合程度等。根据典型大气气溶胶粒子的理化参数，构建多成分气溶胶粒子的微物理模型，模拟获得其微物理特性。

面向不同的大气场景，针对不同粒子的微物理特性，选择合适的光学散射计算方法，计算获得具有复杂形态和多成分混合气溶胶粒子的光学散射特性。利用几何光学法计算能够拟合成固定形态的较小尺度参数的大气气溶胶粒子光学散射特性，利用叠加 T 矩阵方法计算具有团簇形态的气溶胶粒子光学散射特性，利用通用 T 矩阵方法计算具有轴对称分布的气溶胶粒子光学散射特性，利用离散偶极法计算形态随机分布并无法拟合成固定形态的大气气溶胶粒子光学散射特性。其中，离散偶极方法需要进行多次尝试，达到较小的离散间隔和较多的散射角度，以获得足够精确的数值解。

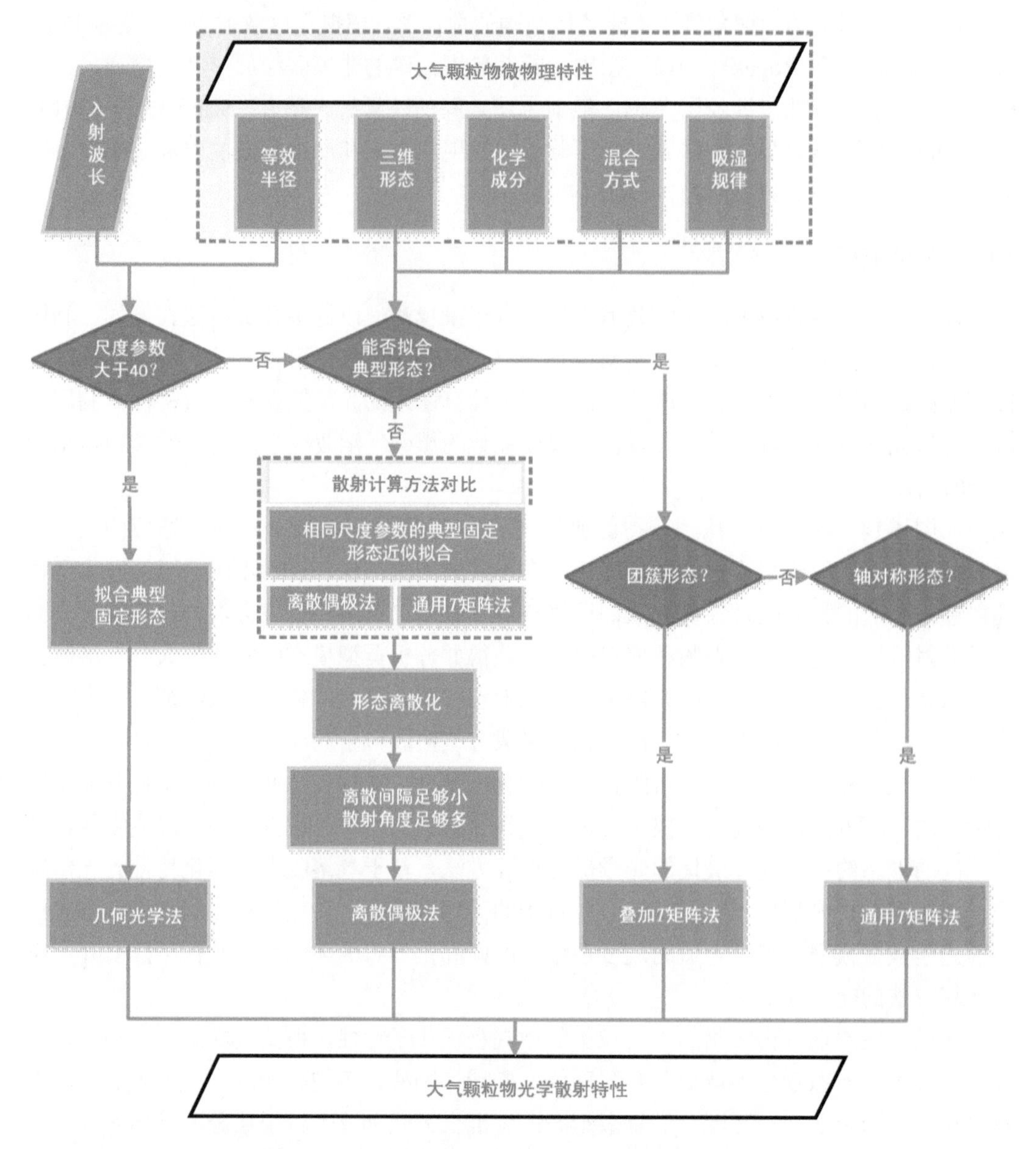

图 4-14　自适应的气溶胶粒子光学散射模型构建方法

基于典型大气气溶胶粒子的微物理模型，选择合适的微物理特性到光学散射特性的计算方法，构建其转换机理模型，计算其散射特性。在真实大气中，气溶胶的微观形态、化学成分和混合状态非常复杂，利用非球形非均质的大气气溶胶粒子的微物理特性到光学散射特性的计算方法和模型，能够更加准确地模拟大气气溶胶粒子的光学散射特性。面向不同大气场景，根据大气气溶胶粒子的等效半径（R_{eff}，单位：μm）和需要模拟的入射波长（λ，单位：μm），计算光学散射特性计算的无量纲尺度参数为

$$x=\frac{2\pi R_{\text{eff}}}{\lambda} \tag{4-15}$$

1. 尺度参数较大的情况

当尺度参数大于阈值（这里设置为 40，一般对于可见光波段，等效半径约为 2μm 到 5μm），利用 T 矩阵方法和离散偶极法进行光学散射特性数值计算的过程收敛变得很慢，或者无法收敛，因此只能采用几何光学方法进行计算。但是，几何光学方法能够计算的大气气溶胶粒子形态有限，无法计算随机形态的大气气溶胶粒子。而且，几何光学方法对于多成分混合气溶胶粒子的光学散射特性模拟也存在较多制约。所以，需要对大气气溶胶粒子先进行形态拟合，为了能够计算所有形态和混合方式的大气气溶胶粒子光学散射特性，根据实际气溶胶粒子的微物理特性，将多成分混合气溶胶粒子转化为均质成分，其复折射指数由 MG 有介质模型近似获得（3.3.1 节）。这样，保证尺度参数较大的情况下，根据大气气溶胶粒子的微物理特性，能够有效地计算获得其光学散射特性。

对于大多数大气气溶胶粒子来说，其形态复杂而且随机，但是几何光学方法只能针对有限的微观形态，收敛获得光学散射特性结果，主要包括具有球形、椭球体、圆柱、棱柱、平板和子弹花等典型三维形态的大气气溶胶粒子。所以，对于尺度参数较大的粒子，需要考虑形态的影响，通过形态拟合，将具有复杂形态和混合方式的大气气溶胶粒子模拟成具有固定形态和均质成分的大气气溶胶粒子的微物理模型。然后利用几何光学方法，基于大气粒子的微物理特性，构建其光学散射模型，计算其光学散射特性。

2. 尺度参数较小、能够拟合成固定形态的情况

根据不同形态条件，对于可以进行形态拟合的大气气溶胶粒子，可以将其简化成固定形态的大气气溶胶粒子微观三维模型，如球形、多层球体、椭球，甚至圆柱、棱柱、团簇，粗糙表面等异质气溶胶粒子，利用 T 矩阵方法计算其单次散射特性。对于那些无法拟合成固定形态的气溶胶粒子，可以利用离散偶极法计算其单次散射特性。对于能够固定形态的多成分气溶胶的异质气溶胶粒子模型，同时利用离散偶极方法的数值解进行对比验证。

T 矩阵方法可以通过一次计算就获得所有的散射信息，从而快速提供随机朝向的单次散射特性的解析解。因此，针对尺度参数较小、能够拟合成固定形态的情况，尽量采用 T 矩阵方法进行大气粒子的微物理特性到光学散射特性的计算与建模。T 矩阵方法能够利用矩阵的对称关系，很好地适用于轴对称的非球形形态，如椭球、圆柱、切比雪夫粒子和各种粗糙表面粒子等。而且，利用叠加 T 矩阵方法，可以快速计算不同混合方式（内嵌、外接等）具有多球团簇形态的大气气溶胶粒子光学特性的远场解析解，较好地解决这种复杂粒子的光学特性。

3. 尺度参数较小、具有高度随机形态的情况

对于尺度参数较小、具有高度随机形态的情况，利用 *T* 矩阵方法计算无法获得精确的光学散射特性，因此采用离散偶极方法进行计算。离散偶极方法（DDA），将粒子离散成大量空间相关的偶极子，通过模拟电磁波在不同偶极子之间的多次散射，计算获得粒子光学散射特性的数值精确解。离散偶极方法的优点是它适用于任意形状，但是其缺点是为了获得较高精度的结果，偶极子的采样间隔需要很小，模拟的散射角度需要很多，导致计算开销过大。在计算过程中需要开辟大量的内存空间，而且计算时间非常长。此外，对于特定的粒子形状、大小和折射率，很难估计 DDA 模拟的先验精度，其偶极子的采样间隔需要多次尝试才能确定下来。随着偶极子的采样间隔的不断缩小，粒子离散获得的偶极子不断增多，计算获得的粒子光学散射特性更加精确。

4.2 黑碳气溶胶理化特性对光学特性的敏感性分析

由于气溶胶是由悬浮在大气中不同粒径的固态以及液态粒子组成，因此各种成分的混合方式、混合物质以及混合比例假设将直接影响气溶胶的散射和消光特性模拟，是后续大气定量遥感反演的主要误差源之一。

4.2.1 黑碳气溶胶混合模型对气溶胶光学特性模拟的影响

大多数的气溶胶组分定量遥感反演通常使用有效介质模型来表达黑碳气溶胶的混合方式。因此，本节以结合 Mie 散射模型，假定黑碳气溶胶被硫酸盐外壳包裹，利用三种不同的有效介质模型理论（VA 模型、MG 模型以及 BR 模型），对 0.675μm 波段处的消光效率、散射效率、吸收效率和非对称因子进行了模拟。由于黑碳气溶胶的体积比例通常在大气气溶胶中占比很小，因此黑碳（复折射指数参考图 3-14）及硫酸盐外壳（复折射指数为 $1.53+10^{-7}$i）的比例分别假设为 10%与 90%。

根据图 4-15，通过 Mie 散射模拟发现，消光效率因子、散射效率因子在粒子半径小于入射波长时随着粒径的增大而急剧上升，在粒子半径接近入射波长时达到最大值，随后出现震荡式下降，并逐渐趋近于定值；吸收效率因子在两倍粒径处（1.2μm）出现最大值，但随后呈现平缓下降趋势，模拟值逐渐向 1.0 靠近；非对称因子同样在粒子半径小于入射波长时随着粒径的增大而急剧上升，但在两倍粒径处出现小幅回落后，又逐渐上升并趋近于定值。此外，当气溶胶各组分混合比例给定时，不同有效介质混合模型模拟的散射吸收特性差异不明显，因而利用这些消光参数计算的混合气溶胶光学特性的差异也不明显，四种消光参数结果趋于一致，只有在粒径范围为 1～3μm 之间有微小差别，VA 模型对于细小气溶胶颗粒的模拟具有稍高的吸收效率。

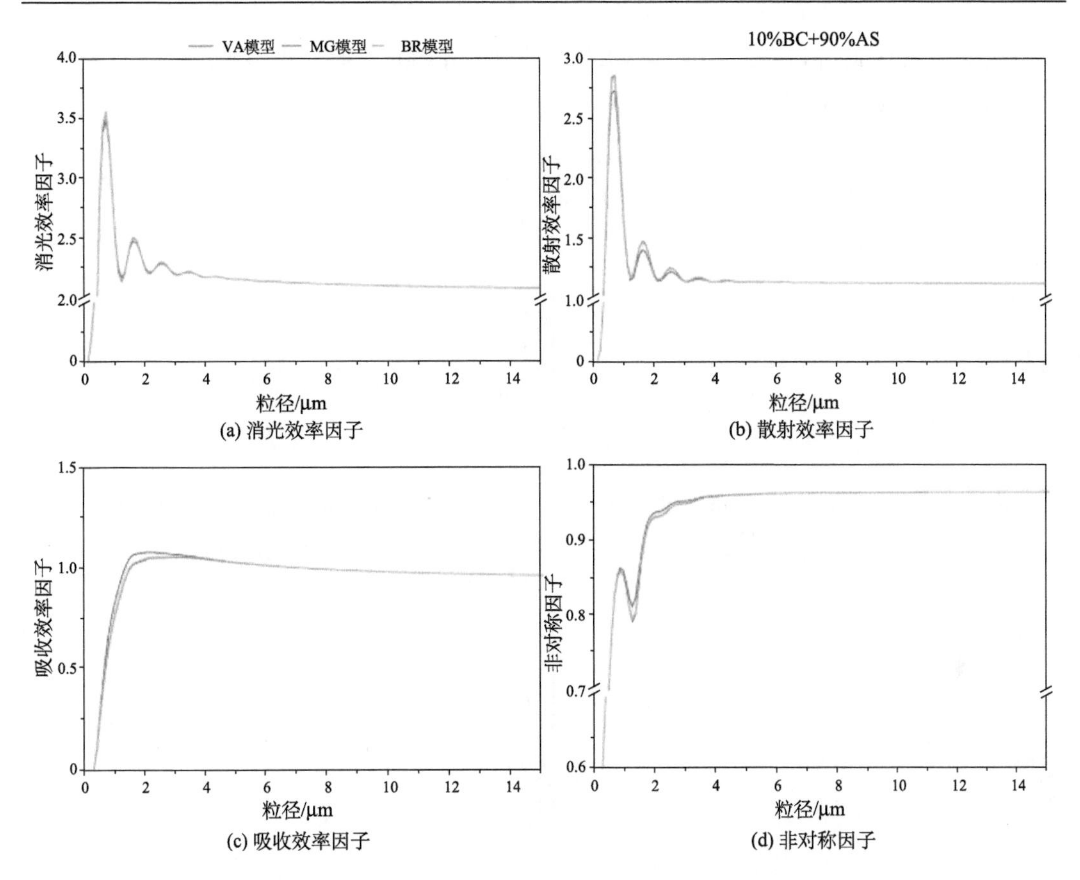

图 4-15　有效介质模型对 Mie 散射模型模拟结果的影响（波段：0.675μm）

黑碳（BC）及硫酸盐（AS）外壳的比例分别假设为 10%与 90%

4.2.2　非黑碳气溶胶组分对气溶胶光学特性模拟的影响

黑碳气溶胶具有很强的吸附性，常常会依附其他类型的气溶胶颗粒且包裹在较大的固态或液态颗粒中。这些非黑碳气溶胶粒子本身的微物理特征也具有明显的差异性，通过改变自身或挤压单位体积内其他气溶胶的比例分布，进而影响对混合气溶胶消光特性的模拟。以三组分气溶胶为例（黑碳、硫酸盐与气溶胶水），图 4-16 表示的是在 0.675μm 波段，10%的黑碳气溶胶与三种不同的非黑碳气溶胶混合的情况下，利用 MG 有效介质模型与 Mie 散射模型模拟的散射吸收特性，包括：10%黑碳（复折射指数参考图 3-14）被 90%气溶胶水包裹（复折射指数为 1.33+0i）、10%黑碳被 90%硫酸盐气溶胶包裹（复折射指数为 $1.53+10^{-7}i$），以及 10%黑碳、45%硫酸盐气溶胶被 45%气溶胶水包裹。

从图 4-16 中可以看出，在镶嵌模型中非黑碳气溶胶端元的选取会直接影响混合气溶胶的光学特征参数，对混合气溶胶的消光效率、散射效率、吸收效率以及对称因子均有较大的影响。当非黑碳气溶胶均为硫酸盐外壳时，其较强的散射特性使混合气溶胶的消光效率、散射效率的峰值最大；随着水溶液的增多，混合气溶胶的消光及散射效率峰值逐渐降低，且向大粒径方向移动，随着粒径的增长更加趋近于各向同性散射，不对称因子更接近于 1.0；此外，由于硫酸盐与水的吸收性均不强，因此三种不同混合状态下的吸收效率并没有较大的差异。

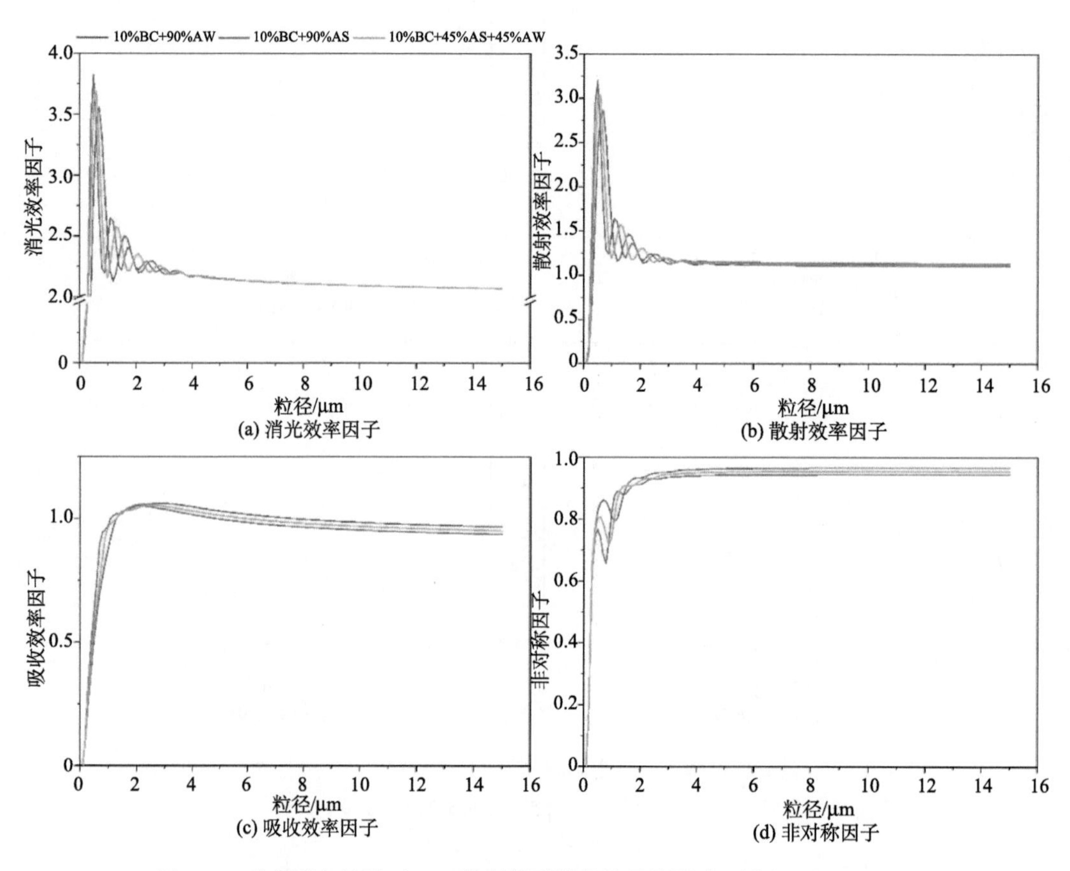

(a) 消光效率因子 (b) 散射效率因子 (c) 吸收效率因子 (d) 非对称因子

图 4-16 非黑碳气溶胶对 Mie 散射模型模拟结果的影响（波段：0.675μm）

10%黑碳（BC）被 90%气溶胶水（AW）包裹、10%黑碳被 90%硫酸盐（AS）包裹，以及 10%黑碳、45%硫酸盐被 45%气溶胶水包裹

4.2.3 黑碳体积比例对气溶胶光学特性模拟的影响

黑碳作为大气中强吸收性的气溶胶粒子，一方面其所占的体积比例必然对混合气溶胶的吸收特性有直接的影响；另一方面，通过改变其他散射性气溶胶的体积比例，黑碳所占的体积比例也会影响混合气溶胶的散射特性。图 4-17 表示的是在给定硫酸盐体积比例的条件下（45%），利用 MG 有效介质模型与 Mie 散射模型模拟的不同黑碳体积比例下（1%～5%）的气溶胶散射吸收特性（0.675μm）。其中黑碳的复折射指数参考图 3-14，气溶胶水与硫酸盐气溶胶的复折射指数为 $1.53+10^{-7}i$。

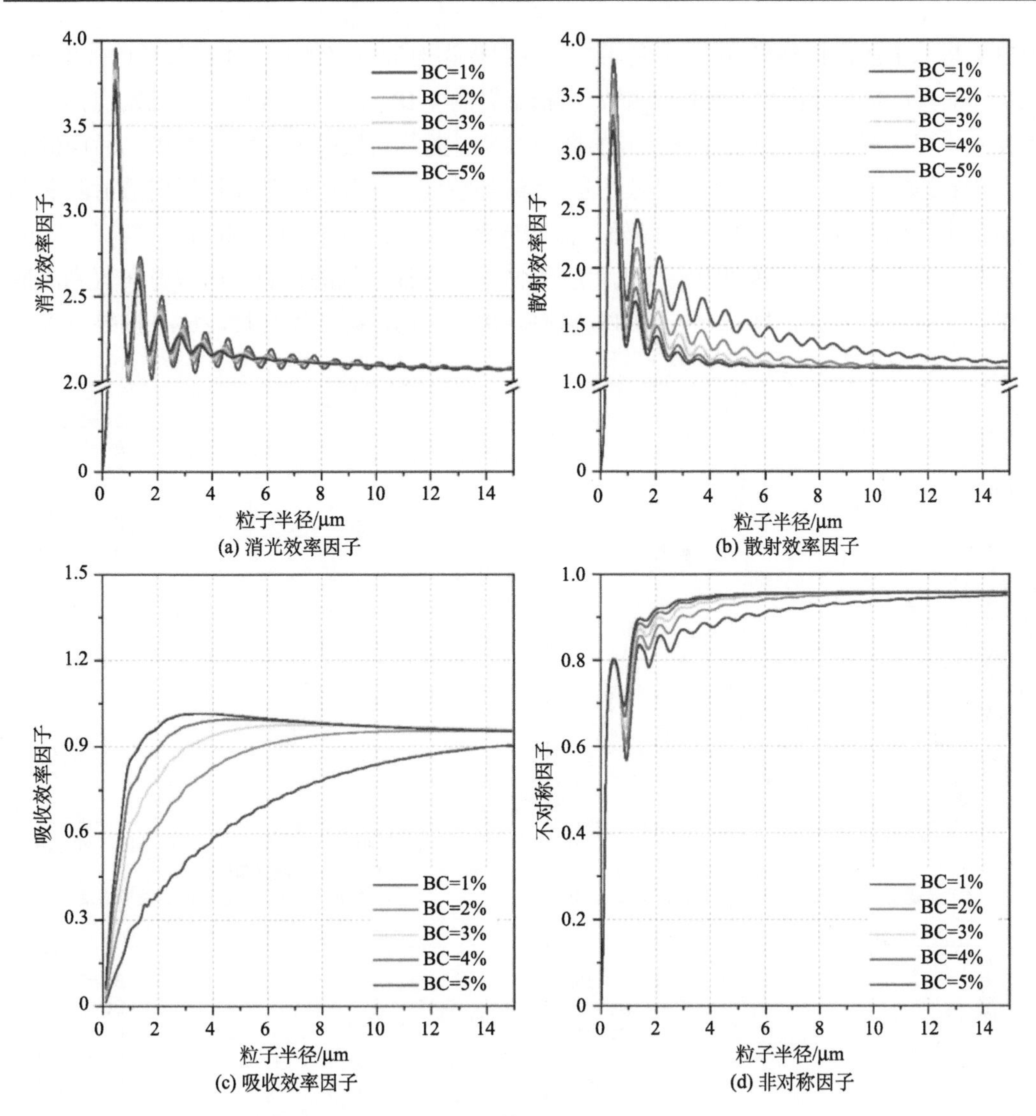

(a) 消光效率因子　(b) 散射效率因子

(c) 吸收效率因子　(d) 非对称因子

图 4-17　黑碳体积比例对 Mie 散射模型模拟结果的影响（波段：675nm）

黑碳体积比例假设为 1%～5%；硫酸盐（AS）的体积比例假设为 45%

不同黑碳体积比例模拟的消光效率因子、散射效率因子、吸收效率因子与非对称因子有显著的不同。当黑碳体积比例较低时，混合状态下的气溶胶具有强烈的散射和震荡，吸收效率更低；随着黑碳体积比例的增加，其强吸收的特性使得混合气溶胶的吸收效率因子明显增加，当粒径小于 6μm 时吸收效率差异明显，但随着粒子半径的增加，高黑碳体积比例之间的模拟结果逐渐趋于一致；此外，升高的黑碳体积比例也挤压了强散射性气溶胶水的体积比例，散射效率明显减弱。相比于其他端元成分的模拟结果而言，黑碳的体积比例对混合气溶胶的吸收和散射效率均具有较高的敏感性。特别对于气溶胶的吸收效率，不同的黑碳体积比例表现出不同的吸收强度特征。

此外，若假设粒子呈现强吸收性气溶胶的双峰对数谱分布[图 4-18（a）]（陈好，

2013)，基于上述模拟结果，进一步利用Mie散射模型对混合气溶胶在不同波段(0.440μm、0.675μm 和 0.860μm）下的散射相函数进行模拟[图 4-18（b）～（d）]。可以发现黑碳气溶胶的体积比例明显地改变了气溶胶的散射性质，尤其当散射角为大于 120°的后向散射时，差异更加明显。黑碳气溶胶在可见光-近红外波段上的强吸收性使得后向散射随着黑碳体积比例的升高而逐渐减弱。此外，黑碳气溶胶在蓝光波段（0.440μm）具有更强的吸收性，因此在不考虑其他吸收性气溶胶的情况下，混合气溶胶的后向散射在蓝光波段对黑碳气溶胶的浓度参数具有更强的敏感性。由于后向散射的差异性能够直接导致大气

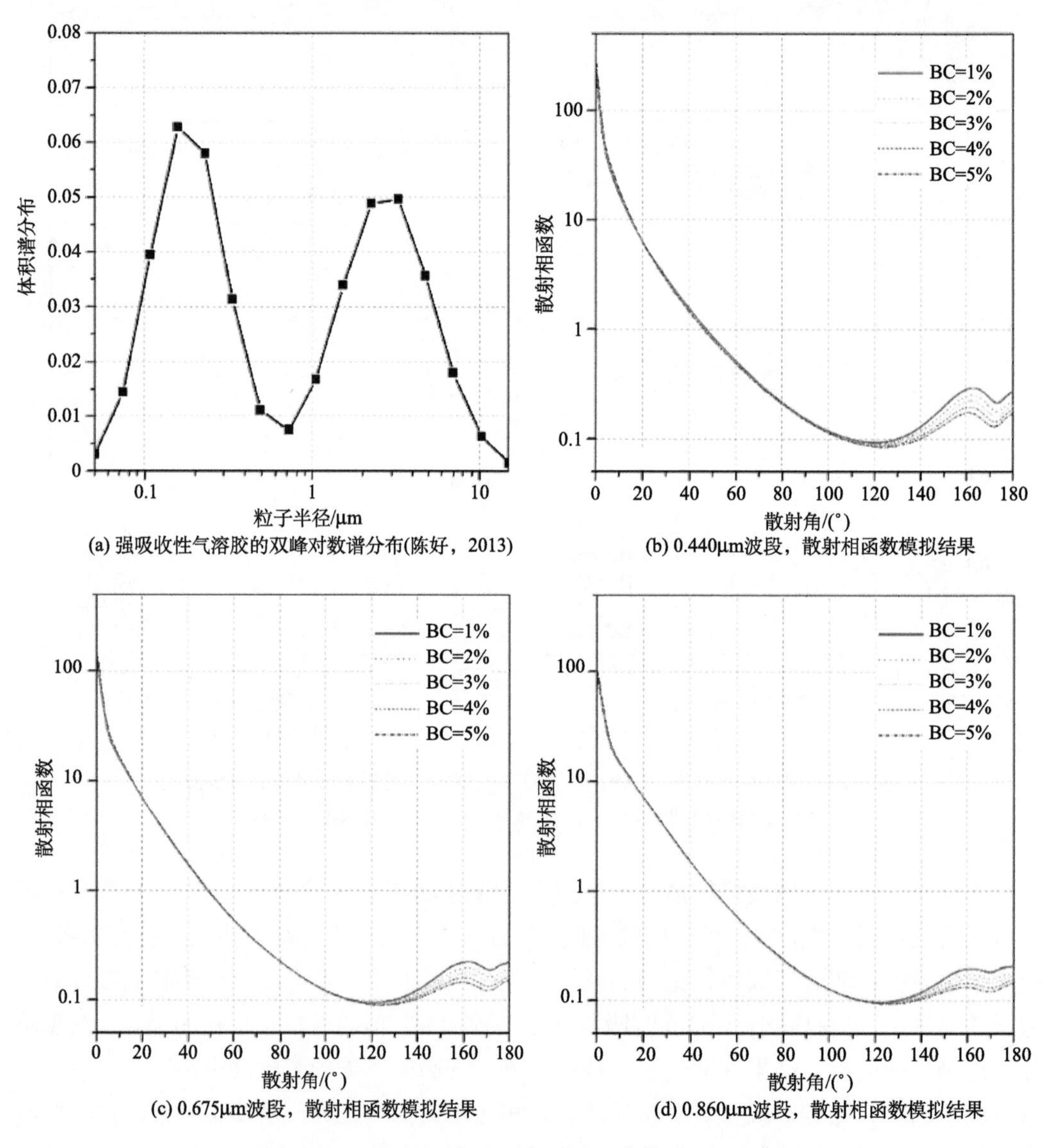

(a) 强吸收性气溶胶的双峰对数谱分布(陈好，2013)

(b) 0.440μm波段，散射相函数模拟结果

(c) 0.675μm波段，散射相函数模拟结果

(d) 0.860μm波段，散射相函数模拟结果

图 4-18 黑碳体积比例对散射相函数模拟结果的影响

黑碳体积比例假设为 1%～5%；硫酸盐（AS）的体积比例假设为 45%

顶层出射辐射的变化，可以从卫星遥感传感器观测到的大气消光信号中模拟出黑碳在大气环境中对太阳辐射吸收的贡献，从而提取出黑碳体积比例，达到对黑碳质量浓度反演的目的。

4.3　混合气溶胶吸收特性对大气顶层辐射敏感性分析

不同黑碳气溶胶的体积比例通过改变混合介质的散射以及吸收特性，进而在辐射传输计算中影响大气顶层辐射的模拟结果。在遥感定量化要求下，气溶胶的复折射指数以及气溶胶粒子谱分布是辐射传输中最重要的中间气溶胶变量，它们既是黑碳气溶胶浓度参数的光学物理特性表达，也是模拟大气顶层辐射的重要输入。

图 4-19 展示的是从气溶胶组分浓度参数到大气顶层反射率的前向模拟过程。利用气溶胶混合模型，通过输入各气溶胶组分的体积比例即可得到混合气溶胶的微物理特征（复折射指数、谱分布等）；这些物理特征参数进而作为 Mie 散射模型的输入，可计算出混合异质气溶胶粒子的光学性质（消光系数、吸收系数等）；最后利用辐射传输模型，在合理的地表与观测几何假设下，即可得到大气顶层的表观反射率。本节选取 MG 有效介质模型作为气溶胶的混合模型，并将该模型耦合到辐射传输模式 6SV（2.1）中。通过变换不同的模拟条件，分别针对气溶胶复折射指数、气溶胶粒子谱分布以及黑碳气溶胶体积比例进行敏感性实验，讨论上述参数在辐射传输过程中的可标识性。

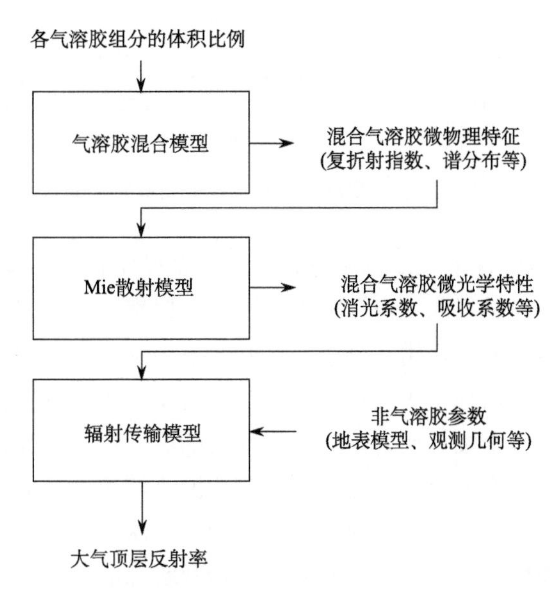

图 4-19　基于各气溶胶组分体积比例的前向辐射传输模拟构架图

4.3.1　气溶胶复折射指数对大气顶层反射率的敏感性

图 4-20 表述的是在不同地表反射率条件下，气溶胶复折射指数实部对大气顶层表观

反射率的影响（0.675μm 波段）。辐射传输模型中太阳天顶角、卫星观测天顶角以及相对方位角分别设置为 50°、60°、100°；气象条件设置为中纬度冬季；气溶胶体积谱分布参考陈好（2013）通过聚类分析得到的强吸收性气溶胶模型[图 4-18（a）]；气溶胶光学厚度设置为1.0；地表BRDF利用Ross-Li核驱动模型，其三个权重系数的初始值参考MODIS核驱动模型参数先验分布（张虎, 2012）；虚部设置为 0.01，实部在 1.40～1.54 之间变化，步长为 0.02；由于陆地的地表反射率通常不超过 0.3，因此设置地表反射率在 0～0.30 之间变化，步长为 0.02。

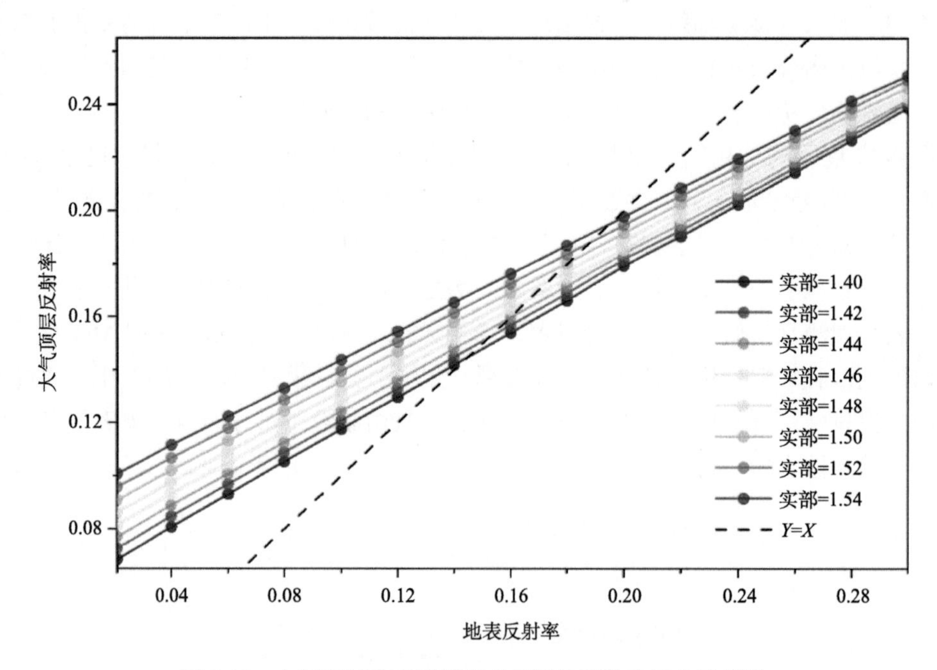

图 4-20　大气顶层表观反射率对复折射指数实部的敏感性

图 4-20 中虚线表示的是地表反射率与大气顶层表观反射率的等势线，是没有大气贡献的情况。等势线与模拟结果的交点称为临界地表反射率。当地表反射率小于临界地表反射率时，气溶胶的后向散射作用、分子的瑞利散射与地表反射相叠加，抵消了部分气体与气溶胶的吸收作用，增加了大气顶层的表观反射率，这常发生在水体、植被等暗地表上空；当地表反射率大于临界反射率时，气溶胶的后向散射与吸收作用反而削弱了地表反射率对大气顶层反射率的贡献，这常发生在沙漠、城市等亮地表上空。此外，随着复折射指数实部的升高，临界地表反射率也有所抬升。这表明，气溶胶增强的后向散射能力使得大气的叠加作用更加明显。随着复折射指数实部的升高，气溶胶的后向散射能力也有所增强，大气顶层所获得的表观反射率也随之增加。当地表反射率为 0.02 时，气溶胶复折射指数实部每上升 0.02，大气顶层表观反射率平均上升 0.005；当地表反射率为 0.30 时，气溶胶复折射指数实部每上升 0.02，卫星观测的大气顶层反射率平均上升 0.002。由此可见，在高亮地表上空，由于地表反射辐射足以掩盖气溶胶的散射信息，大气顶层

表观反射率对气溶胶复折射指数实数部分的敏感性要比暗地表上空的敏感性低，因此高亮地表上空很难分离出气溶胶的散射特性，这会在气溶胶散射特性参数（如 AOD）的反演中产生较大的不确定性。

图 4-21 表述的是在不同地表反射率条件下，气溶胶复折射指数虚部对大气顶层表观反射率的影响（0.675μm 波段）。辐射传输模型中的输入参数同实部敏感性测试一致，但实部设置为 1.46，虚部在 0.001～0.036 之间变化，步长为 0.005。

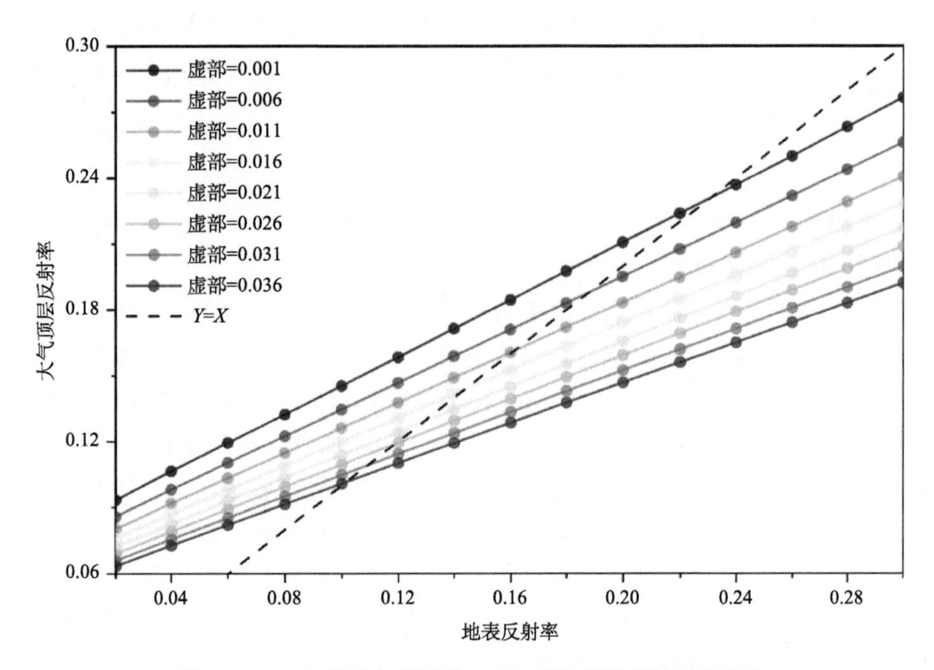

图 4-21　大气顶层表观反射率对复折射指数虚部的敏感性

复折射指数虚部的升高使得气溶胶的吸光能力也有所增强，太阳辐射在地-气耦合传输路径中的衰减增加，大气透过率降低，大气顶层表观反射率也随之降低。气溶胶升高的吸光能力也降低了其后向散射作用，使得其在辐射传输路径中更加容易产生衰减作用，临界地表反射率降低。此外，当地表反射率为 0.02 时，气溶胶复折射指数虚部每上升 0.005，卫星观测的大气顶层反射率平均下降 0.004；当地表反射率为 0.30 时，气溶胶复折射指数虚部每上升 0.005，卫星观测的大气顶层反射率平均下降 0.010。与气溶胶复折射指数实部相反，高亮地表反射率作为参考背景，能够突出气溶胶的吸光能力，大气顶层表观反射率对气溶胶复折射指数虚数部分的敏感性要比暗地表上空的敏感性高。反而在暗目标背景下，很难从大部分被地表吸收的辐射中再分离出黑碳气溶胶的贡献。由于气溶胶的吸收特性可以用复折射指数虚部来表达，而黑碳气溶胶又具有明显区别于其他气溶胶成分的高吸收特性与复折射指数虚部值，因此该值在高亮地表上空的强敏感性是反演黑碳气溶胶浓度参数的基础。

4.3.2 气溶胶粒子谱分布对大气顶层反射率的敏感性

即使在相同的黑碳气溶胶体积比例下，具有不同有效粒径大小的气溶胶微粒所展现出的光学与物理性质也有所差异。事实上，某一种类型的气溶胶光学特性也是单一气溶胶光学特性在粒径维度上的积分[式（2-9）和式（2-10）]。而气溶胶粒子谱分布表示的则是每单位粒子半径间隔内的粒子个数或者体积，是大气辐射传输中另一个重要的微物理参数。通常情况下，气溶胶的体积谱分布呈现双峰对数分布，计算公式为

$$\mathrm{d}V/\mathrm{d}\ln r=\frac{C_{\text{fine}}}{\sqrt{2\pi}S_{\text{fine}}}\exp\left[-\frac{\left(\ln R-\ln R_{\text{fine}}\right)^2}{2\left(S_{\text{fine}}\right)^2}\right]+\frac{C_{\text{coarse}}}{\sqrt{2\pi}S_{\text{coarse}}}\exp\left[-\frac{\left(\ln R-\ln R_{\text{coarse}}\right)^2}{2\left(S_{\text{coarse}}\right)^2}\right] \tag{4-16}$$

式中，下标 fine 与 coarse 分别代表细和粗粒子的谱分布参数。若 C_{fine} 大于 C_{coarse} 则称为细粒子模型；反之则称为粗粒子模型。

图 4-22 表示的是在不同地表反射率条件下，四种不同的气溶胶谱分布对大气顶层反射率的影响（0.675μm 波段）。辐射传输模型中输入的观测几何与地表模型与 4.3.1 节中的测试一致；气溶胶光学厚度设置为 1.0；粒子体积谱分布参考陈好（2013）聚类得到的四种双峰分布气溶胶类型，相关模型定义参数如表 4-1 所示。其在 0.010～1.500μm 的谱分布如图 4-23 所示；假设黑碳气溶胶与硫酸盐气溶胶被气溶胶水包裹；其中，黑碳、水与硫酸盐气溶胶的复折射指数参考 4.2 节中的敏感性分析测试；黑碳体积比例均设置成 2%；硫酸盐气溶胶的体积比例设置为 50%；对于粗粒子谱分布模型，假设黑碳气溶胶与沙尘气溶胶被少量气溶胶水包裹；其中沙尘气溶胶在 0.675μm 波段的复折射指数设置为（1.57+0.004i），其体积比例设置为 80%。

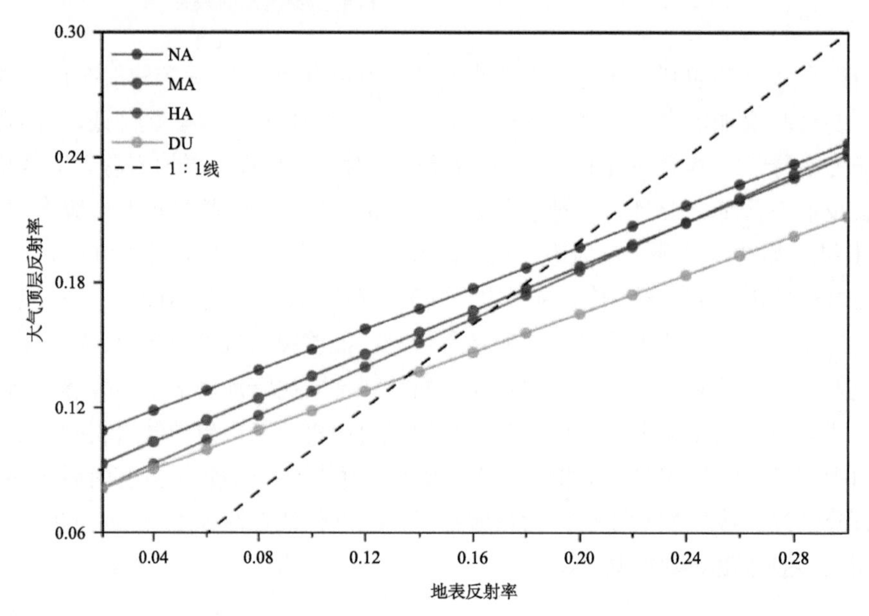

图 4-22　大气顶层表观反射率对四种粒子体积谱的敏感性

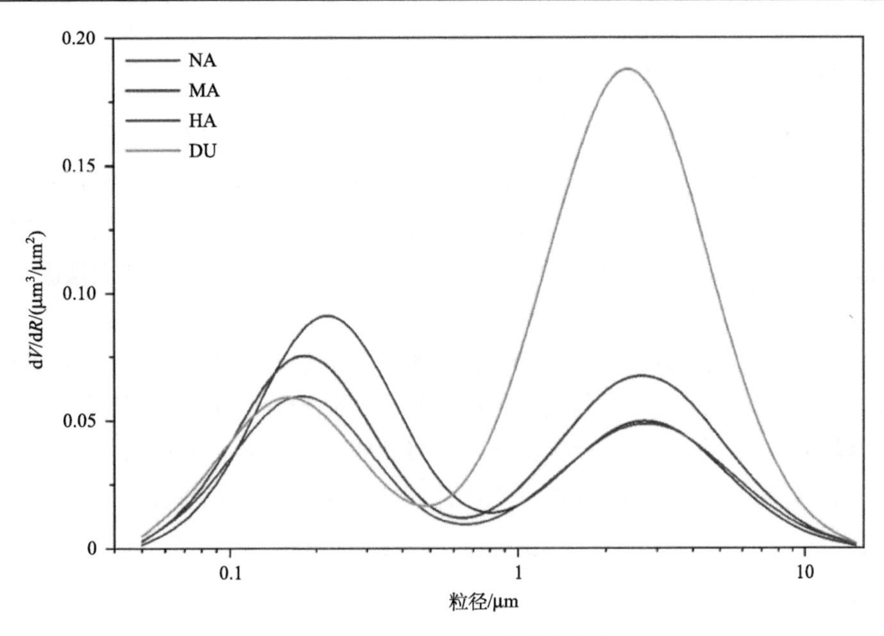

图 4-23　四种气溶胶类型谱分布

包括强吸收性气溶胶模型（HA）、中度吸收气溶胶模型（MA）、强散射气溶胶模型（NA）以及沙尘气溶胶模型（DU）（陈好，2013）

表 4-1　四种气溶胶类型谱分布参数（陈好，2013）

参数	强吸收（HA）	中度吸收（MA）	强散射（NA）	沙尘（DU）
C_{fine}	0.084	0.103	0.127	0.083
R_{fine}	0.179	0.183	0.219	0.161
S_{fine}	0.516	0.498	0.510	0.515
C_{coarse}	0.083	0.112	0.080	0.300
R_{coarse}	2.757	2.673	2.731	2.402

对于三种细粒子气溶胶模型来说，体积谱分布的差异对大气顶层表观反射率模拟有较为明显的影响。事实上，2%的黑碳体积比例假设与中度吸收的体积谱分布更加对应，错误的体积谱分布假设（强吸收性或非吸收性模型）会导致大气顶层表观反射率的模拟出现较大的偏差。这一偏差在地表反射率较低时尤为明显，进一步增加了暗目标上空黑碳气溶胶浓度参数反演的不确定性。随着地表反射率的升高，大气顶层反射率对细粒子气溶胶谱分布误差的敏感性逐渐变小。因此在粒子谱分布未知的情况下，该结论进一步证明了黑碳气溶胶浓度参数更适合在亮地表上空反演。尽管如此，模拟结果在粗细粒子谱分布之间的差异性还较为明显，其原因是除了黑碳气溶胶吸收光辐射之外，沙尘气溶胶在可见光波段具有一定的吸收能力，通常为黑碳粒子吸收能力的 1/100～1/200，这也导致了粗粒子沙尘模型模拟的大气顶层表观反射率要小于细粒子模拟结果。

4.3.3 黑碳气溶胶体积比例对大气顶层反射率的敏感性

不同黑碳体积比例的气溶胶，具有不同的复折射指数、体积谱分布等微物理信息，进而改变大气顶层出射辐射。在当前遥感反演气溶胶光学特性的研究中，这些微物理参数通常作为固定值参数输入到辐射传输模型中，气溶胶组分浓度参数对最终传感器所观测辐射的影响仍然未知，这些参数对大气顶层辐射特性的敏感性对于建立黑碳气溶胶浓度反演算法，分析反演误差来源十分重要。

图 4-24 表示的是黑碳气溶胶体积比例在不同气溶胶光学厚度条件下（AOD=[0.1，0.5，1.0，1.5，2.0，3.0]）对大气顶层表观反射率的敏感性（0.675μm 波段）。辐射传输模型中假设的气溶胶混合（1%～5%黑碳与 45%硫酸盐）、各组分复折射指数和输入的观测几何、地表模型和气溶胶体积谱分布假设与 4.3.1 节中的测试一致。

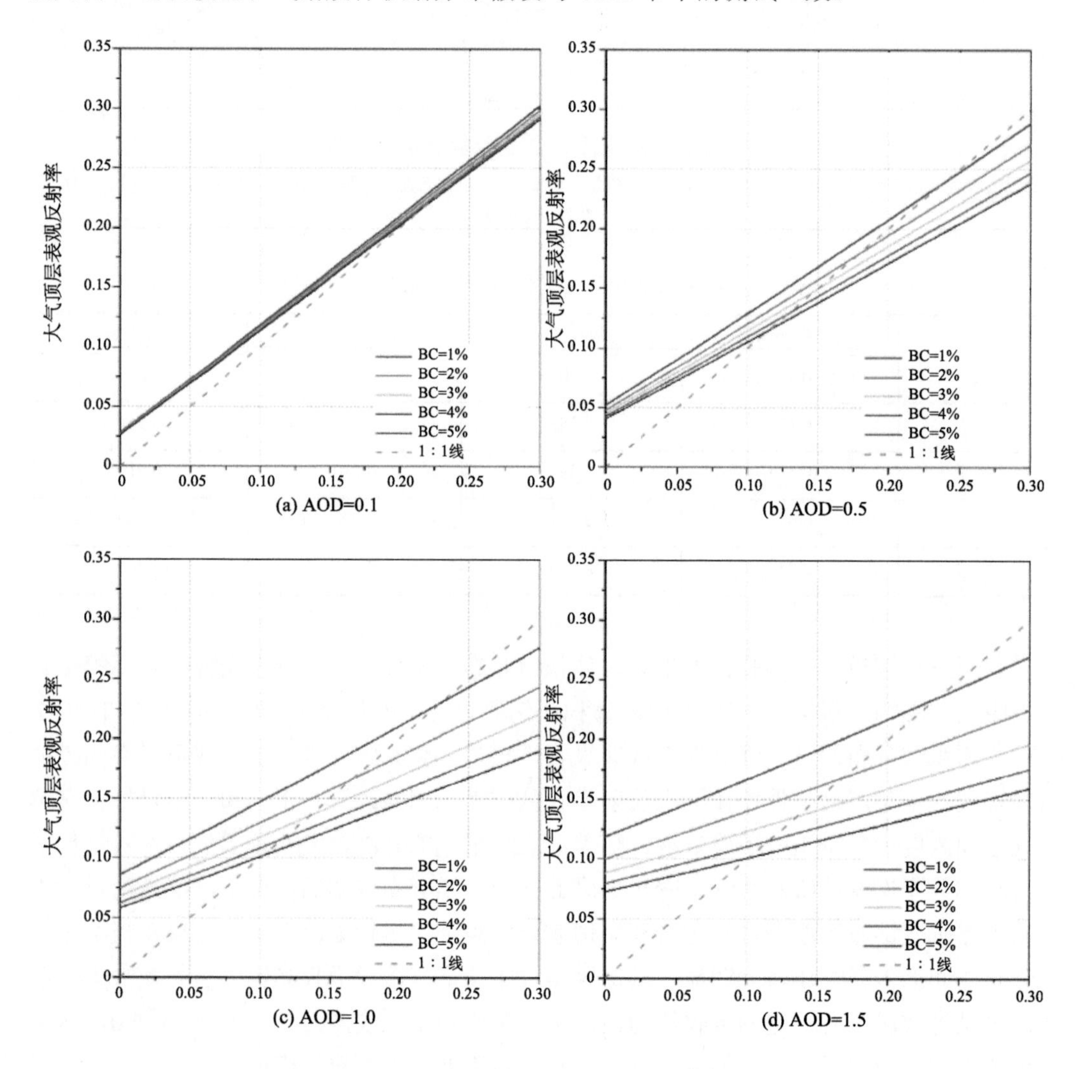

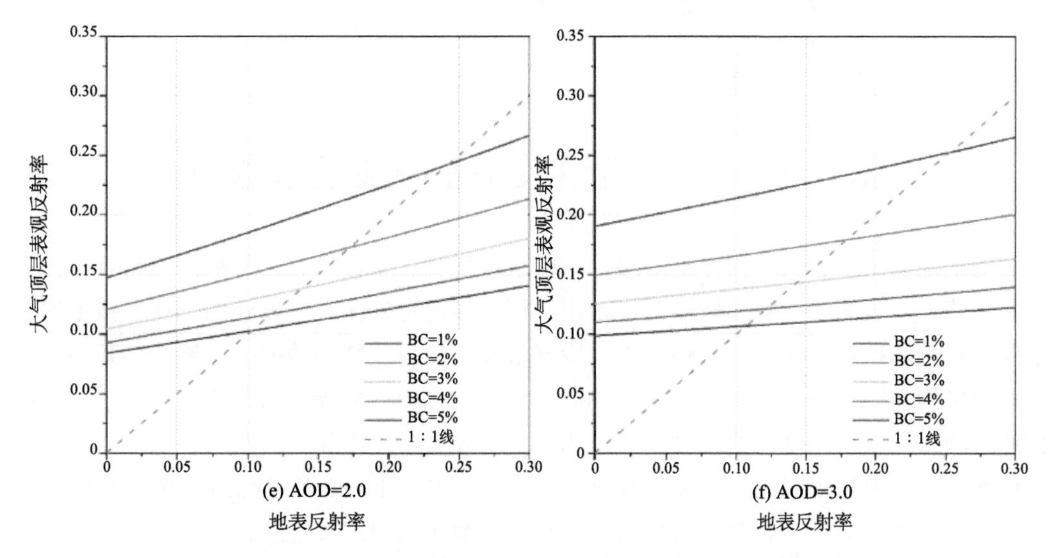

图 4-24　黑碳气溶胶体积比例对大气顶层辐射特性的敏感性

大气顶层表观反射率的明显差异进一步证明了强吸收性的黑碳气溶胶在高亮地表背景下的敏感性更加显著。随着气溶胶光学厚度的增长，敏感性有明显的提升。在气溶胶浓度较低的条件下（AOD<0.5），由于气溶胶的辐射信号较弱，即使黑碳体积比例由 1%增长至 5%，大气顶层辐射并没有显著变化。较低的敏感性也使从大气顶层观测辐射中分离出黑碳气溶胶的贡献具有很大的不确定性；相反，在气溶胶浓度较高的情况下，不同体积比例的黑碳气溶胶对大气顶层表观反射率的影响十分明显，敏感性较高。此外，黑碳体积比例的升高也使得气溶胶的吸光能力也有所增强，降低了其后向散射作用，临界地表反射率降低。当 AOD=1.0 时且黑碳体积比例为 1%时，临界反射率稳定在 0.225 左右；当黑碳体积比例为 5%时，临界反射率稳定在 0.100 左右。综上所述，尽管黑碳浓度参数在晴朗大气或暗背景条件下的敏感性很低，反演存在很大的挑战，但基于遥感辐射传输模型的反演方法却适合于明亮背景上空或污染条件下黑碳气溶胶的浓度监测，这对大面积的生物质燃烧监测以及城市上空黑碳气溶胶监测更加具有应用意义。

第 5 章　黑碳气溶胶地基遥感反演技术

基于地基气溶胶网络的光学遥感方法具有精度高、参数多、易于维护等特点，并且携带便捷、安装简易、观测传输全自动化，可以实现野外无人值守观测。这些技术保证了仪器观测数据的可靠性，能够为进一步气溶胶分析提供基础数据。气溶胶地基遥感观测通常采用太阳光度计作为标准观测仪器。通过对太阳直射辐射的观测，可以计算出达到地表的太阳辐射强度、整层大气透过率、气溶胶光学厚度和大气水汽总量等信息；也可以通过天空散射辐射的多光谱、多角度观测，利用 Dubovik 和 King（2000）提出的统计优化反演方法对气溶胶粒子谱分布、复折射指数等微物理参数进行反演。这些参数均可用于反演多种气溶胶的化学成分含量。

5.1　基于地基遥感数据的黑碳气溶胶浓度反演算法

气溶胶的微物理特性（复折射指数、粒子谱分布）是大气辐射传输中重要的参数，它表征了气溶胶粒子对太阳辐射的散射吸收能力并且与气溶胶的化学组成密切相关。因此，如何构建气溶胶化学组分浓度参数与微物理特性参数之间关系，是气溶胶组分地基遥感反演的关键。

5.1.1　全球气溶胶自动观测网络 AERONET 简介

全球气溶胶自动观测网络 AERONET 是由 NASA 和 PHOTONS 联合建立的地基气溶胶遥感观测网。目前该网络覆盖了全球主要的区域，已有 1000 多个站点提供全球范围观测，近 200 个站点提供 5 年以上的长时间序列观测（图 5-1）。AERONET 使用 CIMEL 自动太阳光度计 CE-318 作为基本观测仪器，建立起一套仪器观测、定标、数据处理及分发的自动化与标准化流程。该仪器可测量可见光至近红外光谱范围内一系列固定波长的太阳和天空辐射，测量精度高，广泛应用于大气气溶胶特性的研究。

AERONET 提供的气溶胶数据产品主要分为 3 个等级，包括没有经过滤云处理和验证的原始数据（Level 1.0）、经过滤云处理和质量控制的数据（Level 1.5）和经过滤云处理且人工检查的数据（Level 2.0）。其中，仪器对天空辐射测量的不确定性小于 5%；气溶胶光学厚度的测量精度可以达到±0.01。在高气溶胶浓度条件下（AOD_{440nm}>0.5），气溶胶复折射指数实部反演的不确定性为±0.04；复折射指数虚部的不确定性为 30%～50%；单散射反照率的不确定性为 0.03。这些高精度的气溶胶产品对于研究全球气溶胶的传输、气溶胶辐射效应、验证辐射传输模式以及校验卫星遥感气溶胶的结果起到了重要作用。

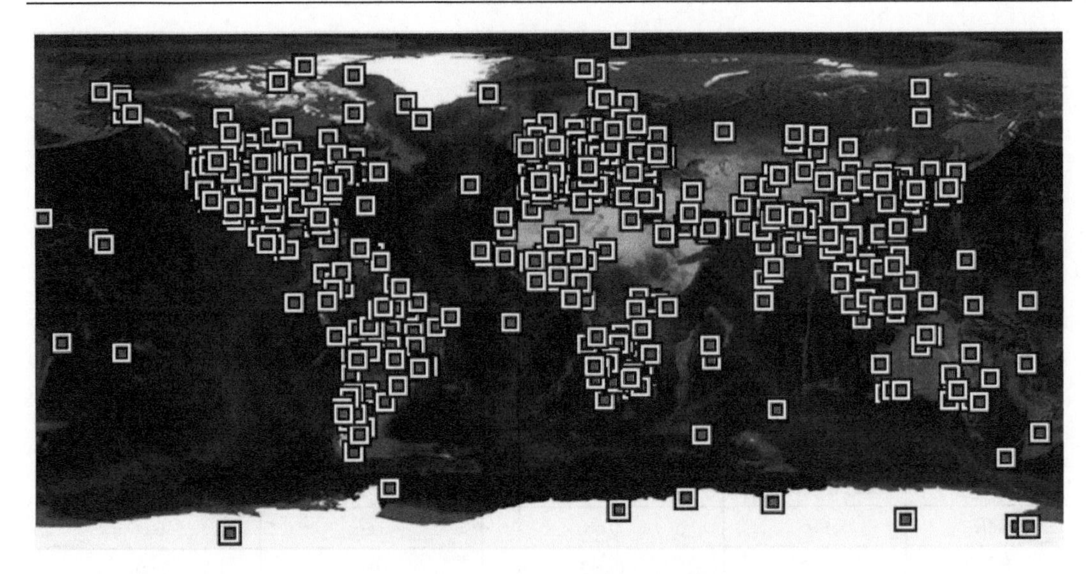

图 5-1　AERONET 气溶胶自动观测网络

资料来源：http://aeronet.gsfc.nasa.gov/

5.1.2　气溶胶化学成分反演理论基础

大气气溶胶对太阳辐射的衰减作用是各种气溶胶组分对太阳辐射吸收和散射作用的共同体现。混合异质气溶胶的特性参数是各气溶胶成分特性参数和其含量的函数:

$$Y = M\left[f_i, y_i\right] \tag{5-1}$$

式中，Y 为混合气溶胶的特性参数，如复折射指数、单次散射反照率等，可直接从 AERONET 数据集中得到；M 为描述气溶胶混合的函数，目前遥感反演算法常用有效介质函数对混合气溶胶的特性参数进行模拟（3.3.1 节）；f_i 为第 i 种气溶胶成分的体积比例，通常为待反演的未知参数；y_i 为第 i 种气溶胶成分的特征参数，通常可以通过查阅文献或实测得到。

由于各种组分的体积比例之和为 1，因此利用不同的气溶胶特征参数，可得到方程组：

$$\begin{cases} Y_1 = M_1\left[f_1, y_1\right] \\ Y_2 = M_2\left[f_2, y_2\right] \\ \qquad \vdots \\ Y_n = M_n\left[f_n, y_n\right] \\ \sum\limits_{i=1}^{n} f_i = 1 \end{cases} \Rightarrow O\left[X_i, Y_i\right] \tag{5-2}$$

式中，Y_i 为利用混合模型模拟的各种气溶胶特性参数；O 为最优化函数，表示当气溶胶特性参数模拟值 Y_i 最接近于观测值 X_i 时，所对应的体积比例解。由于 n 个未知参数具有 $n+1$ 个约束方程，因此可以从中求出多种气溶胶组分体积比例的唯一组合。

5.1.3　气溶胶化学成分优化迭代反演

大气气溶胶来源众多，因此具有复杂的化学组成。由于地基遥感观测仪器仅能提供有限的气溶胶信息，因此无法对所有的气溶胶化学成分进行反演，只能对复杂的气溶胶系统进行归类，利用几类具有代表性的化学成分描述混合气溶胶的性质。通常将大气气溶胶当作若干粒子的混合物。根据气溶胶来源的不同，粒子可以分为具有强吸收性的黑碳气溶胶、具有部分吸收性的细粒子有机碳、具有部分吸收性的粗粒子沙尘以及硫酸盐、硝酸盐等强散射性气溶胶。常用的气溶胶组分复折射指数如表 5-1 所示。

表 5-1　常用的气溶胶组分复折射指数

组分	复折射指数实部	复折射指数虚部 440nm	复折射指数虚部 675nm	复折射指数虚部>675nm
黑碳	1.95	0.66	0.66	0.66
有机碳	1.53	0.063	0.005	0.001
硫酸盐	1.53	10^{-7}	10^{-7}	10^{-7}
沙尘	1.57	0.01	0.004	0.001
气溶胶水	1.33	0	0	0

在反演算法发展的初期，Schuster 等（2005）以黑碳作为气溶胶中唯一的吸收物质，并包裹在硫酸盐溶液中，该三组分反演的方程组（5-2）为

$$\begin{aligned} n &= \mathrm{MG}\left[f_i, n_i\right] \\ k &= \mathrm{MG}\left[f_i, k_i\right] \\ \sum_{i=1}^{n} f_i &= 1 \end{aligned} \tag{5-3}$$

式中，n、k 分别为复折射指数实部和虚部值，可通过 MG 有效介质模型[式（3-5）]模拟；在实际解算过程中，由于黑碳气溶胶是模型中唯一的吸收粒子，混合气溶胶复折射指数虚部部分完全由黑碳气溶胶决定，因此方程组中可先利用复折射指数虚部得到黑碳的体积比例，再将计算好的黑碳体积比例带入到实部的计算中，从而求得硫酸盐与气溶胶水的解。由于该算法并不考虑其他气溶胶组分的吸收作用，因此黑碳反演的精度有所降低。

Arola 等（2011）和王玲等（2012）分别在三组分方法的基础上，考虑了沙尘、有机碳气溶胶在近紫外波段的强吸收性，将蓝光波段（440nm）和其他波段的吸收特性分开考虑，分别引入了有机碳以及沙尘成分，将三成分反演算法扩展成四组分（黑碳、沙尘/有机碳、硫酸盐和气溶胶水）反演算法。方程组（5-2）为

$$\begin{aligned} n &= \mathrm{MG}\left[f_i, n_i\right] \\ k_{440} &= \mathrm{MG}\left[f_i, k_i^{440}\right] \\ k_{675\text{-}1020} &= \mathrm{MG}\left[f_i, k_i^{675\text{-}1020}\right] \end{aligned} \tag{5-4}$$

$$\sum_{i=1}^{n} f_i = 1$$

式中，k_{440} 为 440nm 波段的复折射指数虚部；$k_{675\text{-}1020}$ 为红-近红外波段的复折射指数虚部；可由 MG 有效介质模型[式（3-5）]模拟；同理 675～1020nm 波段的气溶胶复折射指数虚部部分完全由黑碳气溶胶决定，因此方程组中可先利用 675～1020nm 的复折射指数虚部模拟得到黑碳的体积比例；440nm 波段的复折射指数主要由黑碳以及有机碳/沙尘气溶胶决定，因此将计算好的黑碳体积比例带入到 440nm 虚部的计算中，即可得到部分吸收气溶胶的体积比例；最后再根据复折射指数实部与体积比例限定公式，即可求得硫酸盐与气溶胶水的解。由于该算法在反演黑碳气溶胶浓度参数的过程中，没有同时考虑有机碳及沙尘两种气溶胶的贡献，因此算法仍然需要进一步改进。

Wang 等（2013）同时将黑碳、吸收性有机碳以及沙尘作为气溶胶中的吸收物质，硫酸盐溶液作为气溶胶外壳，提出了一种五组分（黑碳、沙尘、有机碳、硫酸盐和气溶胶水）的反演模型。反演方程组（5-2）为

$$\begin{aligned} &n = \mathrm{MG}\left[f_i, n_i\right] \\ &k_{440} = \mathrm{MG}\left[f_i, k_i^{440}\right] \\ &k_{675-1020} = \mathrm{MG}\left[f_i, k_i^{675-1020}\right] \\ &\Delta\mathrm{SSA}(870-675) = P\left[f_i, \mathrm{MAE}_i\right] \\ &\sum_{i=1}^{n} f_i = 1 \end{aligned} \tag{5-5}$$

式中，$\Delta\mathrm{SSA}(870-675)$ 为单次散射反照率在 870nm 与 675nm 波段的差值；函数 P 为单次散射反照率模拟，通过 Mie 散射理论可知：

$$\Delta\mathrm{SSA}(870-675) = \frac{\sum_{i=1}^{n} \mathrm{MAE}_i^{870} f_i \rho_i V_{\mathrm{total}}}{\tau_{\mathrm{ext}}^{870}} - \frac{\sum_{i=1}^{n} \mathrm{MAE}_i^{675} f_i \rho_i V_{\mathrm{total}}}{\tau_{\mathrm{ext}}^{675}} \tag{5-6}$$

式中，V_{total} 为气溶胶的总体积，可通过仪器观测到的粒子谱分布积分得到；τ 为气溶胶的消光光学厚度；这两个参数可直接从地基观测数据中得到；ρ_i 为第 i 种组分的质量密度；MAE 为质量吸收系数，具体值如表 5-2 所示。

表 5-2　常用的气溶胶组分密度以及质量吸收系数

组分	密度/（g/cm^3）	质量吸收系数/（m^2/g）		
		440nm	675nm	870nm
黑碳	2.0	12.5	8.14	6.32
有机碳	1.8	0.921	0.067	0.050
硫酸盐	1.8	0	0	0
沙尘	2.6	0.104	0.045	0.035
气溶胶水	1.0	0	0	0

通过上述方程可获得模拟的复折射指数实部、虚部和 SSA，结合 AERONET 实际观测得到的参数即可构建误差函数：

$$f^* = f + \Delta f^* = Ka \tag{5-7}$$

$$W = \min\left[\sum_{\lambda=1}^{n}\frac{(n_\lambda^{\mathrm{rtrv}} - n_\lambda^{\mathrm{mix}})^2}{(n_\lambda^{\mathrm{rtrv}})^2} + \sum_{\lambda=1}^{n}\frac{(k_\lambda^{\mathrm{rtrv}} - k_\lambda^{\mathrm{mix}})^2}{(k_\lambda^{\mathrm{rtrv}})^2} + \sum_{\lambda=1}^{n}\frac{(\mathrm{SSA}^{\mathrm{rtrv}} - \mathrm{SSA}^{\mathrm{mix}})^2}{(\mathrm{SSA}^{\mathrm{rtrv}})^2}\right] \tag{5-8}$$

式中，W 为总体的误差函数；$n_\lambda^{\mathrm{rtrv}}$、$k_\lambda^{\mathrm{rtrv}}$ 和 $\mathrm{SSA}^{\mathrm{rtrv}}$ 分别为从 AEROENT 中检索的复折射指数的实部、虚部和 SSA；n_λ^{mix}、k_λ^{mix} 和 $\mathrm{SSA}^{\mathrm{mix}}$ 分别为模型模拟的混合气溶胶的复折射指数实部、虚部和 SSA。由于地基传感器在观测过程中，1020nm 波段的观测结果易受到温度影响，使得复折射指数的虚部和单次散射反照率等物理参数误差较大（李东辉等，2013），所以在反演中，不考虑该波段下的各成分的影响，而选用 440nm、675nm 和 870nm 波段的光学物理参数以减少误差。在获得混黑碳气溶胶的体积比例后，利用下述公式可将黑碳的体积比例转化为黑碳的质量浓度：

$$[\mathrm{BC}] = f_{\mathrm{BC}} V_{\mathrm{total}}\, \rho_{\mathrm{BC}} \tag{5-9}$$

式中，f_{BC} 为反演得到的黑碳体积比例；V_{total} 为总气溶胶体积，是体积谱分布对粒子半径的积分（$\int_{r_1}^{r_0}\frac{\mathrm{d}V(r)}{\mathrm{d}\ln r}$）；$\rho_{\mathrm{BC}}$ 为黑碳粒子的质量密度，可设置为 $2\mathrm{g/cm^3}$。由于卫星观测的是地面到卫星传感器之间整层大气的气溶胶特性，因此[BC]为黑碳气溶胶的柱浓度，单位为 $\mathrm{mg/m^2}$，可以由各层黑碳浓度的积分得到：

$$[\mathrm{BC}] = \int_0^H \mathrm{BC}(h) \tag{5-10}$$

式中，H 为大气边界层高度，从几百米至几千米不等，具有明显的季节变化。由于黑碳气溶胶在边界层以下均匀混合且在垂直分布上无明显变化，因此大多数遥感研究采用简单的变换公式来对近地面的黑碳浓度进行估算：

$$\mathrm{BC}(0) = [\mathrm{BC}] / H \tag{5-11}$$

式中，大气边界层高度 H 可从美国气象环境预报中心（NCEP）和美国国家大气研究中心（NCAR）提供的再分析资料获取。该数据采用了当今最先进的全球资料同化系统和完善的数据库，对地面、船舶、无线电探空、测风气球、飞机、卫星等的观测数据进行质量控制和同化处理，具有相对可靠的精度。

5.2 黑碳气溶胶浓度反演结果评价与分析

基于上述气溶胶组分浓度反演方法，选取北京 AEROENT 站点（Beijing_RADI：40.005°N,116.379°E）太阳光度计数据对黑碳浓度进行反演，结合实测的黑碳浓度数据，对反演的结果进行精度评价和误差分析。AEROENT 提供的复折射指数、单次散射反照率等信息在气溶胶光学厚度大于 0.5 时有比较稳定的反演结果，因此通常情况下只能对高气溶胶负荷条件下的黑碳气溶胶进行验证。

5.2.1　不同组分假设下黑碳气溶胶浓度反演结果精度评定

吸收性有机碳以及沙尘等非黑碳的吸收性物质对混合气溶胶中的吸收特性会产生较大的影响。为了定量的评估其他非黑碳类吸收性粒子对黑碳浓度反演结果的影响，基于 MG 有效介质模型，分别采用三组分反演算法与五组分反演算法对反演的黑碳气溶胶浓度进行验证。

图 5-2 展示了 2012 年 10 月和 2014 年 11 月至翌年 12 月的日均黑碳浓度反演结果，并匹配同一天的实测黑碳浓度数据进行验证，分别通过相关系数，相对误差和均方根误差定量的评价黑碳浓度反演的精度。图 5-2 中反演黑碳浓度-1 表示五组分黑碳浓度反演的结果；反演黑碳浓度-2 表示三组分黑碳浓度反演结果。结果显示五组分反演结果与实测的黑碳浓度结果更为接近；当黑碳作为唯一吸收性物质时，由于有机碳、沙尘等弱吸收性气溶胶的吸收都归于黑碳气溶胶，因此反演的黑碳浓度明显要高于五组分反演结果与真实观测值。基于五组分反演的黑碳浓度与实测的黑碳浓度相关系数为 0.75，相对误差为 56.49%，均方根误差为 4.13μg/m^3；而基于三组分反演模型反演的黑碳浓度与实测的黑碳浓度的相关系数为 0.60，相对误差为 76%，均方根误差为 5.65μg/m^3。所以五组分反演模型能明显地提高黑碳气溶胶浓度反演精度。

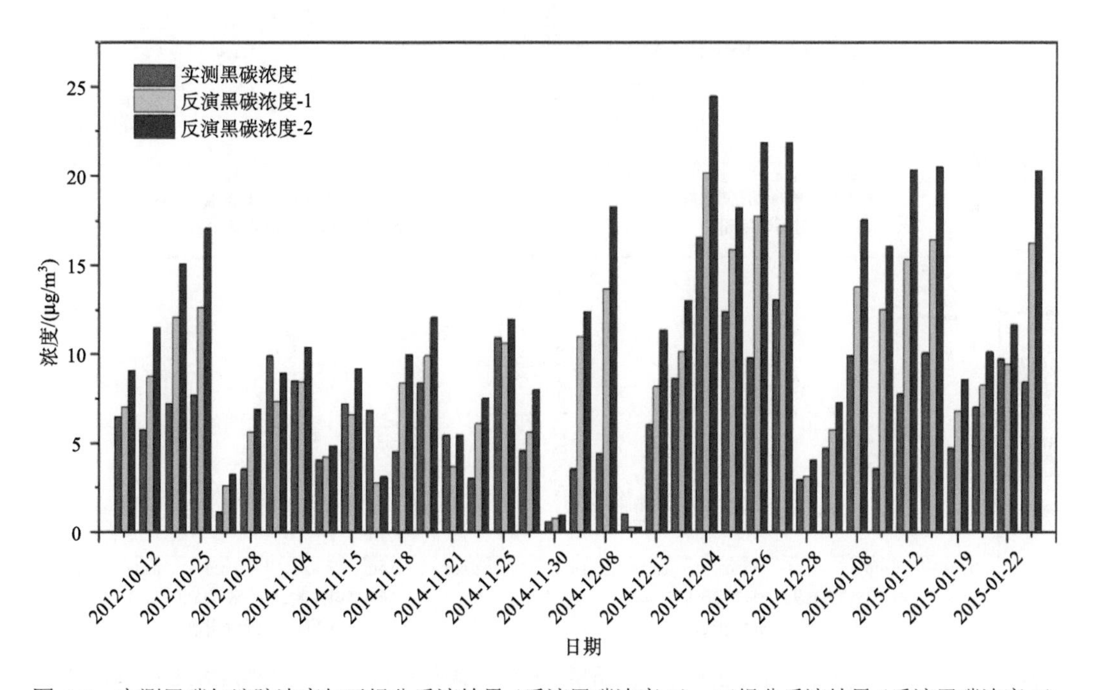

图 5-2　实测黑碳气溶胶浓度与五组分反演结果（反演黑碳浓度-1）、三组分反演结果（反演黑碳浓度-2）日均值对比验证

图 5-3 分别展示了利用三组分（反演黑碳浓度-2）与五组分反演结果（反演黑碳浓度-1）模拟的混合气溶胶的复折射指数。结果显示，三组分模拟的复折射指数实部与地基观测数据的决定系数为 0.43，均方根误差为 0.070，相对误差为 4.03%，明显低于五组分模拟结果（决定系数为 0.83，均方根误差为 0.002，相对误差为 0.96%）。此外，五组分模型模拟的复折射指数虚部精度也高于三组分模拟结果。其中，由于沙尘、有机碳在 440nm 波段的吸收性最大，因此复折射指数模拟差异最大。仅考虑黑碳作为唯一吸收性组分时，与观测数据的相关系数为 0.62，均方根误差为 0.01，相对误差为 36.55%；尽管模型反演的黑碳浓度存在高估，但由于忽略了沙尘、有机碳等弱吸收性气溶胶，三组分模型模拟出来的复折射指数仍显著低于观测值；当考虑其他吸收性组分时，与观测数据的相关系数为 0.95，均方根误差为 0.002，相对误差仅为 4.65%，精度明显有很大的提升。此外，在 675nm 和 870nm 波段，由于沙尘与有机碳的吸收性减弱，因此忽略这两种组分对这两个波段的复折射指数虚部模拟精度要高于 440nm 波段。三组分模型模拟的复折射指数虚部在这两个波段与观测值的相关性有大幅度的提升，分别为 0.96 和 0.91，略低于五组分模拟结果（两个波段相关系数均为 0.99）；两种模型模拟结果的均方根误差较低，

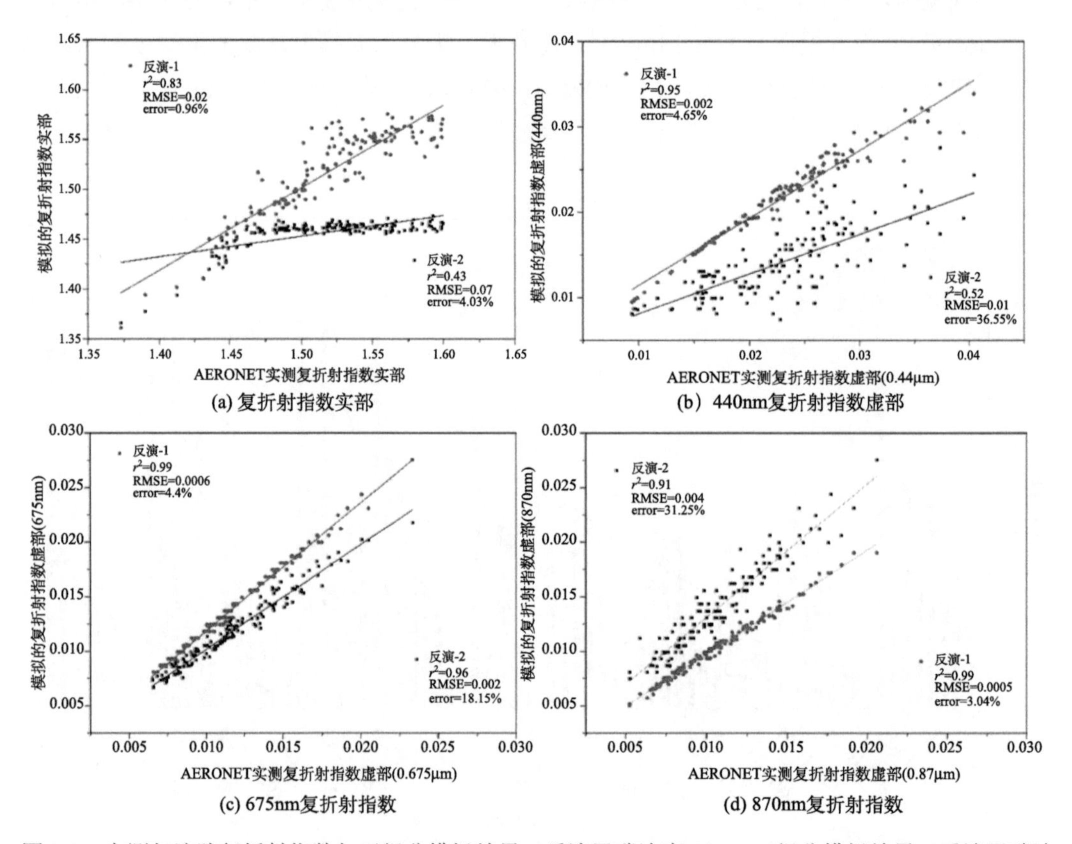

图 5-3　实测气溶胶复折射指数与五组分模拟结果（反演黑碳浓度-1）、三组分模拟结果（反演黑碳浓度-2）日均值对比验证

RMSE 为均方根误差；error 为相对误差；下同

均小于 0.005；但三组分模拟结果相对误差较高，分别为 18.15%和 31.25%，明显高于五组分模型模拟的结果（4.4%和 3.04%）。因此，在反演黑碳浓度时，充分考虑其他气溶胶的吸收特性对黑碳浓度反演具有重要的影响。

5.2.2 不同气溶胶混合模型假设下黑碳气溶胶浓度反演结果精度评定

不同的气溶胶混合模型对气溶胶的吸收和散射特性模拟有微小差别，在使用这些模型反演黑碳浓度时，也会造成不同的程度影响和差异。MG[式（3-5）]、BR[式（3-7）]和 VA[式（3-8）]有效介质模型反演的近地面黑碳气溶胶浓度与实测的黑碳气溶胶浓度比较结果如图 5-4～图 5-6 所示。

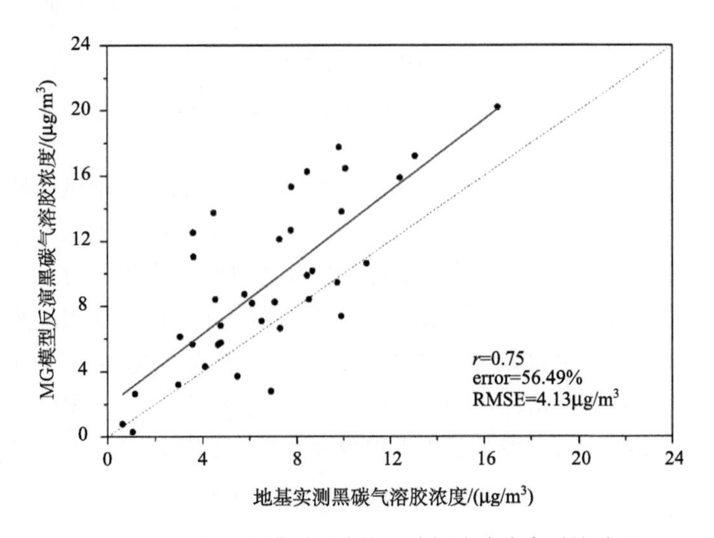

图 5-4　基于 MG 模型反演的黑碳气溶胶浓度对比验证

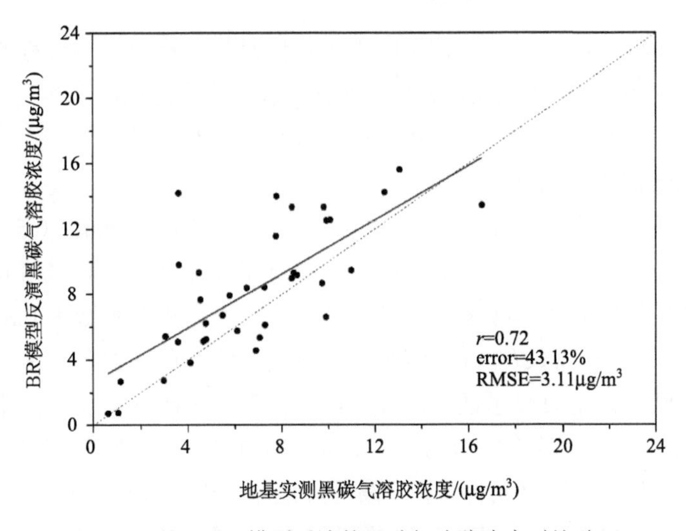

图 5-5　基于 BR 模型反演的黑碳气溶胶浓度对比验证

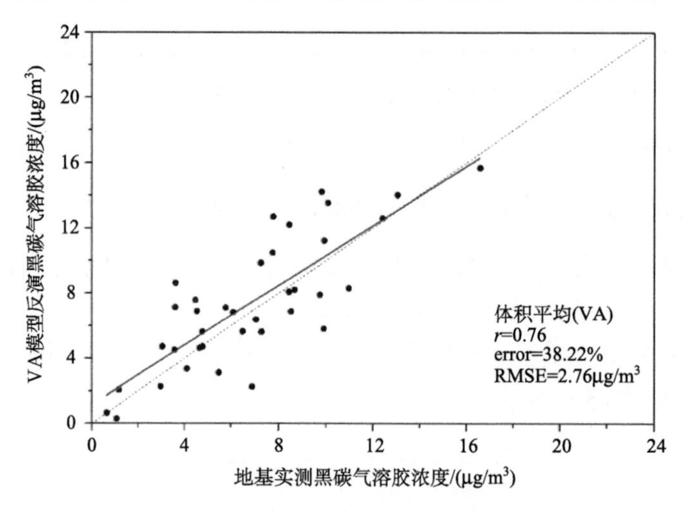

图 5-6　基于 VA 模型反演的黑碳气溶胶浓度对比验证

图 5-4 表示的是基于 MG 模型反演的黑碳浓度与实测的黑碳浓度的精度验证。反演结果与实测数据之间的相关系数为 0.75，相对误差为 56.49%，均方根误差为 4.13μg/m^3；基于 BR 模型（图 5-5）反演的黑碳浓度与实测值之间的相关系数为 0.72，相对误差为 43.13%，均方根误差为 3.11μg/m^3；基于 VA 模型（图 5-6）反演的黑碳浓度与实测值之间的相关系数为 0.76，相对误差为 38.22%，均方根误差为 2.76μg/m^3。通过比较不同混合模型反演的黑碳浓度精度指标，VR 有效介质模型反演的近地面黑碳浓度的相关系数要高于 MG 和 BR 模型，相对误差和均方根误差均低于其他两种模型的反演结果，因此基于 VA 模型反演的近地面黑碳浓度更加适用于北京地区，反演结果误差更低。

5.2.3　不同气溶胶负荷条件下黑碳气溶胶浓度反演结果精度评定

当气溶胶含量较少时，气溶胶粒子的吸收特性对整个辐射传输过程的影响不显著，较弱的敏感性往往会直接影响 AEROENT 数据集中通过最优化反演得到的参数，如复折射指数、单次散射反照率等。这些参数在低气溶胶光学厚度条件下，存在较大的偏差，从而使得黑碳成分估计不准确。

图 5-7（a）表示的是在高气溶胶光学厚度条件下（AOD 440nm≥0.5）基于体积平均模型反演的近地面黑碳浓度与实测的黑碳浓度的对比验证结果。高气溶胶光学厚度条件下反演的黑碳浓度与实测的黑碳浓度具有很高的一致性，相关系数为 0.83，相对误差为 30.0%；图 5-7（b）表示的是在低气溶胶光学厚度条件下反演的黑碳浓度与实测的黑碳浓度的对比验证结果。结果显示低气溶胶负荷条件下，黑碳浓度反演结果与观测值之间的相关系数为 0.55，相对误差为 78.8%，反演结果的精度明显低于高气溶胶负荷条件下的结果。在高气溶胶光学厚度条件下，反演的近地面黑碳浓度均值约为 7.79μg/m^3，实测的近地面黑碳浓度为 7.3μg/m^3，均值误差仅为 6.7%；而低气溶胶光学厚度条件下反演的近地面黑碳浓度均值约为 1.78μg/m^3，实测的近地面黑碳浓度为 2.51μg/m^3，均值误差高

达 41%，其主要误差来源于低气溶胶光学厚度背景条件下，一些高浓度的黑碳污染很难通过测量大气中气溶胶的吸收作用而被探测到。因此地基的反演算法更加适用于一些极端的大气污染案例，如生物质燃烧、森林火灾等。

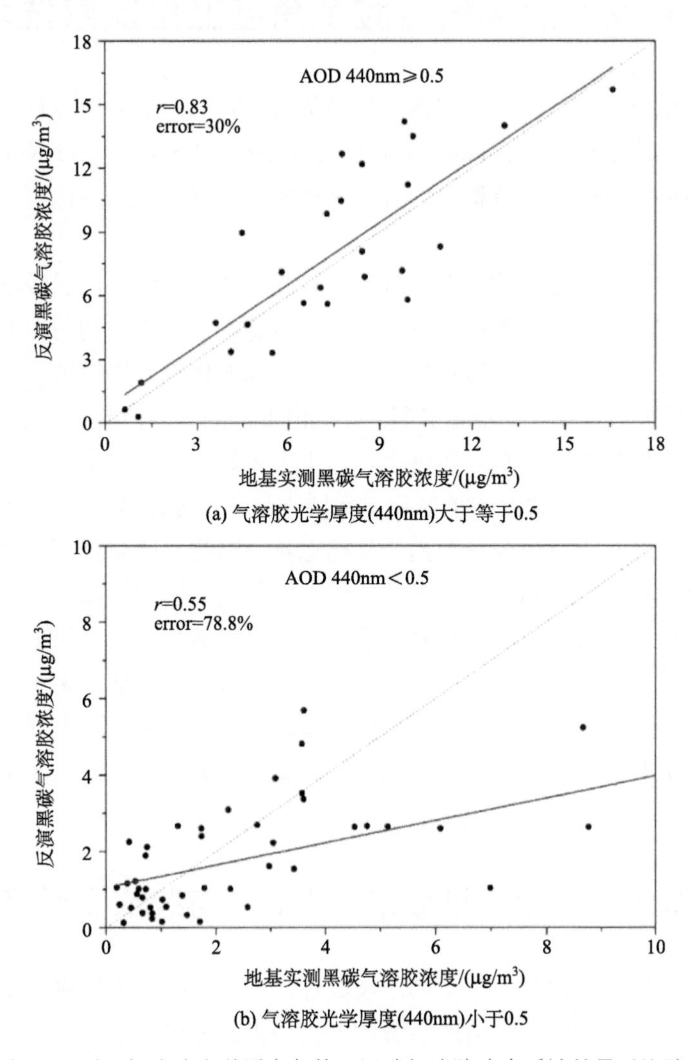

(a) 气溶胶光学厚度(440nm)大于等于0.5

(b) 气溶胶光学厚度(440nm)小于0.5

图 5-7　不同气溶胶光学厚度条件下黑碳气溶胶浓度反演结果对比验证

第 6 章　黑碳气溶胶多角度卫星遥感技术

除大气的贡献外，卫星传感器成像系统镜头所接收的电磁辐射也包含了目标地表的反射辐射信息，形成了地表-大气耦合的辐射传输系统（Vermote and Kotchenova, 2008; Vermote et al., 1997）这种地-气耦合的方式直接增加了卫星遥感图像解译的难度与定量分析的不确定。

目前，基于卫星遥感影像数据的大气气溶胶光学特性反演方法已经趋于成熟。传统的反演方法通过假定观测几何条件与待反演的气溶胶光学参数，利用辐射传输模型构建大气辐射查找表，再基于地表反射估算模型与大气辐射传输方程模拟大气顶层卫星观测辐射信号，最后通过对查找表的插值计算，寻找出卫星观测辐射与模拟辐射的最佳拟合，从而反演出所需要的气溶胶参数。实际上，由于大多数单一角度卫星具有有限的观测数量，且大气辐射传输中某一波段的地表反射率通常是一个无法忽略的待反演参数。因此，为了避免因观测数量小于待反演参数而产生病态解，通常在建立查找表时只会对有限的气溶胶参数进行模拟，不参与反演的参数用经验值取代。例如，基于地基观测数据聚类出多种具有代表性的气溶胶模型，再利用模型中的粒子谱分布与复折射指数建立以气溶胶光学厚度为参数的查找表。利用此类查找表反演的方法，只能在多个气溶胶模型假设中选取某一种类型，大致对像元内的气溶胶类型进行分类，但能够表征气溶胶组分体积比例的复折射指数与粒子谱分布等参数无法得到确切的解，进而影响了卫星遥感在黑碳浓度监测中的应用。

6.1　基于多角度卫星数据的黑碳气溶胶浓度反演算法

多角度卫星遥感通过卫星传感器的连续成像，在一段时间内提供充足的对地观测数据，从而具有反演更多的大气气溶胶参数的潜力，大大改善气溶胶的反演精度，提高应用能力。目前，已经有很多大学与研究机构都在从事这方面的研究与探索。若使用传统基于查找表的方式对黑碳气溶胶浓度进行求解，那么需要针对卫星观测几何、黑碳体积比例、每一种非黑碳的体积比例、混合气溶胶的粒子谱分布参数、气溶胶光学厚度等参数构建前向辐射传输查找表。即使多角度卫星能够提供如充足的有效观测数据，但在实际应用中，建立与搜索如此庞大的查找表需要大量的资源与时间，如何基于统计学的方法，利用辐射传输方程快速有效地对上述气溶胶及地表参数进行最优化求解是这一系列问题的关键。

6.1.1　多角度偏振传感器 POLDER/PARASOL 简介

地球偏振与方向反射测量仪（polarization and directionality of the earth reflectance, POLDER）是 20 世纪 80 年代后期由法国空间中心研制，是世界上第一个可进行多角度偏振成像的卫星传感器，具有线偏振测量功能，非常适用于探测云和气溶胶的物理特性，特别对细粒子气溶胶十分敏感。

POLDER 传感器包括一个 CCD 相机、一个宽视场电子光学器件和一个带旋转轮的滤镜测量仪器，涵盖了从蓝波段（443nm）到近红外波段（1020nm）的九个通道以及 443nm、670nm、865nm 三个偏振通道，光谱波段带宽在 20～40nm 之间。此外，POLDER 传感器沿着卫星轨道拍摄，可以从 13 个不同的观测视角对同一个目标进行成像（最高可达到 15 次），测量时间间隔短（160ms），因此，POLDER 的连续观测能为幅宽内的任何地物提供双向偏振或非偏反射特性。仪器沿轨视场为±42.3°，穿轨视场为±50.7°，刈幅 2400km，天底点像元分辨率为 6.0km×7.1km，由于受到地球曲率影响，星下点的观测角度比卫星参考坐标系的观测角大。

由于地表的偏振信息与气溶胶相比要小得多，并且本身变化不明显，因此，大气顶层短波偏振辐射率的贡献主要来源于气溶胶与分子散射，是 POLDER 能够对气溶胶进行全球监测的主要原因。大气分子的贡献相对稳定，且在理论上可以准确模拟并扣除，因而气溶胶的偏振辐射贡献可以从卫星观测资料中提取出来。这种贡献与气溶胶光学厚度和偏振散射相函数的乘积成正比。其中，气溶胶偏振相函数是气溶胶偏振辐射率角度分布的具体形式，是由复折射指数和粒子尺度分布所定义的气溶胶类型决定。由于气溶胶类型又是由粒子中各个气溶胶组成成分及其比例所决定，因此结合 POLDER 多角度的观测特性，使得反演黑碳气溶胶浓度参数成为可能。

目前为止，POLDER 传感器共三次搭载卫星升空。表 6-1 总结了三次卫星升空对应的多角度偏振传感器性能参数比较。1996 年和 2002 年先后将 POLDER-Ⅰ型和 POLDER-Ⅱ型传感器搭载于日本高级地球观测卫星（advanced earth observing satellite，ADEOS）发射升空。但由于卫星故障，POLDER-Ⅰ型和 POLDER-Ⅱ型传感器分别只观测了 8 个月和 7 个月的数据。2004 年，经过一系列改进的 POLDER-3 搭载于 PARASOL（polarization and anisotropy of reflectance for atmospheric sciences coupled with observations from a LiDAR）卫星在法属圭亚那发射升空，与 AQUA、CALIPSO、CLOUDSAT、OCO、AURA 等卫星组成 A-Train 系列大气探测卫星星座，将星载遥感器的大气探测能力提高到一个新的阶段。新的 POLDER-3 传感器采用的非偏振通道分别为 443nm、565nm、763nm、765nm、910nm 和 1020nm，偏振波段为 490nm、670nm 和 865nm。POLDER-1/2 中的 443nm 的偏振通道改为 490nm，以减少大气分子瑞利散射的影响，降低大气气溶胶信息提取中的干扰；并将原来 490nm 非偏振通道改为 1020nm 波段，可与 A-Train 卫星星座中其他卫星的 1020 通道进行协同观测。POLDER 标准数据共分为三级产品（表 6-2），分别为一级基础数据、二级轨道反演产品和三级全球反演产品。3 个 POLDER 传感器获取的各类产品均采用二进制存储，并以相同的规则命名。尽管 PARASOL 数据已经于 2013 年 10 月 11 日停止提供观测数据，但其丰富的偏振以及非偏观测数据，仍然被许多科学家所研究（Li et al., 2019; Chen et al., 2018; Zhang et al., 2017; Dubovik et al., 2011）。

表 6-1　相关星载偏振传感器比较

仪器名称	POLDER-1	POLDER-2	POLDER-3
发射时间	1996 年	2002 年	2004 年
平台	ADEOS-Ⅰ	ADEOS-Ⅱ	PARASOL
轨道高度/km	796.75	802.9	705
波段范围/nm	443～910	443～910	443～1020
非偏振通道/nm	443、490、565、670、763、765、865、910	443、490、565、670、763、765、865、910	443、565、670、763、765、865、910、1020
偏振通道/nm	443、670、865	443、670、865	490、670、865

表 6-2　POLDER 气溶胶数据分级

<table>
<tr><th>产品等级</th><th>产品处理线</th><th>产品类型</th><th>分辨率</th></tr>
<tr><td>一级</td><td>基础观测数据</td><td>各波段观测辐射、角度参数</td><td>高分辨率</td></tr>
<tr><td rowspan="5">二级</td><td rowspan="3">海洋和海面气溶胶</td><td>海洋方向性参数</td><td>高分辨率</td></tr>
<tr><td>海洋非方向性参数</td><td>高分辨率</td></tr>
<tr><td>大气气溶胶参数</td><td>低分辨率</td></tr>
<tr><td rowspan="2">地表和大陆气溶胶</td><td>陆地表面方向性参数</td><td>高分辨率</td></tr>
<tr><td>大气气溶胶参数</td><td>低分辨率</td></tr>
<tr><td rowspan="5">三级</td><td rowspan="3">海洋和海面气溶胶</td><td>海洋方向性参数</td><td>高分辨率</td></tr>
<tr><td>海洋非方向性参数</td><td>高分辨率</td></tr>
<tr><td>大气气溶胶参数</td><td>低分辨率</td></tr>
<tr><td rowspan="2">地表和大陆气溶胶</td><td>陆地表面方向性参数</td><td>高分辨率</td></tr>
<tr><td>大气气溶胶参数</td><td>低分辨率</td></tr>
</table>

6.1.2　统计优化插值基本原理

传统的气溶胶反演方法通常假设气溶胶类型参数，建立固定步长的目标参数与大气顶层表观反射率查找表，以实现对气溶胶光学特性的反演（Bao et al., 2016; Gordon and Wang, 1994; van Donkelaar et al., 2010）此类方法只能获取有限的气溶胶参数（如气溶胶光学厚度）。随着大气污染问题越来越受到重视，大气定量遥感相关研究得到了卓越的发展，越来越多的研究学者希望可以从卫星观测数据中获取更加完善的气溶胶参数。若使用查找表的方式对气溶胶参数进行反演，除卫星观测数量足够多外，还需要建立一个用来模拟所有待反演参数组合的多维查找表。因此，无论前期查找表的构建，还是后续查找表的搜索与插值，所需的工作量与运行成本都十分巨大，降低了卫星遥感应用的经济性与时效性。

针对这一问题，法国里尔第一大学大气光学实验室的 Oleg Dubovik 教授提出了一种基于数理统计概念的气溶胶反演方法（Dubovik et al., 2011; Dubovik and King, 2000）。该方法利用数学计算寻找辐射传输模型理论和实际辐射传输模型数据的最佳拟合，达到反演多个参数的目的。基于遥感手段反演气溶胶需解决以下方程组：

$$f_i^* = f_i(a) + \Delta f_i^* \tag{6-1}$$

其中，f_i^* 为卫星传感器观测的大气顶层表观反射率；$f_i(a)$ 是利用待反演参数 a 通过前向辐射传输模型模拟的卫星观测值；Δf_i^* 是测量误差的矩阵，是真实值与模拟值之间的相对差值。在遥感应用中，f_i^* 通常为地面观测值、卫星观测值及航空观测值中的一种或多平台组合；对于同一个遥感平台而言，f_i^* 也包括同一个传感器在不同波段、不同角度、不同时段获取的观测信息。f_i 通常利用已有的辐射传输模型进行计算，可以通过一个简单的线性形式来表达反演参数 a 与卫星观测辐射 f^* 之间的关系：

$$f^* = f + \Delta f^* = Ka \tag{6-2}$$

式中，K 为雅可比（Jacobi）矩阵的一阶导数，如果观测值的个数恰好等于未知参数的个数且不考虑随机误差，那么未知参数 a 的解 $\hat{a}$ 可以直接通过以下公式进行计算：

$$\hat{a} = K^{-1} f^* \tag{6-3}$$

多参数的定量遥感反演需要更多的冗余观测以保证未知参数不出现病态解（多解或无解）。这种冗余观测使在估算最小反演误差过程中存在较大的随机误差。式（6-2）中的误差项可以拆分为系统误差与随机误差：

$$\Delta f^* = \Delta f_{\text{sys}}^* + \Delta f_{\text{ran}}^* \tag{6-4}$$

式中，Δf_{sys}^* 为系统误差，是在不同观测数据中重复出现的一个固定误差；Δf_{ran}^* 是随机误差，是在不同的观测数据中随机出现的误差项。对于随机误差，通常利用高斯分布（正态概率密度函数）来模拟随机噪声分布，以表达随机误差发生的概率，表示为

$$\begin{aligned} P\left(\Delta f^*\right) &= \prod_{i=1}^{k} P\left(f_i(a) \mid f_i^*\right) \\ &= \prod_{i=1}^{k} \left\{ \left[(2\pi)^m \det\left(C_i\right) \right]^{-\frac{1}{2}} \exp\left[-\frac{1}{2} \left(f_i(a) - f_i^* \right)^{\mathrm{T}} C_i^{-1} \left(f_i(a) - f_i^* \right) \right] \right\} \end{aligned} \tag{6-5}$$

式中，C 为 f^* 的协方差矩阵；$\det(C)$ 为 C 矩阵的秩；m 为 f^* 的维数。当最大似然函数 $P(\Delta f^*)$ 越大时，Δf^* 越接近于真实的统计误差，未知参数 a 的估计越能接近于真实值。因此，为了使最大似然函数方程最大化，当式（6-5）右边指数项 $\exp\left[-\frac{1}{2}(f_i(a) - f_i^*)^{\mathrm{T}} C_i^{-1}(f_i(a) - f_i^*) \right]$ 最大时可以获得最优解，即

$$2\Psi'(a)=\sum_{i=1}^{k}\left(f_i(a)-f_i^*\right)^{\mathrm{T}}C_i^{-1}\left(f_i(a)-f_i^*\right)=\min \tag{6-6}$$

由于大气辐射传输中各个待反演的气溶胶参数量级不同，不同的待反演参数也具有不同的反演精度，为了更能明确评估不同观测数据之间的相对误差贡献，上述公式变换如下：

$$2\Psi'(a)=2\sum_{i=1}^{k}\gamma_i\Psi_i'(a)=\sum_{i=1}^{k}\gamma_i\left(f_i(a)-f_i^*\right)^{\mathrm{T}}W_i^{-1}\left(f_i(a)-f_i^*\right)=\min \tag{6-7}$$

其中，

$$W_i=\frac{1}{\varepsilon_1^2}C_i \tag{6-8}$$

$$\gamma_i=\frac{\varepsilon_1^2}{\varepsilon_i^2} \tag{6-9}$$

式中，γ_i为拉格朗日乘数，是每个待反演参数相对于第一个反演参数的权重；ε_k^2为协方差矩阵C_i第一个对角元素，即$\varepsilon_k^2=(C_i)_{11}$。当$\Psi(a)$有最小值时，其函数的一阶偏导数均为 0，在统计上具有以下形式：

$$\nabla\Psi'(a)=\frac{\partial\Psi(a)}{\partial a_i}=K^{\mathrm{T}}C^{-1}\left(f(a)-f^*\right)=0 \tag{6-10}$$

由式（6-2）可知，模型模拟的最终结果可以用各个位置参数来线性表达，因此，结合式（6-7）和式（6-10）可知，当$\Psi(a)$最小时有

$$\sum_{i=1}^{k}\gamma_iK_i^{\mathrm{T}}W_i^{-1}K_ia=\sum_{i=1}^{k}\gamma_iK_i^{\mathrm{T}}W_i^{-1}f_i^* \tag{6-11}$$

则未知参数a的解$\hat{a}$为

$$\hat{a}=\left(\sum_{i=1}^{k}\gamma_iK_i^{\mathrm{T}}W_i^{-1}K_i\right)^{-1}\left(\sum_{i=1}^{k}\gamma_iK_i^{\mathrm{T}}W_i^{-1}f_i^*\right) \tag{6-12}$$

该方程是基于线性统计优化反演气溶胶参数的理论公式，可运用于多卫星观测值的气溶胶特性参数反演。

6.1.3　结合先验约束的统计优化插值计算

在大气辐射传输过程中，由于太阳辐射、大气与地表之间的相互作用，需要复杂的理论与大量的参数进行模拟。即使在同一观测几何条件下，这些相互作用也限制了辐射传输中每个参量的敏感性。因此，只用式（6-12）无法有效地解决大气-地表耦合这一病态问题。为了有效滤除反演中的非真实解，需要针对卫星传感器的特点制定时空约束条件，使得反演结果稳定。若考虑卫星观测在不同维度上的约束条件，统计优化插值计算方程式（6-1）可扩展为三个相互独立的方程：

$$\begin{cases} f^* = f(a) + \Delta f^* \\ 0^* = S_m a + \Delta\left(\varDelta^m a\right)^* \\ a^* = a + \Delta a^* \end{cases} \tag{6-13}$$

方程由上至下分别为误差方程、约束方程以及参数误差方程。矩阵S_m为反演参数的约束系数矩阵；由于反演中通常设定某一不变的参数为约束条件，因此约束方程通常为零矩阵（0^*）；$\Delta(\varDelta^m a)^*$为不确定参数向量与零矩阵的偏差，是约束方程的误差项。a^*为气溶胶参数的先验估计值，Δa^*为先验估计值的不确定向量。

结合式（6-12）可以计算出气溶胶参数反演值$\hat{a}$为

$$\begin{aligned} \hat{a} &= \left(\sum_{i=1}^{3}\gamma_i K_i^{\mathrm{T}} W_i^{-1} K_i\right)^{-1}\left(\sum_{i=1}^{3}\gamma_i K_i^{\mathrm{T}} W_i^{-1} f_i^*\right) \\ &= \left(\gamma_f K_f^{\mathrm{T}} W_f^{-1} K_f + \gamma_m K_m^{\mathrm{T}} W_m^{-1} K_m + \gamma_a K_a^{\mathrm{T}} W_a^{-1} K_a\right)^{-1}\left(\gamma_f K_f^{\mathrm{T}} W_f^{-1} f_f^* + \gamma_m K_m^{\mathrm{T}} W_m^{-1} f_m^* + \gamma_a K_a^{\mathrm{T}} W_a^{-1} f_a^*\right) \end{aligned} \tag{6-14}$$

结合式（6-13）可知式（6-14）中：

$$\begin{cases} K_f = K; W_f = W = \dfrac{1}{\varepsilon_f^2} C_f; f_f^* = f^* \\ K_m = S_m; W_{\mathrm{m}} = 1; f_m^* = 0 \\ K_a = I; W_a = \dfrac{1}{\varepsilon_a^2} C_a; f_a^* = a^* \end{cases} \tag{6-15}$$

进而式（6-14）可以转化为如下形式：

$$\hat{a} = \left(\gamma_f K^{\mathrm{T}} W^{-1} K + \gamma_m S_m^{\mathrm{T}} S_m + \gamma_a W_a^{-1}\right)^{-1}\left(K^{\mathrm{T}} W^{-1} f^* + \gamma_a W_a^{-1} a\right) \tag{6-16}$$

通常

$$\gamma_f = 1, \gamma_m = \varepsilon_f^2/\varepsilon_m^2, \quad \gamma_a = \varepsilon_f^2/\varepsilon_a^2 \tag{6-17}$$

其中，ε^2为协方差矩阵C第一个对角元素。

在同一个像元内，多个时次的卫星观测值对应的约束矩阵S_m为光谱约束和时间约束。气溶胶参数具有较强的光谱约束，在不同的光谱波段上所反演的气溶胶参数需一致；地表反射模型参数则具有很强的时间约束，通常地表在短时间内的特性保持稳定。待反演参数之间的约束$\varDelta^m$有如下形式：

$$\begin{aligned} \varDelta^1 &= \hat{a}_{i+1} - \hat{a}_i \\ \varDelta^2 &= \hat{a}_{i+2} - 2\hat{a}_{i+1} + \hat{a}_i \\ \varDelta^3 &= \hat{a}_{i+3} - 3\hat{a}_{i+2} + 3\hat{a}_{i+1} - \hat{a} \end{aligned} \tag{6-18}$$

其中，m为约束强度，按照参与约束的数据个数分为三个等级，当$m=2$时，式（6-16）中的约束矩阵S_m为

$$S_2=\begin{pmatrix}1 & -2 & 1 & 0 & \cdots & \cdots & \cdots\\ 0 & 1 & -2 & 1 & 0 & \cdots & \cdots\\ 0 & 0 & 1 & -2 & 1 & 0 & \cdots\\ \cdots & \cdots & \cdots & \cdots & \cdots & \cdots & \cdots\\ \cdots & \cdots & \cdots & 0 & 1 & -2 & 1\end{pmatrix} \tag{6-19}$$

为了综合体现多种约束条件在统计优化方程解算中的作用，令

$$\Omega=\gamma_s S_s^{\mathrm{T}} S_s+\gamma_t S_t^{\mathrm{T}} S_t \tag{6-20}$$

式中，下标 s 与 t 分别为光谱约束以及时间约束条件；γ_s 与 γ_t 分别为光谱约束及时间约束的拉格朗日权重系数。表 6-3 总结了主要气溶胶以及地表参数（BRDF 采用 Ross-Li 模型，BPDF 采用 Breon 模型）的约束强度以及拉格朗日权重系数。

表 6-3 气溶胶以及地表参数的约束强度以及拉格朗日权重系数

参数		m	γ_s	参数		m	γ_t
气溶胶	粒子谱分布	3	0.005	地表	BRDF 各向同性散射权重系数	3	0.1
	复折射指数实部	1	0.1		BRDF 体散射权重系数	1	0.1
	复折射指数虚部	2	0.01		BRDF 几何光学散射权重系数	1	0.1
					BPDF 参数	1	0.1

在实际应用中，一次的解算并不能保证对待反演参数的初始值 a^* 进行最优化的校正，需将校正后的结果 $\hat{a}$ 重新当作最优化反演的初始值带入到解算过程中，直到前后两次的模拟结果收敛，才将最终的 $\hat{a}$ 值并作为反演结果。

6.1.4 统计优化插值反演模型的不确定性

基于统计插值计算的反演结果的可靠性与前向辐射传输模拟精度和约束条件的合理性密不可分。利用实际观测的地表以及气溶胶物理光学参数作为输入，结合 POLDER 的光谱响应函数，通过前向辐射传输模型模拟的大气顶层表观反射率作为输入，重新对地表以及气溶胶物理光学参数进行解算，并与观测值进行比较，可测试出前向辐射传输模型的模拟精度。假设太阳天顶角、卫星观测天顶角以及相对方位角分别为 50°、60°以及 100°；选取北京 AERONET 站点（Beijing，位于 39.977°N，116.381°E）作为实际观测数据。

图 6-1 表示的是气溶胶复折射指数反演模型验证结果，可以看出，本章所述的反演算法对于复折射指数实部[图 6-1（a）]以及虚部[图 6-1（b）]的反演均具有很好的反演精度。其中，气溶胶复折射指数实部反演值与真实值在 440nm、675nm、870nm 以及 1020nm 波段具有很好的线性回归关系，相对误差在 1%以下，分别为 0.8%、0.4%、0.3%和 0.4%。其在可见光波段的反演精度要高于近红外波段，相关系数 R 可以达到 0.90，线性拟合斜率接近于 1.0，且截距较小（<0.1）；气溶胶复折射指数虚部反演值与真实值在四个波段也都具有很好的线性回归关系（$R>0.99$），线性拟合公式斜率接近于 1.0；截距接近于 0。

但由于气溶胶复折射指数虚部值量级相对较小，四个波段平均相对误差大于实部模拟值（5%左右）。复折射指数虚部与强吸收性黑碳的浓度有着非常显著的相关关系，对复折射指数虚部的稳定反演也为黑碳浓度参数的解算提供了良好的模型环境。

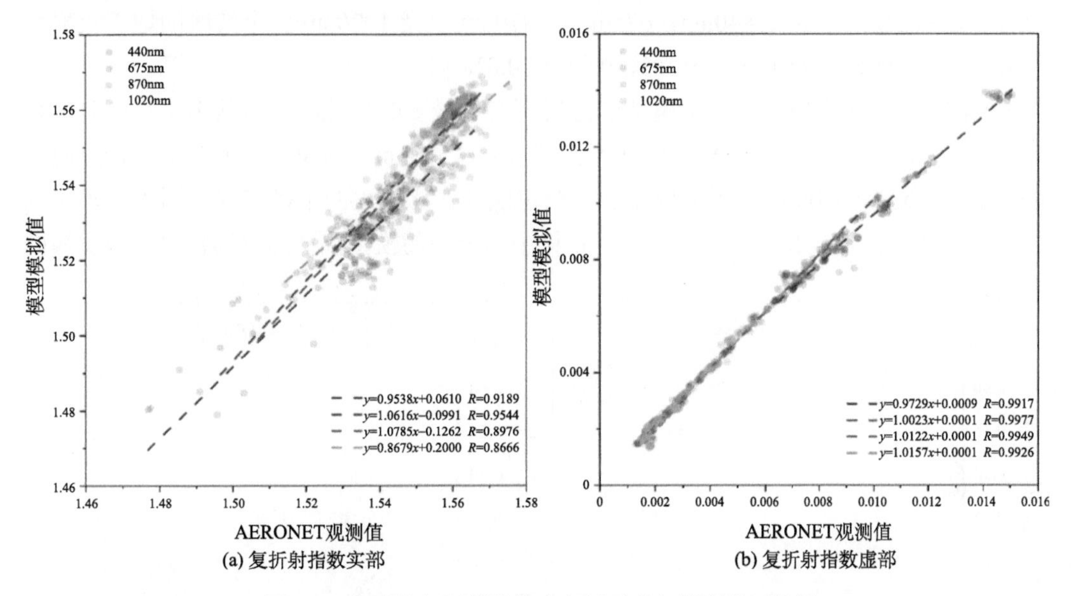

图 6-1　气溶胶复折射指数实部以及虚部模型验证结果

地表反射的贡献是卫星遥感区别于地基遥感观测的主要特征之一。在地-气耦合系统中，地表反射率的准确估算是保证气溶胶反演精度的前提。图 6-2 展示了反演模型中，

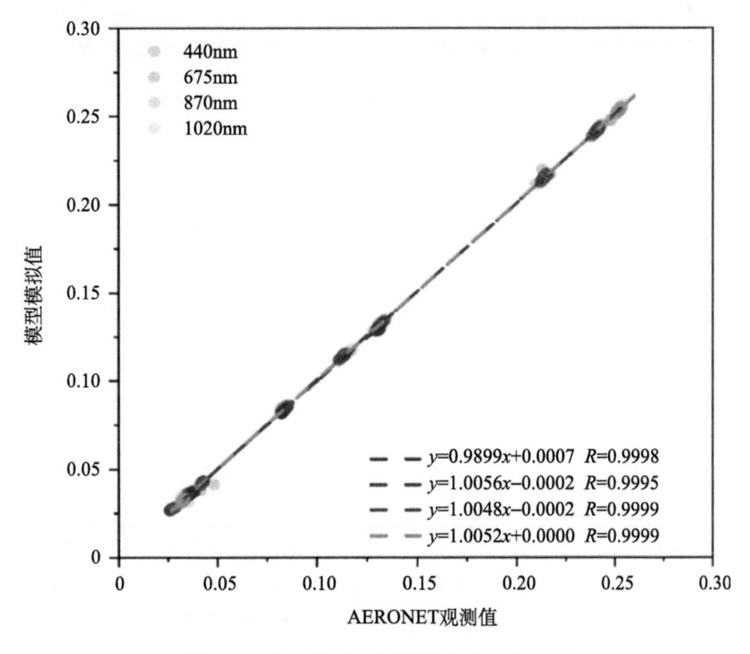

图 6-2　地表反射率反演模型验证结果

地表反射率的反演精度。可以看出，模型与算法在地表反射率的提取上也具有较好的反演能力，地表反射率反演值与真实输入值在各个波段具有很好的线性回归关系，散点线性拟合斜率接近于 1.0，截距接近于 0。地表反射率的反演在可见光波段的不确定性与近红外波段相比较大，其在 440nm、675nm、 870nm 以及 1020nm 四个波段的地表反射率反演的不确定性分别为 1.3%、0.7%、0.6%和 0.8%。

气溶胶粒子的体积谱分布是模型中待反演参数最多的物理特征，其定义复杂且变化多样。双峰对数谱分布[式（4-16）]需要定义 10～1500nm 范围内 22 个粒子半径对应的体积或粒子数量。因此，粒子谱分布的反演可能存在比较大的不确定性。图 6-3 表示的是北京 AERONET 站点上空 120 个气溶胶粒子谱分布的模拟演值与真实值对比。反演的

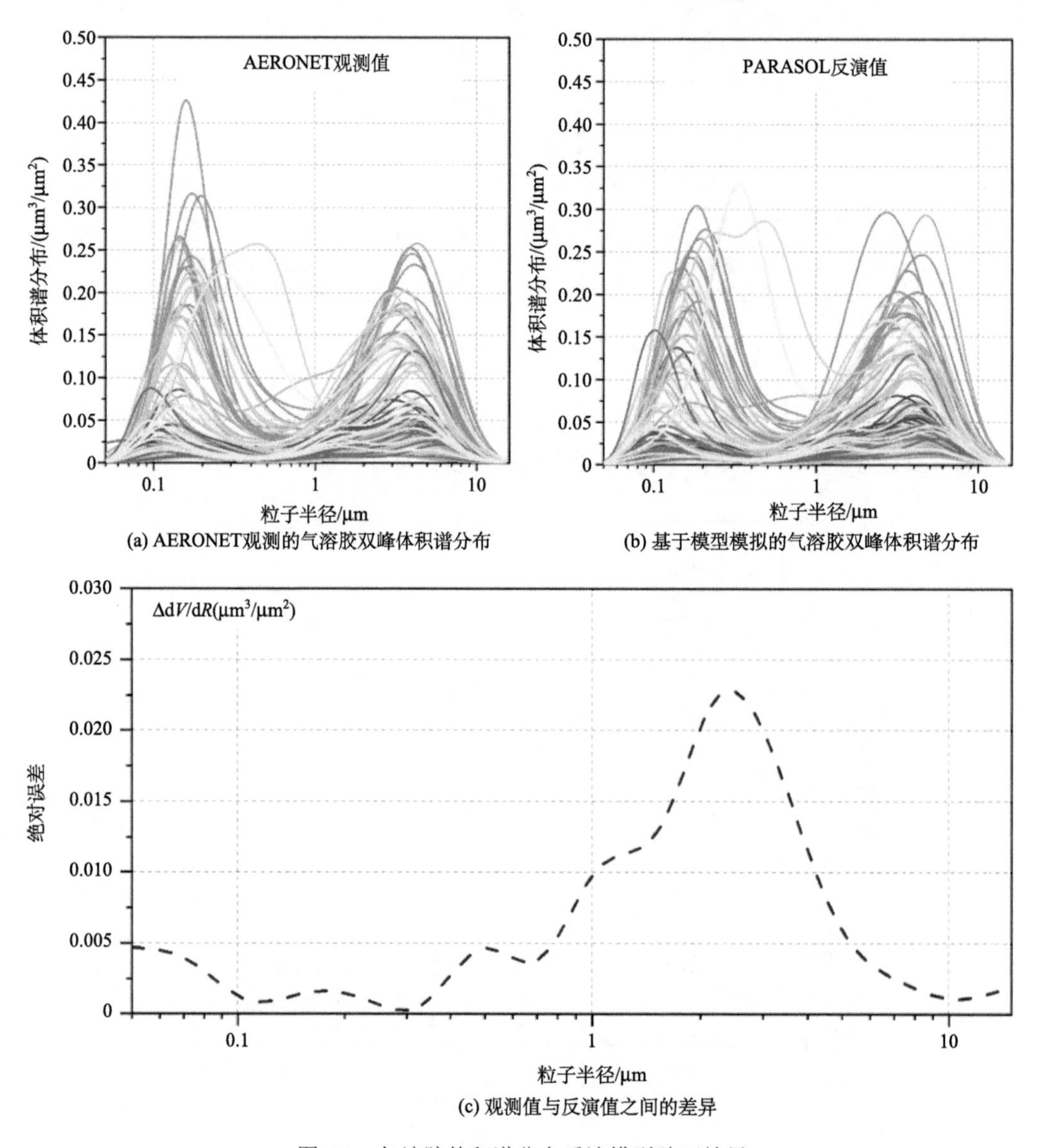

(a) AERONET观测的气溶胶双峰体积谱分布

(b) 基于模型模拟的气溶胶双峰体积谱分布

(c) 观测值与反演值之间的差异

图 6-3　气溶胶体积谱分布反演模型验证结果

粒子体积谱分布与先验输入的体积谱分布具有很好的一致性，能够模拟出大多数气溶胶的体积分布情况。通过计算粒子谱分布反演值与真实值之间的差异[图 6-3（c）]，整个粒径范围内气溶胶体积谱的平均相对误差约为 8.3%。此外，反演模型对于小半径（<1μm）的细气溶胶粒子的模拟更加精确，平均相对误差为 5.6%；对于粗粒子的反演具有较大的不确定性，平均相对误差可达到 12.1%以上。由于气溶胶的总体积是通过对气溶胶的体积谱分布进行积分得到的，因此体积谱在模型中的反演误差会直接影响黑碳气溶胶浓度参数的精度。

6.2　大气黑碳气溶胶浓度卫星遥感反演方案

利用上述反演方法，基于多角度偏振传感器 POLDER/PARASOL 反演大气黑碳气溶胶浓度参数主要有以下几个步骤：预处理及云检测、包括混合模型的选取与参数初值定义的最优化插值解算、气溶胶光学特性的进一步模拟以及近地面黑碳浓度的估算。

6.2.1　预处理及云检测

在反演的过程中，从 POLDER 数据中读取 9 个非偏振波段以及 3 个偏振波段的观测数据，同时读取经纬度、海拔、太阳天顶角、太阳方位角、观测天顶脚、观测方位角等观测几何参数。根据定标系数对所有波段进行辐射定标，将相应的数据转换为真实物理值。最后基于一系列单个像元阈值检验剔除云、雪等覆盖气溶胶信息亮像元。对于 POLDER 数据，可以采用表观压强阈值检验、反射率检验、偏振反射率检验以及近红外/可见光反射率比值检验来判断每一个像元在特定观测方向是否存在云和雪污染（程天海，2009）。

（1）表观压强阈值检验主要通过两个氧气吸收波段（763nm 与 765nm）的非偏观测比值计算出观测像元的表观压强，利用表观压强可以进一步描述是否有云。例如，卷云的表观云压强接近 350hPa，层积云的表观云压强接近于 900hPa。这种方法可检测出厚卷云和中高云，但对于晴空、较低云、薄卷云和破损云来说，像元仍未被判定。

（2）反射率检验是指当像元在反射率高于晴空条件时的反射率时像元被判定为云像元。针对海洋上空，晴空条件下的表观反射率可以通过辐射传输模拟来获得。由于海水极低的反射率，使得云表观反射率与其差异非常明显，特别是在近红外波段（865nm），分子和气溶胶的散射效应较低，大大降低了云误判、漏判的概率。在陆地上空，由于植被在近红外波段具有比较高的反射率，因此使用 443nm 波段来增加陆地和云的差异，进而判断是否有云。

（3）偏振反射率检验是指利用 443nm 的偏振反射率，根据单一散射的估算值，估算出分子的光学厚度，通过设置分子光学厚度的阈值即可区分出卷云像元。此外，865nm 的偏振信息受分子散射的影响较少。若散射角在 135°～150°之间，且卫星观测在 865nm 波段的偏振反射率足够大时，可检验出中低层云。

（4）近红外/可见光反射率比值检验是通过 865nm 与 670nm 波段的观测比值来实现

的。在云层上方，670nm 波段与 865nm 波段观测反射率基本相同，且在这两个波段各向异性的影响基本相似，比值接近于 1；相反，不同的地表类型可引起两个波段之间的显著差异性，当比值小于阈值时，可判定该像元为无云像元。

6.2.2 黑碳气溶胶浓度参数以及气溶胶光学特性的最优化插值解算

卫星遥感所观测到的气溶胶吸收具有很大的变化范围，其在本质上归因于气溶胶的混合状态。因此，选取合适的混合模型，对原始模型中的气溶胶复折射指数等物理参数进行重新定义是利用统计优化插值反演黑碳气溶胶浓度的关键。对于大气中的黑碳气溶胶，大多数遥感研究均假设他们与其他气溶胶呈现内部混合状态。其原因是现实中黑碳气溶胶通常伴随着其他非强吸收性气溶胶同时排放，因此单体黑碳可能被其他类型气溶胶薄薄地包覆或部分包裹，并且进一步的老化产生致密的气溶胶。内混合假设更加符合在当地时间中午前后过境并进行观测的卫星传感器。此外，外混合模型缺乏对气溶胶的吸收进行合理的估计，其所模拟的气溶胶吸收远低于实际测量值。在同一观测下，气溶胶吸收能力的低估会显著增加黑碳气溶胶浓度的反演值，造成反演误差。

考虑到最优化插值的计算效率，采用 MG 有效介质近似（3.3.1 节）来估计混合气溶胶的复折射指数。可以假设 2～6 种不与水发生化学结合的内混组分（黑碳、沙尘、有机碳、颗粒有机物、硫酸铵和海盐）。然而，有限的卫星观测不可避免地限制了对每个组分的量化，过多的混合介质假设也增加了约束矩阵的维度，同时限制了最优化插值解算效率与精度，造成反演结果的不确定性。因此，反演中忽略沙尘、有机碳的弱吸收性，将气溶胶所有的吸收归咎于黑碳气溶胶的贡献，利用地基反演中的三组分模型假设（黑碳、硫酸盐以及气溶胶水）对气溶胶混合进行模拟。三种成分的复折射指数参考 4.2 节中的测试定义。

将 MG 有效介质模型耦合到大气辐射传输模拟的过程中，利用 MG 模型模拟的气溶胶吸收与散射特性，以气溶胶复折射指数为中间变量，作为辐射传输模拟的参数输入，再利用章节 6.1.3 所述的方法对黑碳以及硫酸盐的体积比例进行插值反演。参考表 6-3，这两种体积比例均属于光谱约束，黑碳气溶胶体积比例的约束参数 $m=2$，拉格朗日权重系数 γ_s 参考虚部值设置为 0.01；硫酸盐气溶胶体积比例的约束参数 $m=1$，拉格朗日权重系数 γ_s 参考实部值设置为 0.1。此外，合理的初始值 a^* 能够有效减少迭代计算次数，提高最优化反演的反演效率与稳定性。气溶胶以及地表待反演参数的初始值设定参考表 6-4。

表 6-4　气溶胶以及地表待反演参数的初始值

参数		初始值	参数		初始值
气溶胶	粒子谱分布	0.1	地表	BRDF 各项同性散射权重系数	0.05
	黑碳体积比例	2.5%		BRDF 体散射权重系数	0.025
	硫酸盐体积比例	50%		BRDF 几何光学散射权重系数	0.01
				BPDF 参数	0.03

6.2.3　气溶胶光学厚度及近地面黑碳气溶胶浓度的估算

上述反演的气溶胶参数重新带入到有效介质模型中，再结合 Mie 散射理论可以计算出对应的气溶胶光学厚度，式（2-11）可表示为

$$\tau_{\mathrm{e}}=\int_{z_0}^{z_h}\int_{r_1}^{r_0}\int_{\varepsilon_1}^{\varepsilon_0}\sigma_{\mathrm{e}}\left(\phi,r,m_x,f_x,\lambda\right)\frac{\mathrm{d}V(r)}{\mathrm{d}\ln r}\frac{\mathrm{d}N(\varepsilon)}{\mathrm{d}\ln\varepsilon}\mathrm{d}\ln\varepsilon\mathrm{d}\ln r\mathrm{d}z \tag{6-21}$$

式中，消光系数 σ_{e} 已改变为三种气溶胶组分的复折射指数（m_x）与反演的体积比例（f_x）；$\int_{r_1}^{r_0}\frac{\mathrm{d}V(r)}{\mathrm{d}\ln r}$ 为对体积谱分布的积分；$\int_{\varepsilon_1}^{\varepsilon_0}\frac{\mathrm{d}N(\varepsilon)}{\mathrm{d}\ln\varepsilon}$ 为对粒子球形度的积分；z_h 为整层大气高度。再利用黑碳体积比例与体积谱分布反演结果，通过式（5-10）和式（5-11）即可计算出黑碳气溶胶浓度。

基于 POLDER 传感器的大气黑碳气溶胶浓度反演流程如图 6-4 所示。

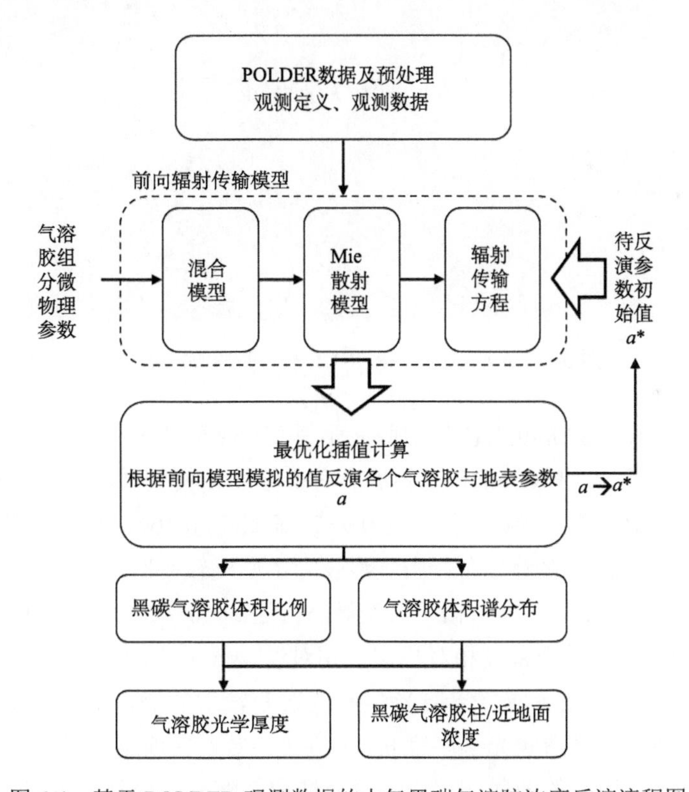

图 6-4　基于 POLDER 观测数据的大气黑碳气溶胶浓度反演流程图

6.3　反演结果验证

利用地基观测数据，分别对气溶胶光学厚度和近地面黑碳质量浓度进行精度评定。由于地基观测在空间上是一个定点的连续观测，而卫星遥感观测则是大面积空间的瞬时

观测，因此卫星观测和地基观测在时空尺度上存在差异。通常情况下，选取与地基站点为中心的卫星反演结果与卫星过境前后半小时内的地基观测数据进行比较。

6.3.1　气溶胶光学厚度反演验证

采用 2012 年全年北京城区及周边四个 AERONET 站点（Beijing、Beijing-CAMS、Beijing-RADI 以及 Xianghe）来对基于 POLDER 数据反演的 AOD 进行验证。站点分布如图 6-5 所示。为了保证卫星反演与地基观测有足够多的匹配数据，选取去除云影响的 1.5 级地基站点数据，并在反演结果中选取站点上空 9×9 像元（50km×50km）的平均值与地基观测数据相匹配。

图 6-5　北京地区 AERONET 气溶胶监测站点分布

图 6-6（a）展示了 870nm 波段气溶胶光学厚度反演结果验证。运用统计优化模型反演的气溶胶光学厚度与 AERONET 观测值具有很好的相关关系，相关系数为 0.911；线性拟合结果接近期望公式（$y=x$），斜率为 0.935，截距为 0.166；平均相对误差为 10.6%。图 6-6（b）表示的是相对误差分布。当气溶胶光学厚度较小时，反演的相对误差较大，特别是在 AOD 小于 0.15 范围内，相对误差最高可达到 60%以上，平均相对误差为 21%。当 AOD 大于 0.15 时，反演精度相对稳定，相对误差低于 10%，平均相对误差为 5%。地表反射率的错误估计是造成气溶胶光学厚度误差较大的原因。研究表明地表反射率 0.01 的偏差就能够造成气溶胶光学厚度 0.1 的误差。当大气顶层辐射中地表贡献较强时，很容易将其误算到气溶胶的散射作用中，进而造成气溶胶光学厚度的过度估算，带来较大的相对反演误差与不确定性。

图 6-7 分别为四个站点验证结果以及时间序列变化。可以看出，运用最优化统计模型反演的气溶胶光学厚度在四个地基站点均具有较好的相关性及精度，其时间序列变化与地基观测的时间变化基本一致。四个站点的均方根误差均在 0.23 左右，与 MODIS 官方气溶胶光学厚度产品（MOD04）持平（Chu et al., 2002; Sayer et al., 2013）；四个站点的反演结果与真实观测值之间的相关系数均大于 0.85，Beijing、Beijing-RADI、Beijing-

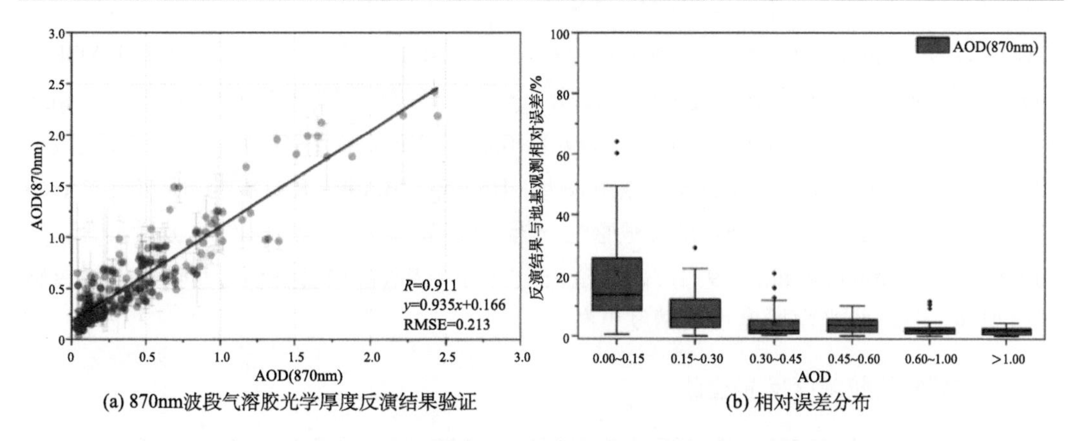

(a) 870nm波段气溶胶光学厚度反演结果验证　　(b) 相对误差分布

图 6-6　870nm 波段气溶胶光学厚度反演结果验证与相对误差分布

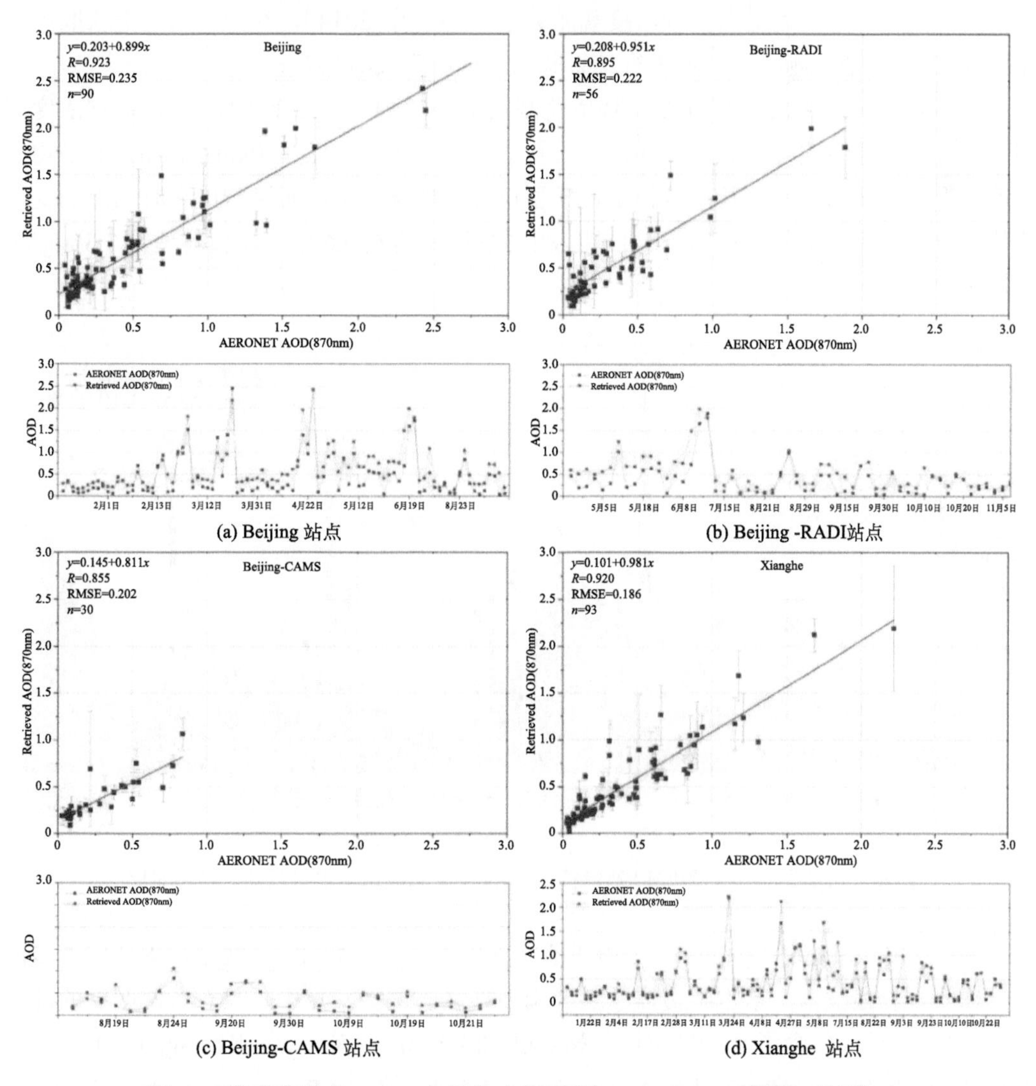

(a) Beijing 站点　　(b) Beijing -RADI站点

(c) Beijing-CAMS 站点　　(d) Xianghe 站点

图 6-7　北京各站点 870nm 气溶胶光学厚度与 AERONET 观测值对比验证

Retrieved AOD 为反演 AOD 值；AERONET AOD 为观测 AOD 值

CAMS 以及 Xianghe 站点分别达到了 0.923、0.895、0.855 以及 0.920；Beijing-RADI 与 Xianghe 的线性拟合公式更接近于期望公式（$y=x$），斜率分别为 0.951 与 0.981；Beijing 与 Beijing-CAMS 不足 0.9，分别为 0.899 和 0.811；Xianghe 线性拟合公式的截距最小（0.101）；其他三个站点拟合公式的截距较大，Beijing、Beijing-RADI 与 Beijing-CAMS 分别为 0.203、0.208 和 0.145。结合敏感性分析（4.3 节），由于植被在红蓝波段具有较低的反射率（Kaufman et al., 1997），因此植被上空的气溶胶散射特性信号更能被卫星传感器所识别，气溶胶光学厚度反演精度更高。

6.3.2　黑碳气溶胶浓度反演验证

为了验证黑碳气溶胶浓度的反演精度，在时间尺度上获取了 2012 年广州番禺大气环境监测站监测的每日近地面黑碳浓度观测数据（吴蒙等, 2014），在空间尺度上获取了南亚地区 32 个地基监测实验数据进行结果验证（许瑞广, 2017）。

图 6-8 表示了 2012 年广州番禺环境监测站（113.349°E，22.898°N）每日黑碳浓度监测数据与卫星反演的结果对比。同样，选取站点上空 9×9 像元（50km×50km）的平均值与地基观测数据相匹配。基于统计优化模型反演的黑碳气溶胶质量浓度在时间上的变化趋势与地基观测结果具有较好的一致性，相关系数 R 达到 0.67，平均偏差达到 2.86μg/m^3 平均相对误差为 54.3%。

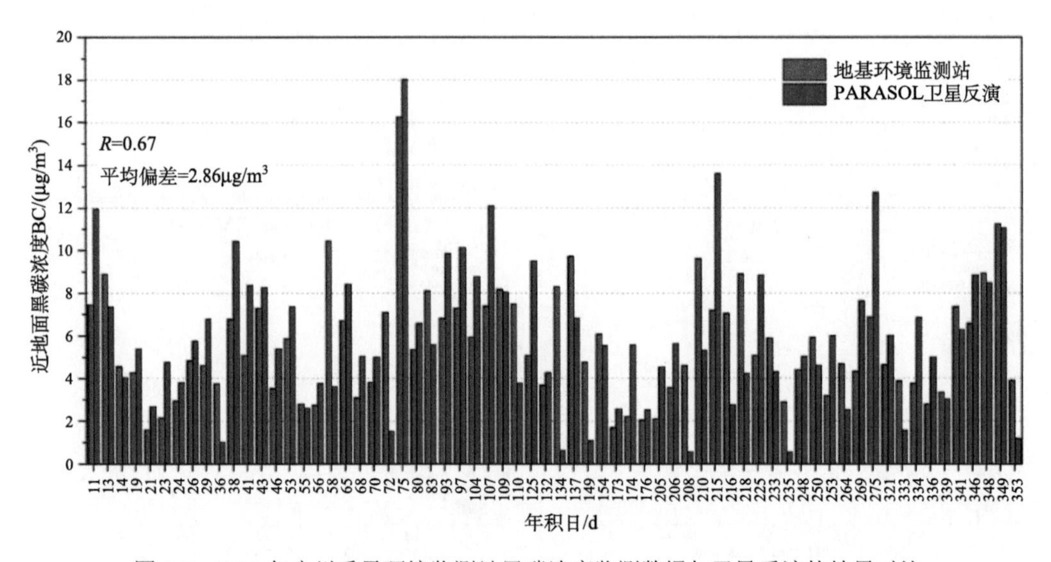

图 6-8　2012 年广州番禺环境监测站黑碳浓度监测数据与卫星反演的结果对比

图 6-9 展示了用于验证的 32 个南亚地区黑碳基站点分布图。这些站点均使用了多波长滤波器光衰减技术，基本上覆盖了整个南亚地区。这些站点中，具有非常明显的地域与地表类型差异，包含了 9 个城市地区站点（Delhi、Kanpur、Kolkata、Kharagpur、Dhanbad、Bangalore、Hyderabad、Pune 以及 Ahmedabad），7 个农村站点（Pantnagar、Kadapa、Nagpur、Naliya、Dibrugarh、Anantapur 和 Agartala），3 个滨海站点（Bhubaneswar、Visakhapatnam

和 Karachi），以及 13 个的分布于喜马拉雅山脉高海拔地区的站点（Hanle、Kullu、Dehradun、Nainital、Mukteshwar、Kathmandu、Darjeeling、Lhasa、Nam Co、Lulang、Ranwu、Ooty 和 NCO-P）。

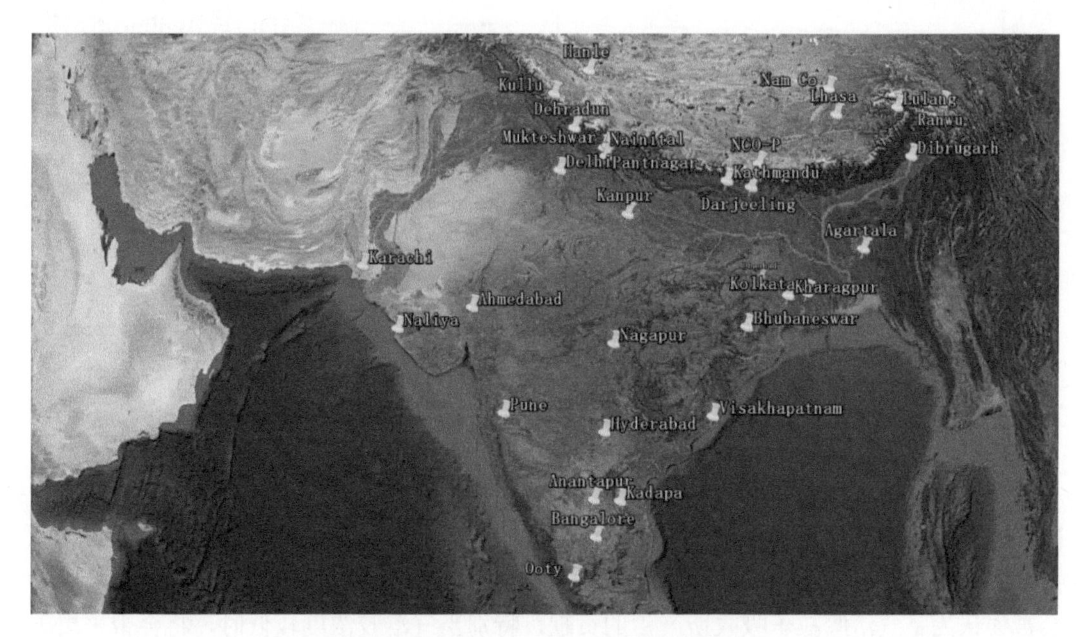

图 6-9　南亚黑碳气溶胶地基监测数据空间分布

此外，还选取了 MERRA-2（the modern-era retrospective analysis for research and applications, version 2）月平均黑碳浓度模拟作为第三方验证数据使用。该数据是由 NASA 戈达德地球科学数据中心所提供。MERRA-2 数据是第一个基于空间观测的长期全球气溶胶再分析资料，可通过 NASA 在线数据化可视工具（Giovanni）进行处理以及下载。

图 6-10 为 2012 年南亚月平均黑碳气溶胶浓度反演结果（基于 POLDER 数据）、MERRA-2 模拟结果与地面测量结果对比验证。由于卫星在可见光波段不能观测到云层下方的气溶胶与地表的辐射值，影响了卫星反演结果的覆盖程度。32 个站点上空的有效反演结果占比达到 86.1%；MERRA-2 是各种观测以及模拟资料的同化数据，不受到实际的云影响，有效反演结果占比为 100%。

结果表明，POLDER 卫星反演的近地面黑碳浓度与地基观测的数据相关系数达到了 0.71，略低于 MERRA-2 与地基观测的相关性（0.73）；此外，一些低黑碳气溶胶浓度的反演误差较大，相比较 MERRA-2 模拟结果的误差（绝对误差 2.37μg/m^3，相对误差达到了 58.6%），POLDER 反演结果的绝对误差达到了 3.55μg/m^3，相对误差达到了 87.9%。造成反演误差较大的原因主要有三个。首先是大气气溶胶粒子中，除了黑碳气溶胶，沙尘气溶胶与有机碳气溶胶也具有少量的吸收特性，当黑碳浓度很小时，沙尘和有机碳部分的吸收会被误认为是黑碳影响，影响倍数约为 1.21～1.49（王玲，2013），这一影响可能在一些典型地区（如沙漠）更加明显；其次，通过 4.3 节的敏感性分析可以发现，黑

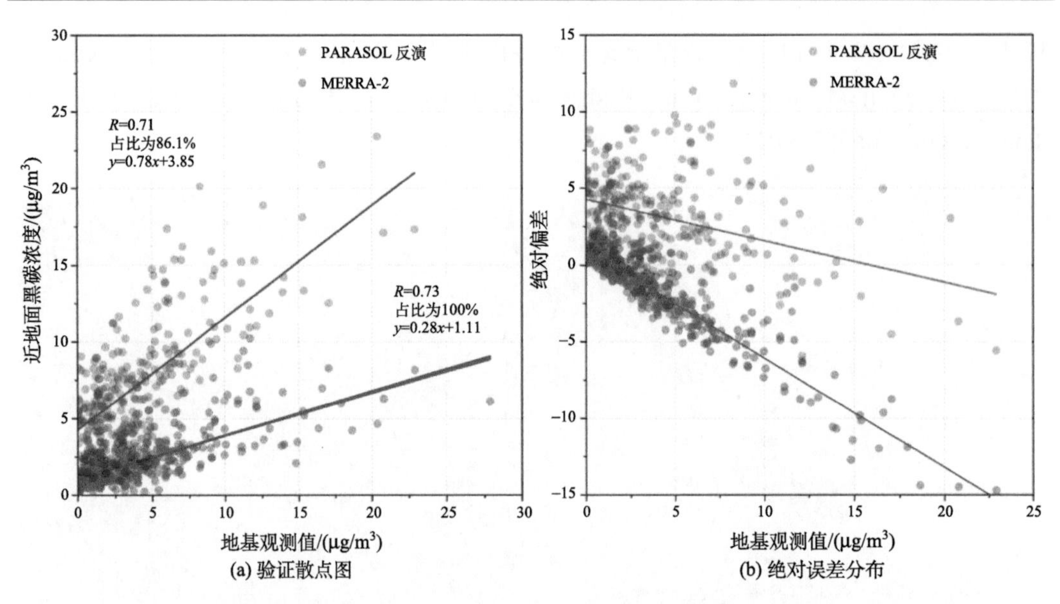

图 6-10　2012 年南亚近地面黑碳气溶胶浓度反演结果、MERRA-2 再分析资料与地面测量对比

碳浓度反演依靠的是黑碳粒子的吸收特性信息，然而在部分低地表反射率上空，卫星所接收到的气溶胶吸收特性的信息较弱，地物在某个波段低反射特性在大气顶层的响应，会被误认为是气溶胶粒子吸收所产生的贡献，特别当气溶胶浓度较低时，将会带来黑碳浓度的过度估计；此外，在实际测量中，对于非黑碳污染，其黑碳浓度通常小于 0.01μg/m^3，地基测量具有很高的敏感性，可以很好地探测出较低浓度的黑碳。而对于卫星遥感反演，由于受到宏观的理论方法限制，其对黑碳浓度的敏感性并没有达到地基测量的水平，当黑碳浓度过低时，精度也随之降低。

尽管如此，当过滤掉低气溶胶光学厚度反演结果之后，卫星反演的黑碳气溶胶浓度精度要高于 MERRA-2 模拟的精度（表 6-5）。当气溶胶光学厚度大于 0.5 时，卫星反演与地基观测之间的相关系数（0.70）、绝对误差（2.51μg/m^3）以及相对误差（44.8%）均略优于 MERRA-2 再分析资料（3 个系数分别为 0.70、2.93μg/m^3 以及 52.3%）；当气溶

表 6-5　不同 AOD 条件下黑碳气溶胶浓度反演结果、MERRA-2 再分析资料与地面测量的对比

AOD 范围	相关系数	绝对误差/（μg/m^3）	相对误差/%
POLDER 传感器反演结果			
AOD>0.0	0.71	3.55	87.9
AOD>0.5	0.70	2.51	44.8
AOD>1.0	0.68	2.00	28.5
MERRA-2 再分析资料			
AOD>0.0	0.73	2.37	58.6
AOD>0.5	0.70	2.93	52.3
AOD>1.0	0.66	4.05	57.1

胶光学厚度大于 1.0 时，卫星反演与地基观测之间的相关系数（0.68）略大于 MERRA-2 的模拟结果（0.66），但是绝对误差与相对误差（2.00μg/m³，28.5%）明显低于再分析资料（4.05μg/m³，57.1%）。

图 6-11 和表 6-6 展示了 2012 年南亚旱/雨季黑碳气溶胶质量浓度反演结果（基于 POLDER 传感器）、MERRA-2 再分析资料与地面测量的对比验证。南亚地区具有明显的季风气候，6 月到 9 月受西南季风影响，气压带风带的移动带来大量的水汽，阴雨天频繁；10 月到来年的 5 月受到东北季风影响，较为干旱，南亚地区的生物质燃烧活动大多发生在这一个季节。卫星反演结果的精度在生物质燃烧活动频繁的季节（旱季）较高。旱季卫星反演结果与地面观测数据的相关系数为 0.75；由于云雨较少，则具有更好的有效反演结果占比（84%）；绝对误差为 2.78μg/m³；相对误差为 45.0%。相比于 MERRA-2 再分析资料数据，除有效反演结果占比较低外（84%），卫星反演结果在相关系数、绝对误差以及相对误差上优于 MERRA-2 再分析资料。雨季的反演结果相对较差，相关系数仅为 0.47；有效反演结果占比由于阴雨天气频繁也仅为 67%。

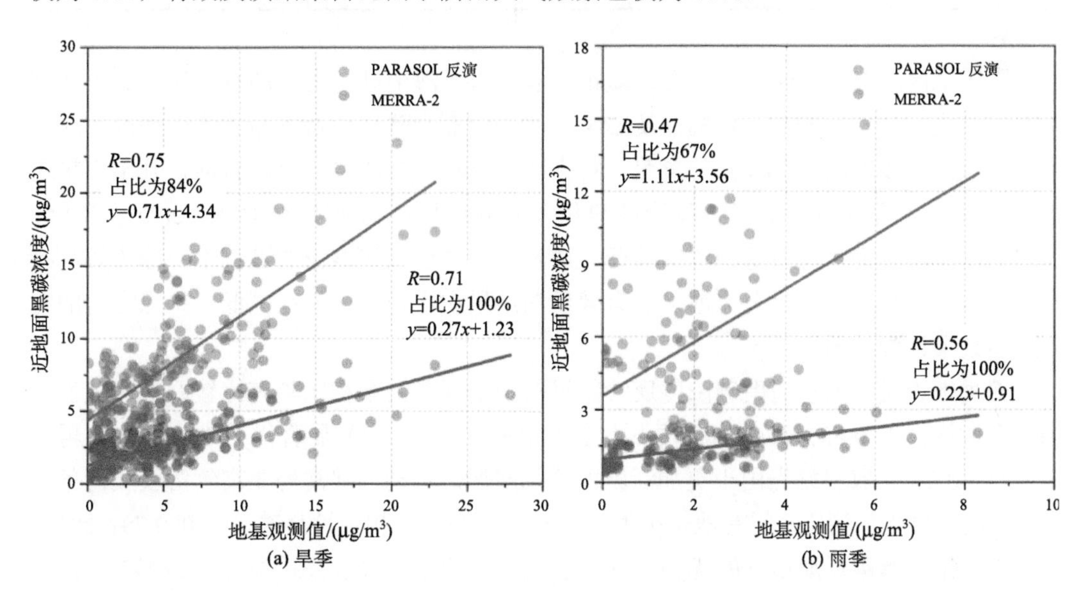

图 6-11　2012 年南亚旱/雨季黑碳气溶胶质量浓度反演结果、MERRA-2 再分析资料与地面测量的对比验证

表 6-6　南亚不同季节黑碳气溶胶质量浓度反演结果、MERRA-2 再分析资料与地面测量的对比

	季节	相关系数	绝对误差/（μg/m³）	相对误差/%
POLDER 传感器反演结果	旱季	0.75	2.78	45.0
	雨季	0.71	2.91	57.6
MERRA-2 再分析资料	旱季	0.47	3.91	129
	雨季	0.56	1.11	54.8

此外，由于卫星观测受到地表反射的影响较大，不同的下垫面地表类型上空的反演精度也有所不同。依据南亚32个站点信息，分别将城市、农村、海滨城市以及高原地区观测站点上空的反演结果与实际观测值进行比对，验证结果归纳在表6-7中。

表6-7　不同地表类型上空黑碳浓度反演结果、MERRA-2再分析资料与地面测量的对比

	地表类型	相关系数	有效反演结果比例/%	相对误差/%	线性拟合斜率	线性拟合截距
POLDER传感器反演结果	城市	0.70	85	33	0.79	3.21
	农村	0.79	83	39	0.74	4.05
	滨海	0.69	84	78	0.90	3.29
	高原	0.57	67	183	0.89	4.89
MERRA-2再分析资料	城市	0.74	100	50	0.35	0.84
	农村	0.78	100	54	0.25	1.17
	滨海	0.35	100	59	0.11	1.69
	高原	0.59	100	75	0.21	0.95

平原地区的有效反演结果较多，城市、农村以及海滨站点上空的有效反演结果达到了80%以上，分别为85%、83%以及84%。对于南亚青藏高原及喜马拉雅山地区，除了云雨影响外，该地区通常被积雪覆盖，特别在冬季积雪与冰层较厚。目前，基于卫星遥感手段反演冰雪表面上空气溶胶特性的相关研究还处在初级阶段（Mei et al., 2013a, 2013b），其精度仍需要大量的实例验证。通常在卫星遥感气溶胶的过程中，冰雪等高亮地表均做掩膜处理，因此高原地区的有效反演结果占比相比平原地区低，站点上空的有效反演结果仅为67%。

四种地表类型上空的黑碳浓度反演结果与地基观测数据相比具有比较好的相关性，相关系数均大于0.55；其中滨海站点上空的相关系数（0.69）显著优于MERRA-2再分析资料（0.35）；农村站点由于更加活跃的生物质燃烧活动，常常处在高气溶胶负荷条件下，反演结果更加稳定，所有地表类型中它与地面观测的相关性最高，达到0.79；此外，依靠着高浓度黑碳反演精度的优势，卫星反演结果的线性拟合公式与MERRA-2模拟的结果相比具有更好的斜率，分别为0.79、0.74、0.90以及0.89；但由于低浓度条件下反演的不确定性较大，卫星反演结果的线性拟合截距较大，均在3.00μg/m^{3}以上，高原地表上空可达到4.89μg/m^3。

由于城市与农村地区的生物质燃烧活动频繁，人口密集且大气污染严重，长期处在高气溶胶负荷条件下也使得大气散射信号特别强烈，但反演结果更加稳定。基于POLDER传感器反演的结果在这两种地表类型上空具有较低的偏差，相对误差均低于40%，分别为33%与39%；相反，由于南亚高原以及滨海地区的生物质燃烧活动较少，人口稀少且气象条件利于污染物的扩散与沉降，同雨季的验证结果一样，反演结果具有很大的不确定性，相对误差均大于70%。

6.4　误差来源分析

反演中的各种理想条件假设，如近地面计算中均匀的黑碳气溶胶垂直分布假设、忽略其他弱吸收性气溶胶的假设以及有效介质混合模型的应用，是影响最终反演精度的重要因素。

6.4.1　均匀的黑碳气溶胶垂直分布假设对反演结果的影响

将卫星反演的柱浓度转化为近地面浓度时，假设黑碳气溶胶在垂直方向上分布均匀，不对其垂直剖面进行定义；并且由于平流层上层各种气溶胶粒子的浓度均比较低，因而忽略了边界层以上的黑碳气溶胶浓度。但在真实大气中，由于各高度层大气的垂直扰动，黑碳气溶胶浓度从地面到卫星传感器镜头前的垂直分布难以呈现理想的均匀状态，且上层大气中的黑碳气溶胶浓度很低但不足以完全忽略，所以利用经验公式（5-11）计算黑碳近地面浓度的结果不确定性是显著的。目前，黑碳气溶胶的垂直分布可以通过地面激光雷达实际观测得到。但由于排放源与气象环境具有地域与季节特征，单点的观测难以代表大片区域的垂直分布特征。大气化学模式基于大气动力学以及化学模型，可以提供多种气溶胶组分的垂直分布模拟，其结果具有完整的空间覆盖，更加适用于卫星遥感的研究中。表 6-8 为 MOZART-4（model for ozone and related chemical tracers, version 4）模式中输出的黑碳垂直廓线与大气边界层高度月均值。选取了南亚四种具有不同排放特点的区域（城市、农村、滨海和高原），探讨均匀的黑碳气溶胶垂直分布假设对反演结果的影响。

表 6-8　均匀的黑碳气溶胶垂直分布假设对反演结果的影响

地表类型	边界层以下黑碳气溶胶均匀分布带来的低估/%											
	1 月	2 月	3 月	4 月	5 月	6 月	7 月	8 月	9 月	10 月	11 月	12 月
城市	2.2	2.9	0.9	0.2	0.4	0.5	0.5	0.9	1.0	1.0	3.5	5.0
农村	1.9	2.0	0.6	1.3	0.2	0.6	0.6	0.8	1.2	0.8	1.2	1.1
滨海	1.2	0.9	0.1	0.2	0.3	1.1	1.0	0.9	1.4	1.1	3.0	3.4
高原	2.0	1.7	0.7	0.3	0.2	0	0.5	0.6	0.8	0.9	1.9	3.8
地表类型	忽略边界层以上黑碳气溶胶分布带来的高估/%											
	1 月	2 月	3 月	4 月	5 月	6 月	7 月	8 月	9 月	10 月	11 月	12 月
城市	32	28	26	17	10	22	67	70	71	35	21	24
农村	29	9	6	26	57	75	80	80	78	73	45	38
滨海	38	29	18	42	42	69	75	75	73	52	39	31
高原	35	32	25	15	11	22	76	75	76	40	25	30

一方面，低于大气边界层的黑碳气溶胶柱浓度占比（即每一层的柱浓度在总柱浓度中的比例）相对稳定，只有在临近边界层时会有小幅度的扰动。经计算，均一的垂直分布假设会使得近地面黑碳浓度产生最大 5%的低估，这常常发生在冬季月份（旱季）；而夏季（雨季）的不确定性更低，对最终近地面黑碳浓度的低估通常小于 1%；此外，由于城市、农村以及滨海地区的区域环境气候更加复杂，大气扰动更加剧烈，与高原相比，气溶胶在垂直方向上的分布更加不均匀，所造成的近地面黑碳浓度的低估更加明显。另一方面，由于大气边界层以上黑碳气溶胶的存在，边界层以下的黑碳气溶胶占比难以达到饱和状态（即 100%），通常在 20%～95%之间，那么忽略大气边界层以上的黑碳气溶胶会对近地面浓度造成最大 4 倍的高估。然而，由于大多数化学模型中近地面黑碳浓度的模拟值远低于实际测量值，实际的不确定性将远低于该区间。由于在大气边界层上方黑碳的浓度季节特征不明显，不同区域之间的不确定差异主要由边界层高度决定。春季边界层高度更高，更多的黑碳分布在边界层以下，不确定性更低；秋季边界层高度最低，忽略了更多的大气边界层以上的黑碳，不确定更高。此外，近地面黑碳比例的升高会导致大气边界层上方相反的变化，也可以减少均匀黑碳垂直分布假设带来的不确定性。这一结论也证明了反演结果对生物质燃烧活动监测具有较高的精度。

6.4.2　忽略其他弱吸收性气溶胶对反演结果的影响

在所提出的卫星反演算法中，大气中气溶胶的吸收只归因于具有强吸收性的黑碳粒子，黑碳气溶胶的吸收占混合介质吸收特性的 100%，而诸如棕碳以及沙尘气溶胶粒子由于在可见光和近红外通道中的吸收较弱而被忽略。因此，在不假设其他吸收性气溶胶的前提下，黑碳气溶胶的吸收贡献会被夸大，从而高估了黑碳气溶胶浓度。

基于前向辐射传输模拟，图 6-12 通过红光波段上（675nm）棕碳及沙尘气溶胶粒子对大气顶层表观反射率的影响而进一步说明忽略弱吸收性气溶胶给反演结果带来的不确定性。在黑碳体积比例不变的情况下，两种气溶胶的散射吸收效应会显著影响大气顶层的表观反射率的模拟结果，特别是当气溶胶光学厚度且相应体积比例较高的情况下。当气溶胶光学厚度和非黑碳气溶胶的体积比例较低时，弱吸收性气溶胶对最终黑碳质量浓度参数的反演影响较小，不确定度小于 5%；当棕碳或者沙尘气溶胶的体积比为 90%的时候，在极端气溶胶负荷条件下（AOD=3.0），大气顶层表观反射率分别高估了约 0.09 和 0.13，这一不确定性将导致黑碳气溶胶浓度的反演结果在一些极端的污染事件中（如沙尘暴）高估约 31%和 43%。例如，我国西北部城市所排放的黑碳气溶胶可能与源于沙漠的沙尘气溶胶相互混合，在黑碳气溶胶的卫星遥感反演中引入较大的不确定性。尽管如此，西北沙漠地区周边的气溶胶光学厚度远低于 3.00，即使在沙漠中心区，1981～2014 年的均值也不超过 0.8，因此沙尘对太阳辐射的轻度吸收作用所造成的不确定性低于 10%。

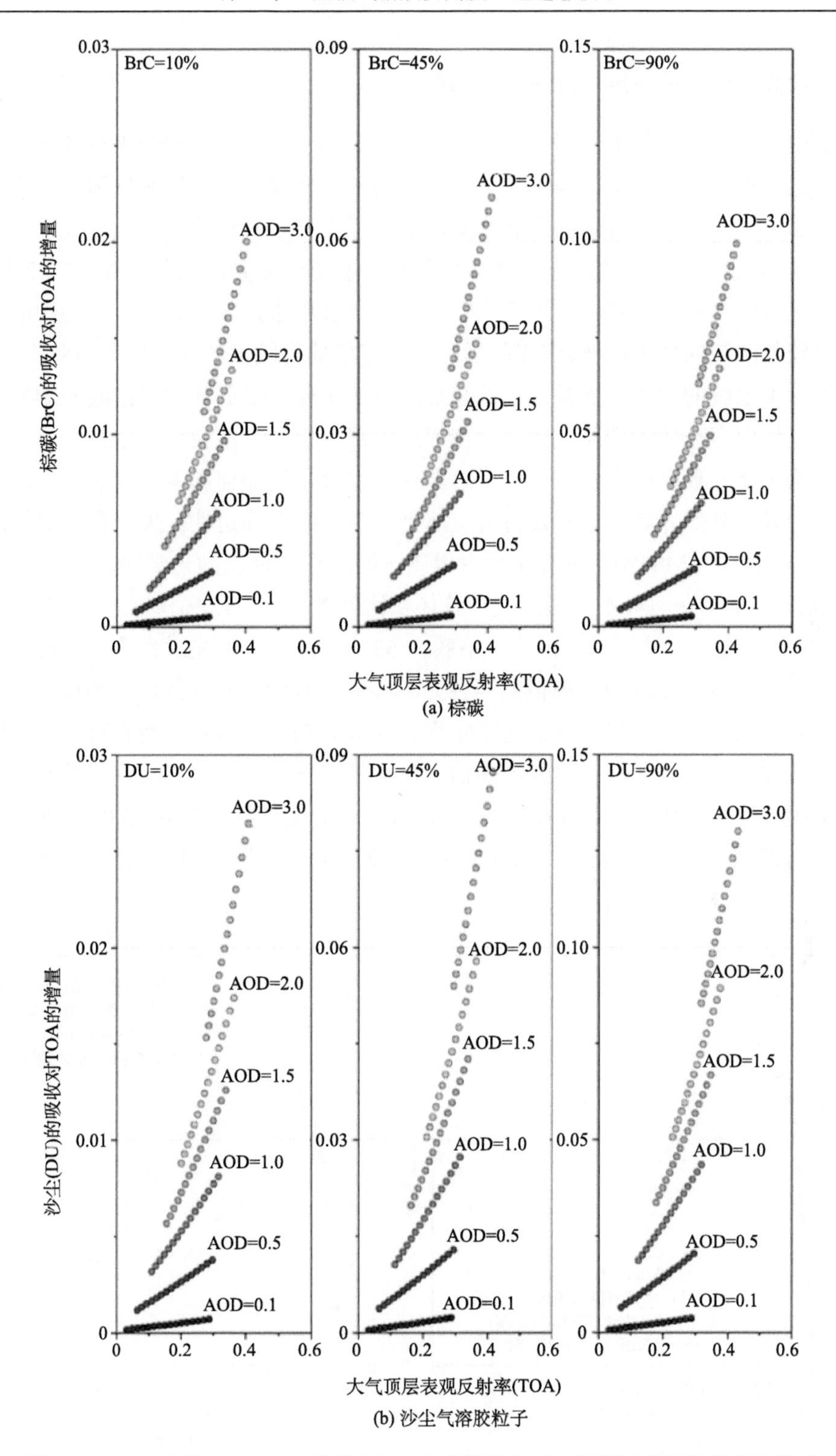

(a) 棕碳

(b) 沙尘气溶胶粒子

图 6-12　红光波段（675nm）棕碳及沙尘气溶胶粒子对大气顶层表观反射率的影响

6.4.3　有效介质模型的应用对反演结果的影响

反演中假设所有的气溶胶组分均为球形，并使用了有效介质模型来对各种气溶胶组分的混合进行模拟。事实上，地基测量结果与实验室研究表明，黑碳气溶胶具有非常复杂的内部结构，通过气溶胶的凝固和冷凝，多个黑碳气溶胶单体会发生聚集，形成团簇结构（3.3.2 节）。这些聚集在一起的黑碳粒子往往会有一系列的老化过程（3.3.3 节），逐渐被其他气溶胶成分部分覆盖直到完全包裹。在此过程中，气溶胶的光学特性取决于黑碳与非黑碳气溶胶的体积比例。聚集的黑碳气溶胶单体与较大的非黑碳气溶胶组分混合，从而使得内部黑碳的结构更加紧密，混合形态更加多样，进而使得气溶胶光学特性的模拟在这一过程中存在较大变化。因此，在模拟内混合黑碳气溶胶的光学性质时，使用有效介质理论可能导致不确定性。为了了解非球形混合结构如何影响最终黑碳气溶胶浓度反演结果，以及有效介质理论假设将给反演带来多大的不确定性，采用叠加 T 矩阵方法（4.1.2 节）和程序（MSTM）计算了含有黑碳气溶胶聚集模型的光学性质。

图 6-13 显示了在两种不同黑碳气溶胶体积比例条件下（1.0%和 6.3%），有效介质模型（MG）与 T 矩阵方法模拟的混合气溶胶在 532nm 波长下的光学性质。当粒子半径小于 0.5μm 时，这两个物理模型模拟的四种光学参数均有较好的一致性；相反，当粒子半径大于 0.5μm 时，球形假设模拟的光学特性存在显著的不一致性，特别对于混合气溶胶的吸收特性与不对称因子存在明显的高估；这一差异随着黑碳体积比例的升高而越发明显，当黑碳气溶胶的体积比为 1.0%时，混合气溶胶的光学特性在 0～3.0μm 粒径范围内的差异约为20%；在较高黑碳体积比例条件下（6.3%），两种模型之间的差异增加到30%～40%。

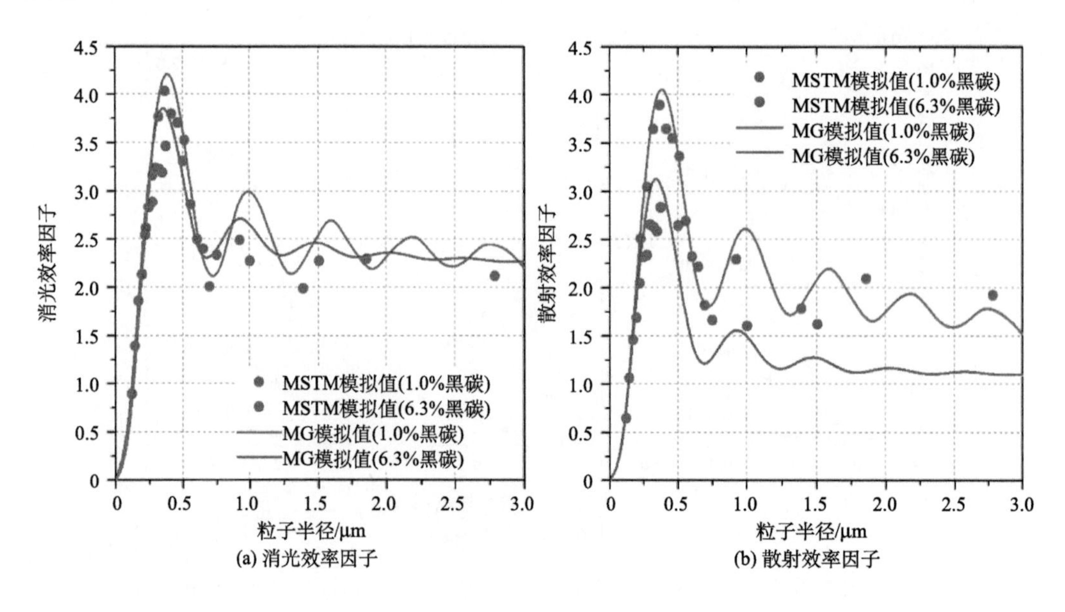

(a) 消光效率因子　　(b) 散射效率因子

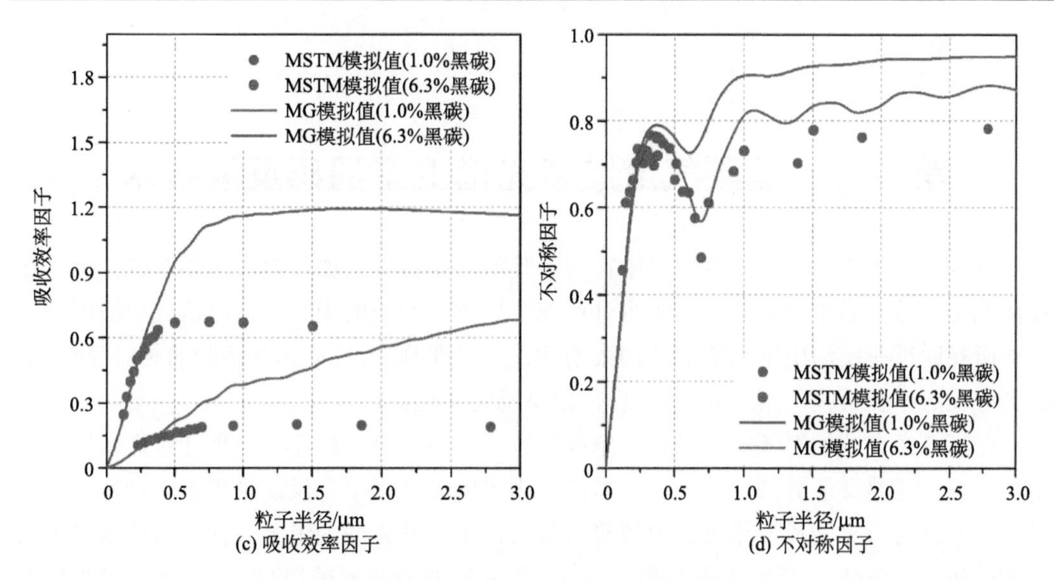

图 6-13　不同黑碳气溶胶体积比例条件下（1.0%和 6.3%），有效介质模型（MG）与 T 矩阵方法（MSTM）模拟的混合气溶胶的光学性质

第 7 章　黑碳气溶胶多光谱卫星遥感反演技术

气溶胶卫星遥感的研究主要集中在气溶胶的消光特性（如气溶胶光学厚度）上，在反演此类参数时通常会忽略气溶胶组分对混合异质气溶胶的影响，从而造成反演误差。一些研究通过在反演中增加额外的约束条件或卫星观测,可反演出气溶胶的相对吸收(单次散射反照率和吸收气溶胶光学厚度)，但不确定性更高。

在第 6 章介绍的算法中，结合多角度偏振卫星的优势，构建了一种针对黑碳气溶胶浓度的卫星遥感反演算法。在一些典型的生物质燃烧过程中，反演结果表现良好，并在月尺度上具有可靠的反演精度。但该算法只假设了三种典型的组分（被气溶胶水包裹的硫酸铵和黑碳单体)，其中黑碳是唯一对气溶胶总吸收有贡献的组分。其他弱光吸收性气溶胶，如沙尘和有机碳则被忽略。由于大量非黑碳吸收气溶胶在卫星信号中也显示出特定的吸收，在黑碳反演结果中产生了约 30%～40%的不确定性。这些不确定性在污染事件的监测中十分重要。此外，基于多角度偏振卫星的反演方法难以移植，反演效率较低，只适用于具有多个观测角度的卫星传感器。与单一角度多光谱卫星相比，此类卫星的服务周期相对较短。因此，建立一种针对单一角度卫星传感器的黑碳浓度反演算法对于大气环境的长时间序列监测至关重要。

7.1　单一角度多光谱卫星数据的黑碳气溶胶浓度反演算法

单一角度多光谱卫星反演气溶胶组成成分的难点在于不能提供充足的冗余的观测数据。特别在陆地上空，不同地物在不同光谱波段上的表征具有较大的差异，也是需待反演的参数之一。若使用上一章节算法则会造成气溶胶参数的病态解或多值解。因此，针对单一角度卫星传感器的气溶胶反演需要先假设一个或者一系列的固定值参数来描述气溶胶的类型特征。此类固定值参数表征了黑碳在混合异质气溶胶中所占的比例固定，混合气溶胶的光学物理参数不变。事实上，黑碳的生成和老化过程对混合异质气溶胶光学特性的影响十分明显，在考虑不同气溶胶组分混合的条件下，如何利用有限的多光谱观测数据，提出合理的气溶胶模型经验假设，是反演出强吸收性黑碳气溶胶浓度参数的关键。

7.1.1　气溶胶混合模型优化

气溶胶的吸收能力本质上与气溶胶成分及其混合状态相关。合理选择混合方案是从混合异质气溶胶吸收中定量出气溶胶组分浓度参数的关键。对于黑碳气溶胶，大多数研究假设它们与其他类型的气溶胶在内部混合。其原因是，现实的黑碳气溶胶单体可能被薄薄地包覆或部分包裹，并且进一步老化产生致密的气溶胶团簇，这些聚集体可能进一步被其他材料覆盖，内混合的气溶胶模型通常对气溶胶吸收比的估计更加合理。

利用 MG 有效介质模型来模拟与估计混合物的光学物理性质，该模型对混合气溶胶的复折射指数虚部的模拟误差小于 13%。这一内部混合方案主要以气溶胶水为外壳，嵌入其他各种气溶胶组分为内核，通过各组分的电场来计算混合后的介电函数。理想状态下，可以假设 2～6 种不同类型的气溶胶组分，如黑碳、沙尘、有机碳、硫酸铵、海盐粒子等，他们均不与水发生化学混合[图 7-1（a）]。然而，由于单一角度多光谱卫星的有效观测数量较少，限制了其在多组分反演中的应用。因此，由于黑碳气溶胶的体积比与其他组分无关，提出一种双组分的有效介质模型，即假设气溶胶均是由黑碳嵌入到非黑碳气溶胶（亦称背景气溶胶）而形成[图 7-1（b）]。有效介质函数可以表达为

$$\varepsilon_{\mathrm{MG}}(\lambda)=\varepsilon_{\mathrm{BA}}(\lambda)\left[1+\frac{3f_{\mathrm{BC}}\left(\dfrac{\varepsilon_{\mathrm{BC}}(\lambda)-\varepsilon_{\mathrm{BA}}(\lambda)}{\varepsilon_{\mathrm{BC}}(\lambda)+2\varepsilon_{\mathrm{BA}}(\lambda)}\right)}{1-f_{\mathrm{BC}}\left(\dfrac{\varepsilon_{\mathrm{BC}}(\lambda)-\varepsilon_{\mathrm{BA}}(\lambda)}{\varepsilon_{\mathrm{BC}}(\lambda)+2\varepsilon_{\mathrm{BA}}(\lambda)}\right)}\right] \tag{7-1}$$

式中，f_{BC} 为黑碳气溶胶在混合气溶胶中的体积比例；$\varepsilon_{\mathrm{BA}}(\lambda)$ 为背景气溶胶在波长 λ 处的有效介电常数；$\varepsilon_{\mathrm{BC}}(\lambda)$ 为黑碳气溶胶在波长 λ 处的有效介电常数；介电常数值与各组分的复折射指数相关。

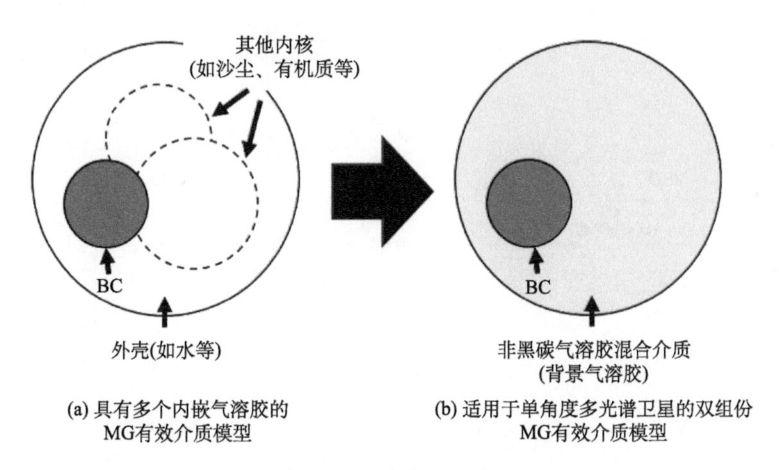

图 7-1　气溶胶内混合物方案

7.1.2　背景气溶胶模型分析

上述双组分的 MG 有效介质模型可以通过黑碳体积比例模拟出混合气溶胶的微物理参数。因此，合理选择黑碳和背景气溶胶的介电常数及其他物理性质（包括单次散射反照率、谱分布等）是准确模拟大气气溶胶光学特性的基础，也是反演黑碳气溶胶浓度参数的必要条件。它们不仅能够表达不同气溶胶的地域特征，还需要对大气顶层卫星观测辐射有较强的敏感性。

通常情况下，黑碳气溶胶单体的物理性质较为稳定，可采用 3.2.2 节中黑碳气溶胶复

折射指数来定义。而背景气溶胶的光学物理特征由于受到地形、产业结构、地表条件、人口聚集度等条件的影响，使其更加难以用一种气溶胶模型来描述。以中国为例，我国西北沙漠地区的非黑碳气溶胶以沙尘为主，而我国东部发达地区的背景气溶胶则以人为排放的中轻度吸收性气溶胶为主。因此，为了使背景气溶胶模型能够有效且准确地描述多数典型地理特征上的气溶胶类型，需要对这些气溶胶进行重新定义。

以中国为例，将中国陆地表面分成 6 个子区域，分别为华南地区、华东地区、西南地区、北部平原、西北地区和台湾地区。确保每个子区域内有充足且分布均匀的地基观测数据。结合 3.1 节中的聚类分析方法，利用 AERONET 气溶胶观测结果，可以聚类出不同子区域的背景气溶胶模型。此外，为了减少黑碳气溶胶对聚类结果的影响，需要从 AERONET 数据库中尽量去除受到黑碳气溶胶影响的数据。由于黑碳气溶胶在近红外波段存在非常明显的吸收，而其他气溶胶在此波段的吸收性较弱，且吸收能力随着波长的增长而增加。在聚类分析中，需要将在 674～1020nm 单次散射反照率小于 0.85，或单次散射反照率随波长上升而减小的细粒子记录排除在聚类分析中。只有强散射、类沙尘气溶胶和类有机碳气溶胶被认为是非强吸收性气溶胶（背景气溶胶）。

图 7-2 显示了 6 个子区域的背景气溶胶聚类结果（由于地基观测数量的限制，东北和华北平原合并成北部平原）。所有背景气溶胶的谱分布均呈现出双峰的形态。这些聚类

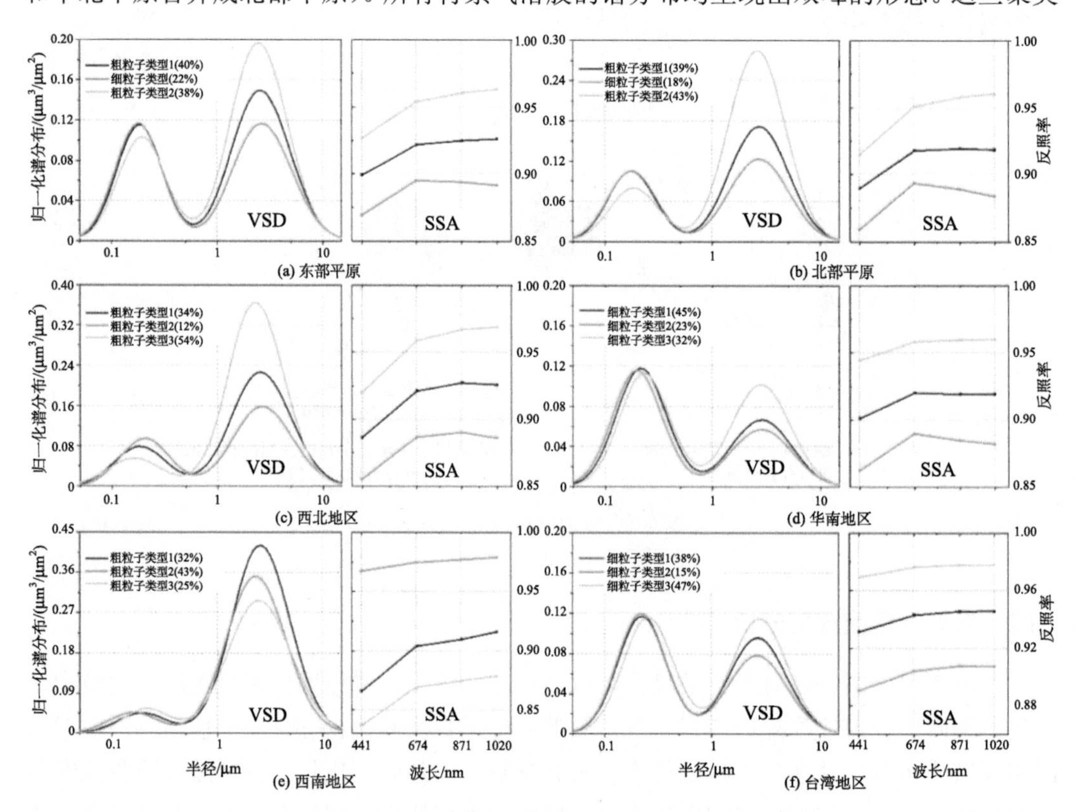

图 7-2　背景气溶胶聚类分析结果

SSA 为单次散射反照率；VSD 为谱分布。每个类别的双峰对数正态谱分布和单次散射反照率在每个类别中都有显示。图中括号内的数字代表不同气溶胶类型所占的比例

出的背景气溶胶具有十分明显的地域特征：中国东部地区以人为活动排放的细背景气溶胶（细粒子比>0.4）为主，西部干旱区黑碳通常与天然沙尘粗粒子气溶胶（细粒子比<0.4）混合。此外，在 674nm 到 1020nm 的波长范围内，大多以粗粒子为主的背景气溶胶都可以识别出增强的单次散射反照率，这与沙尘气溶胶的变化一致；而以细粒子为主的背景气溶胶的变化更加与有机碳的光学特征相吻合。

图 7-3 展示了蓝光波段 443nm 和红光波段 670nm 处，6%的黑碳气溶胶浓度和无黑碳气溶胶影响下，气溶胶散射相函数模拟结果。模拟结果表明黑碳气溶胶对混合气溶胶的后向散射（130°～180°）的影响十分明显，这些显著的后向散射差异将有助于从卫星信号中量化出黑碳的贡献。

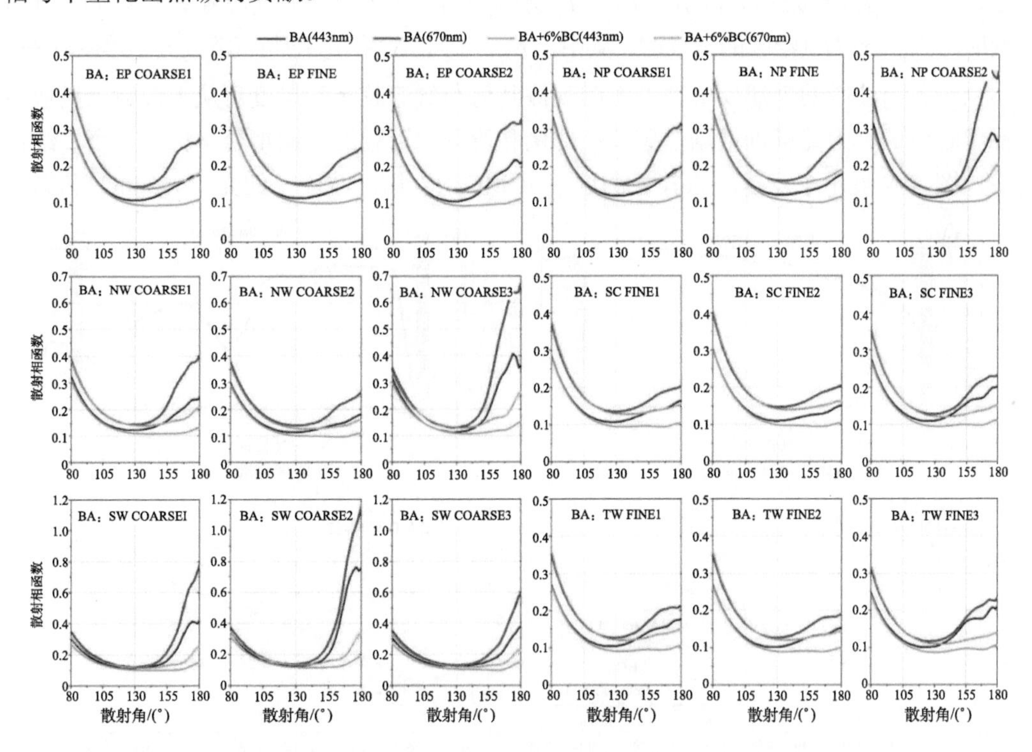

图 7-3　蓝光波段 443nm 和红光波段 670nm 处，6%的黑碳气溶胶浓度和无黑碳气溶胶影响下，气溶胶散射相函数模拟结果

7.1.3　算法构建

在不考虑气溶胶混合的条件下，卫星所观测到的大气顶层表观反射率与气溶胶光学厚度和地表反射率有关。其中红蓝波段的地表反射率可以通过对气溶胶不敏感的 2.1μm 波段的卫星观测值近似得到。因此传统的气溶胶反演方法通过构建气溶胶光学厚度和大气顶层反射率查找表，即可通过卫星的实际观测值反向从查找表中寻找光学厚度的最优解。由于气溶胶模型被定义为黑碳和背景气溶胶的混合，因此在传统反演方法的基础上需要做出一系列的优化以达到反演黑碳浓度参数的目的。

以中分辨率成像光谱仪（MODIS）为例，当原始 L1 级数据中去除了分子散射和气体吸收的贡献时，大气顶部的反射率是气溶胶、地表以及两者之间相互作用的连续阶数的函数，因此可以根据太阳观测几何（θ）、黑碳体积比例（f_{bc}）、背景气溶胶的微物理特性（BA）和气溶胶光学厚度（τ）计算出地表反射率：

$$\rho_\lambda^s = \frac{[\rho^{\mathrm{TOA}}(\lambda)/T_g - \rho_R(\lambda) - \rho_0(\theta, f_{bc}, \mathrm{BA}, \tau)]}{F_\lambda(\theta, f_{\mathrm{bc}}, \mathrm{BA}, \tau) T_\lambda(\theta, f_{\mathrm{bc}}, \mathrm{BA}, \tau) + [\rho^{\mathrm{TOA}}(\lambda)/T_g - \rho_R(\lambda) - \rho_0(\theta, f_{\mathrm{bc}}, \mathrm{BA}, \tau)] \cdot S_\lambda(\theta, f_{\mathrm{bc}}, \mathrm{BA}, \tau)} \tag{7-2}$$

式中，ρ_λ^s 是波长 λ 处的朗伯体地表反射率；ρ^{TOA} 是传感器获得的表观反射率；T_g 是气体总透过率；$\rho_R(\lambda)$ 是瑞利散射；F_λ、T_λ 分别为向下和向上的大气透射率；S_λ 为大气后向散射比值；ρ_0 为气溶胶的呈辐射。其中，F_λ、T_λ、S_λ 和 ρ_0 均与气溶胶光学厚度有关。

由于各个波段的表观反射率、太阳观测几何和气溶胶光学厚度可从大多数卫星业务产品中获取的，因此可以根据黑碳体积比例和背景气溶胶的不同组合来构建一个二维查找表。图 7-4 展示了在建立查找表的过程中 MODIS 第一波段（红光，645nm）和第三

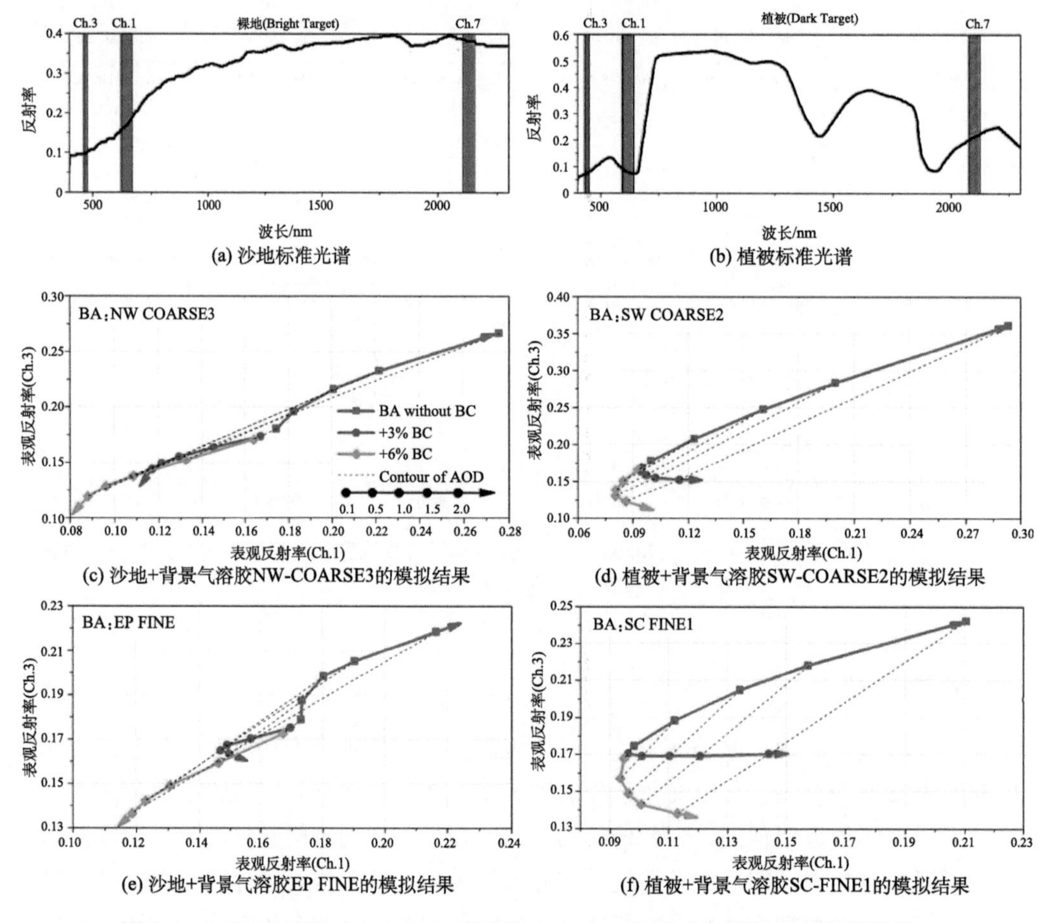

图 7-4　MODIS 波段 1（645nm）和波段 3（469nm）的大气顶层反射率模拟结果

太阳天顶、观测天顶角、相对方位角分别为 30°、50°和 60°

波段（蓝光，469nm）的表观反射率模拟。在相同的气溶胶负荷条件下（相同的气溶胶光学厚度），黑碳体积比例和背景气溶胶的选取对卫星观测反射率十分敏感。这一敏感性当气溶胶光学厚度大于 0.5 时尤其明显，显著的敏感性也证实了同时检索黑碳体积比例和背景气溶胶的可能。

基于上述分析，可根据不同的黑碳体积比例和背景气溶胶类型组合对影像进行大气校正，矫正结果最符合两个可见光波段的地表反射率假设所对应的组合为所求：

$$\varepsilon = \min \sum \left[\rho_i \left(f_{\text{bc}}, \text{BA} \right) / \rho_{2.12} - R_{i/2.12}(\text{NDVI}, \phi) \right], i = 645, 469\text{nm} \tag{7-3}$$

式中，$\rho_i \left(f_{\text{bc}}, \text{BA} \right)$ 为不同的黑碳体积比例和背景气溶胶类型组合下的大气校正结果，$R_{i/2.12}\left(\text{NDVI}, \phi\right)$ 为地表反射率假设值，采用 MODIS 气溶胶官方反演算法的经验函数，利用近红外波段的归一化植被指数（NDVI）和散射角（ϕ）对红蓝波段的地表反射率进行定义：

$$\rho_{0.66}^{s} = \rho_{2.12}^{s} \cdot \text{slope}_{\ 0.66/2.12} + \text{yint}_{\ 0.66/2.12} \tag{7-4}$$

$$\rho_{0.47}^{s} = \rho_{0.66}^{s} \cdot \text{slope}_{\ 0.47/0.66} + \text{yint}_{0.47/0.66} \tag{7-5}$$

式中，ρ_i^s 为波长为 i 的地表反射率值；slope 和 yint 分别为两个波段之间的线性关系常数，定义为

$$\text{slope}_{\ 0.66/2.12} = \text{slope}_{\ 0.66/2.12}^{\text{NDVI}} + 0.002\phi - 0.27 \tag{7-6}$$

$$\text{yint}_{\ 0.66/2.12} = -0.00025\phi + 0.033 \tag{7-7}$$

$$\text{slope}_{\ 0.47/0.66} = 0.49 \tag{7-8}$$

$$\text{yint}_{\ 0.47/0.66} = 0.005 \tag{7-9}$$

其中，ϕ 为散射角。

$$\phi = \cos^{-1}(-\cos\theta_0 \cos\theta + \sin\theta_0 \sin\theta \cos\varphi) \tag{7-10}$$

其中，θ_0、θ 和 φ 分别为太阳天顶角、卫星观测天顶角和相对方位角。

$\text{slope}_{0.66/2.12}^{\text{NDVI}}$ 与短波红外归一化植被指数有关，定义为

$$\text{slope}_{\ 0.66/2.12}^{\text{NDVI}} = 0.48; \text{NDVI} < 0.25 \tag{7-11}$$

$$\text{slope}_{\ 0.66/2.12}^{\text{NDVI}} = 0.58; \text{NDVI} > 0.75 \tag{7-12}$$

$$\text{slope}_{\ 0.66/2.12}^{\text{NDVI}} = 0.48 + 0.2(\text{NDVI} - 0.25); 0.25 \leqslant \text{NDVI} \leqslant 0.75 \tag{7-13}$$

其中，

$$\text{NDVI} = (\rho_{1.24}^{m} - \rho_{2.12}^{m}) / (\rho_{1.24}^{m} + \rho_{2.12}^{m}) \tag{7-14}$$

其中，$\rho_{1.24}^{m}$ 和 $\rho_{2.12}^{m}$ 分别为 1.24μm 和 2.12μm 波段卫星观测值。

利用上述过程即可求解出黑碳体积比例和背景气溶胶类型，再根据式（5-9）可求得黑碳气溶胶的柱浓度。需要注意的是，气溶胶的总体积可以根据两个反演参数进行迭代计算，即

$$V_{\text{total}}^{i+1} = V_{\text{BC}} + V_{\text{BA}} = f_{\text{BC}} V_{\text{total}}^{i} + V_{\text{BA}}, V_{\text{total}}^{0} = V_{\text{BA}} \tag{7-15}$$

其中，V_{BC} 为黑碳气溶胶的体积浓度，同样在反演中是一个未知参数；V_{BA} 为背景气溶胶的体积浓度，可根据背景气溶胶的谱分布得到，V_{total}^{i} 是总体积浓度的第 i 次迭代结果。一旦 $\left|V_{total}^{i+1} - V_{total}^{i}\right|$ 收敛，即可确定气溶胶体积。

7.2 反演结果与验证

将上述反演方法应用于中分辨率成像光谱仪（MODIS）上，并使用 2016 年全年的数据实现了一个完整年的反演。基于卫星遥感手段获取的黑碳气溶胶柱浓度向近地面转换时存在难度，基于均匀混合假设的转换方法也会造成不小的误差。为了更好地评估反演算法的表现，提供三种不同的验证来评估算法的可靠性：①基于反演的黑碳体积比例和背景气溶胶类型，重新计算混合气溶胶光学物理参数，并与 AERONET 太阳光度计所反演的数据进行比较。②同样基于黑碳气溶胶垂直方向上的均匀混合假设，将整层的黑碳气溶胶换算成近地面浓度，并与上一章节多角度卫星反演算法进行对比。③由于黑碳气溶胶的柱浓度变化与近地面浓度变化基本一致，因此探讨了黑碳柱浓度反演结果与近地面黑碳浓度之间的相关性。与上一章节验证方法一致，选取与地基站点为中心固定范围内的卫星反演结果与卫星过境前后半小时内的地基观测数据进行比较。

7.2.1 气溶胶吸收特性验证

将 MODIS 反演得到的中间结果，即黑碳和背景气溶胶的体积比例，通过 MG 有效介质混合模型和 Mie 散射模型重新计算出异质气溶胶的复折射指数和单次散射反照率，进而可计算出吸收性气溶胶光学厚度结果。

图 7-5 展示了 2016 年 MODIS 反演的气溶胶吸收参数和 AERONET 数据集（2.0 级，第 3 版）之间比较结果，包括两个 AERONET 通道（440nm 和 675nm）的复折射指数虚部和 550nm 吸收性气溶胶光学厚度验证结果。基于 MODIS 卫星传感器反演的结果计算的复折射指数虚部与 AERONET 观测结果的决定系数（R^2）大于 0.72，均方根误差（RMSE）小于 0.0034，平均偏差（MB）小于 0.0023。此外，吸收性气溶胶光学厚度也显示出了较好的相关性（R^2=0.87）、较小的均方根误差（RMSE=0.014）和平均偏差（MB= –0.0086）。由于垂直方向上气溶胶的吸收特性与黑碳气溶胶的浓度有关，因此也证明了新算法的有效性。此外，理想的结果也证明了新的反演算法在估算气溶胶吸收方面的潜力，这在气溶胶的气候环境效应的相关研究中至关重要。

7.2.2 近地面黑碳气溶胶浓度验证

由于黑碳气溶胶的垂直分布未知，因此基于两种方法实现了从 MODIS 柱浓度反演结果到地表浓度的转换。表 7-1 总结了基于不同黑碳气溶胶垂直分布假设的验证结果，并与上一章节多角度反演算法与 MERRA-2 再分析资料进行了比较。

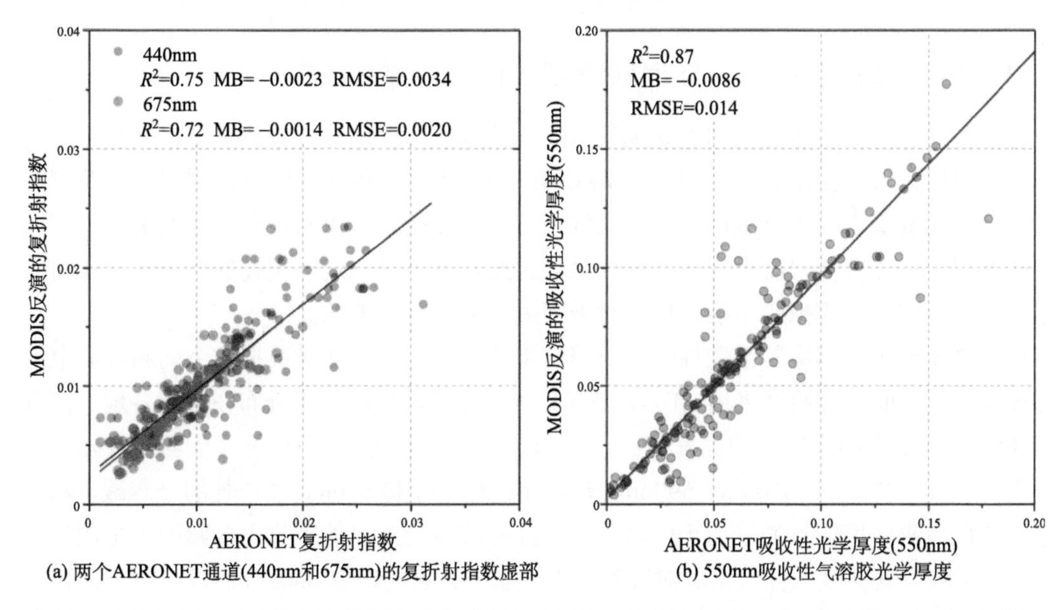

(a) 两个AERONET通道(440nm和675nm)的复折射指数虚部　(b) 550nm吸收性气溶胶光学厚度

图 7-5　2016 年 MODIS 反演的气溶胶吸收参数和 AERONET 数据集（2.0 级，第 3 版）之间比较结果

表 7-1　基于不同黑碳气溶胶垂直分布假设的验证结果

算法	黑碳垂直分布假设	决定系数	平均误差	线性拟合截距
本章	均匀分布假设	0.67	1.44	2.77
本章	基于化学模式模拟	0.74	−1.30	1.74
第 6 章	均匀分布假设	0.50	3.55	3.75
MERRA-2	再分析资料	0.53	−2.28	3.64

第一种方法是基于均匀混合假设[式（5-11）]，将柱浓度反演结果除以大气边界层高度计算得到。结果表明，在这一理想假设下，近地面反演结果呈现出了明显的高估，平均误差达到了 1.44μg/m^3，两者决定系数为 0.67，均方根误差为 2.77。第二种方法是利用化学传输模型模拟的黑碳垂直分布来估算近地面浓度的反演值。与理想均匀分布相反，通过化学模式模拟结果估算近地面黑碳浓度值展现出了明显的低估，平均误差为−1.30μg/m^3，但两者相关系数更高（0.74），均方根误差更低（1.74）。事实上，无论采用哪种方案估算地表浓度，基于单一角度多光谱卫星的新算法都优于多角度卫星反演算法（MB=3.55μg/m^3，R^2=0.50，RMSE=3.75）和 MERRA-2 再分析数据（MB=−2.28μg/m^3，R^2=0.53，RMSE=3.64）。需要注意的是，这两种转换方案都会带来卫星遥感之外的其他不确定性，如边界层高度和数值模拟本身的误差，以及不同数据集之间不相匹配的空间分辨率等问题。这些问题很难评估和解决，因此仍然建议使用黑碳气溶胶柱浓度作为最终反演结果。

7.2.3 黑碳气溶胶柱浓度反演与近地面黑碳气溶胶浓度的相关性

需要注意的是，垂直方向上黑碳气溶胶的柱浓度和近地面试验测量结果具有不同的量化。根据式（5-11），若假设黑碳气溶胶在 1km 大气层内均匀混合，则黑碳气溶胶柱浓度反演在数值上等于近地面浓度。大气边界层高度受到气象条件和地形的影响，可能有所不同，但在区域尺度上变化十分平缓。因此，基于这一统一假设的变换，避免引入了大气边界层高度模拟的不确定性，对于相关性检验是有效的。

图 7-6 展示了黑碳气溶胶柱浓度反演结果和近地面试验测量数据在空间和时间上的对比结果。地面观测数据采用 AE-31 黑碳仪进行测量，观测站点分布在中国各地，部分与 AERONET 太阳光度计的位置一致。AE-31 黑碳仪是一种基于滤光片的测量仪器，可测量 370nm、470nm、520nm、590nm、660nm、880nm 和 950nm 波长处的光衰减，从而达到获取黑碳浓度的目的。由于气溶胶在近红外波段处对光的吸收主要归因于黑碳气溶胶，为了减少其他吸收性气溶胶对观测结果的影响，因此选取 880nm 波段所对应的黑碳浓度进行对比。从图中可以看出，黑碳气溶胶柱浓度卫星反演结果与 AE-31 所测的近地面黑碳浓度变化基本一致（R^2=0.545）。月平均结果在两个变量之间的相关性有显著的提高，决定系数达到 0.776，其原因可能由于黑碳的垂直分布差异在月均尺度上更加小所造成的。此外，在时间序列上，黑碳气溶胶柱浓度卫星反演结果与 AE-31 所测的近地面黑碳浓度变化也十分相似，在各个季节的决定系数均大于 0.7，p 值检验也通过了 99%的置信区间（表 7-2）。

事实上，由于黑碳气溶胶浓度参数在不同气溶胶负荷水平下的敏感性存在显著差异，因此黑碳气溶胶柱浓度反演结果和近地面试验测量数据之间的一致性因气溶胶光学厚度而异（图 7-7）。对于所有匹配结果[图 7-7(a)～(d)]，相对较低的相关性主要来自极端晴朗的条件，当气溶胶光学厚度小于 0.2 和介于 0.2～0.5 之间时，两个产品之间的决定

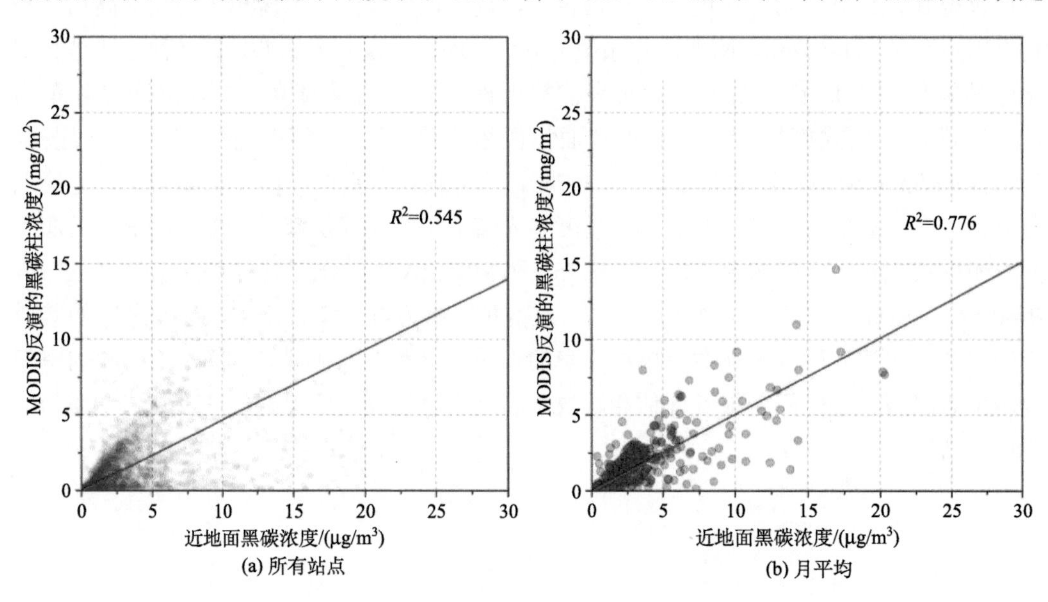

(a) 所有站点　　(b) 月平均

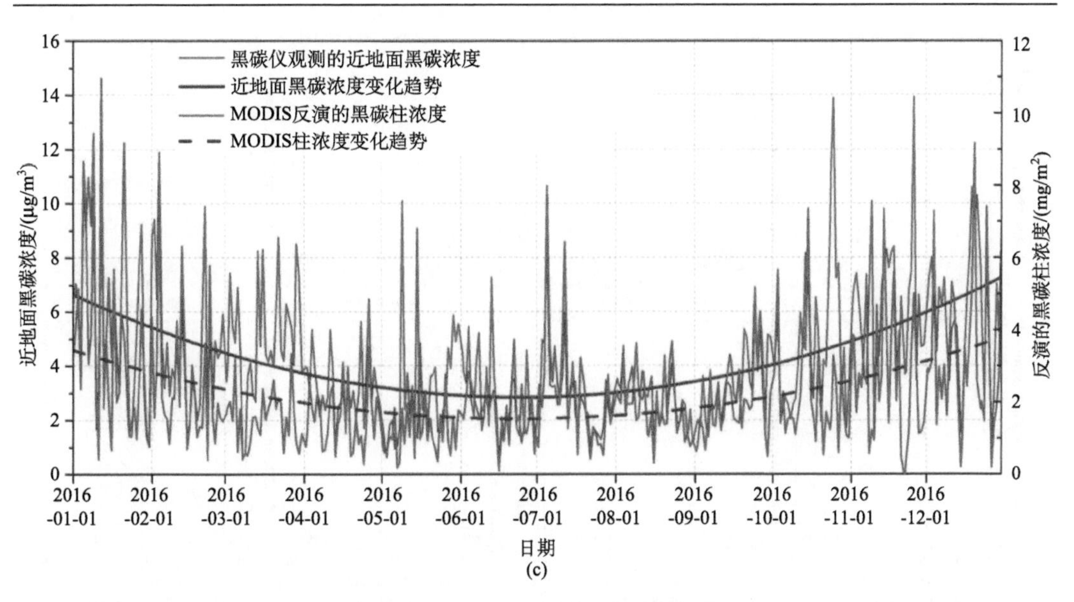

图 7-6　黑碳气溶胶柱浓度反演结果和近地面试验测量数据在空间和时间上的对比结果

表 7-2　黑碳气溶胶柱浓度卫星反演结果与近地面黑碳浓度之间的季节相关性参数

季节	决定系数	p 值检验
春季	0.71	5.72×10^{-10}
夏季	0.86	1.53×10^{-4}
秋季	0.70	7.54×10^{-11}
冬季	0.81	7.65×10^{-4}

系数分别仅为 0.248 和 0.351。在较高的气溶胶光学厚度条件下，可以得到更好的相关性：当气溶胶光学厚度介于 0.5～1.0 之间时，决定系数为 0.643；大于 1 时，决定系数为 0.707。月平均数据展现出了更好的相关性[图 7-7(e)～(h)]，即使在气溶胶光学厚度小于 0.5 时，决定系数也可以达到 0.736，随着气溶胶负荷的增强，月平均反演结果与观测数据之间的相关性最高可达到 0.839。这些结果均表明，新的算法可以有效区分污染天气条件下的污染类型，并定量化出黑碳气溶胶的浓度参数。

图 7-8 对比了黑碳气溶胶柱浓度反演结果和地基观测结果的月均变化。从图中可以看出，无论是柱浓度还是近地面浓度，秋冬两季均处于较高水平。尤其在东北、华北、华中地区，高浓度的黑碳气溶胶可以归因于冬季供暖或不利的扩散条件。此外，柱浓度反演结果和近地面观测之间的比例也具有明显的季节性变化，全年平均接近于 0.5。近地面观测的年平均浓度为 $4.22\pm1.35\mu g/m^3$，与之相匹配的站点上空柱浓度反演结果为 $2.23\pm0.73mg/m^2$。两个参数之间比例的变化与大气边界层高度的变化基本一致，这一变化也是造成气溶胶光学厚度夏季高冬季低的原因。此外，黑碳气溶胶浓度和光学厚度的季节性变化趋势差异也是由于气溶胶吸湿效应、更大的消光效率、更高的二次气溶胶百分比所造成的。

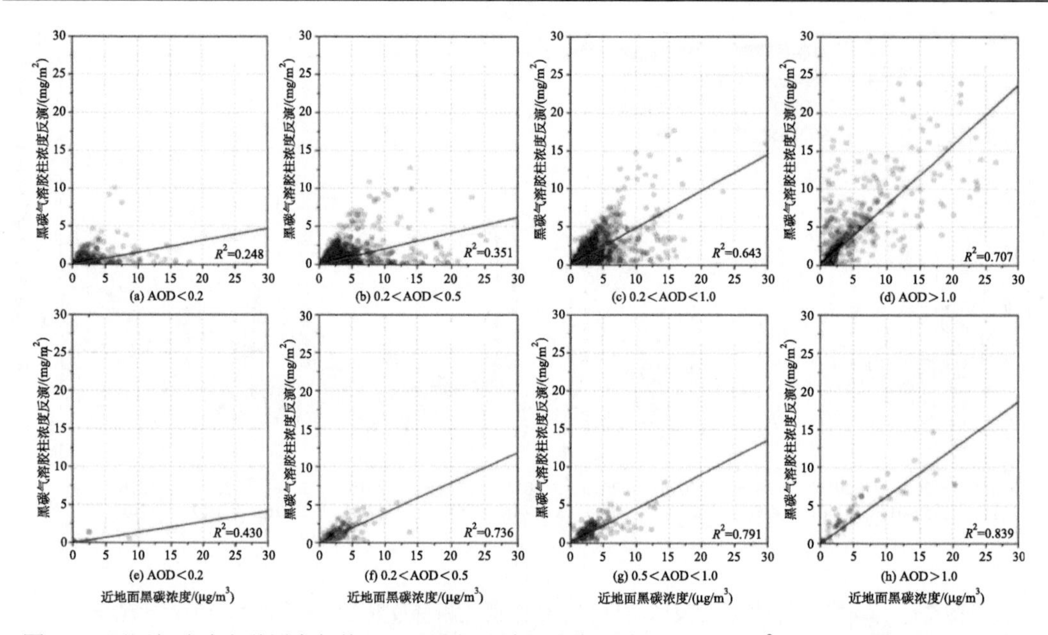

图 7-7　不同气溶胶光学厚度条件下（黑碳气溶胶柱浓度反演结果（mg/m^2）与近地面试验测量数据（μg/m^2）比较

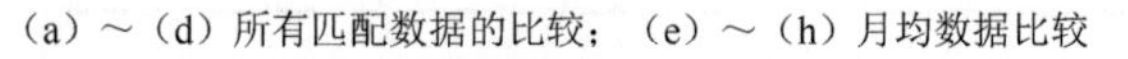
（a）～（d）所有匹配数据的比较；（e）～（h）月均数据比较

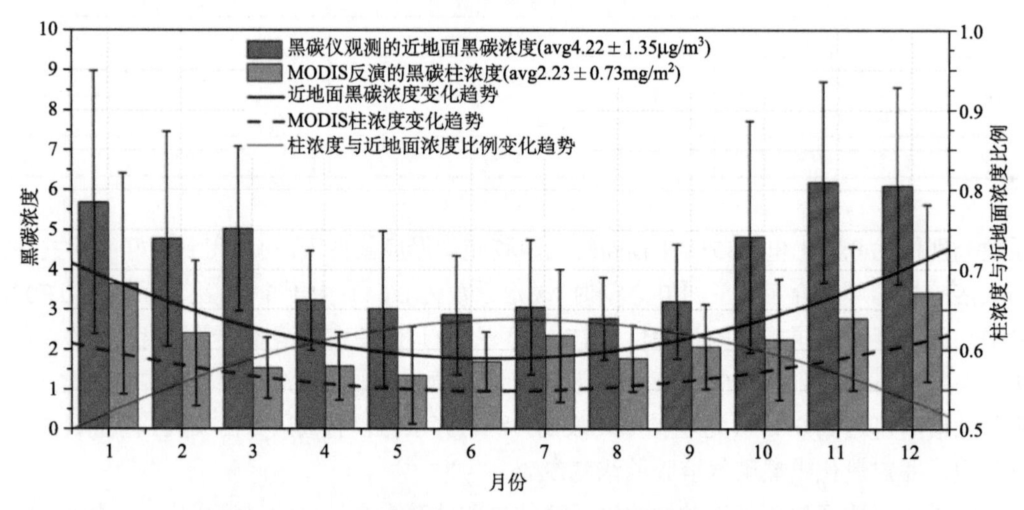

图 7-8　黑碳气溶胶柱浓度反演结果和地基观测结果的月均变化

由于黑碳气溶胶主要由生物质燃烧而产生，而我国生物质燃烧的频率与农作物的收获周期密切相关。因此季节性黑碳气溶胶柱浓度的空间分布也可以利用异常火点数量进行初步的验证（表 7-3）。在异常火点密度极高的地区，例如东北平原，异常火点数的比例在三个可观测的季节中占所有火点的 69%（春季）、52%（夏季）和 88%（秋季）。这些间歇性和偶发性的事件会导致更高的黑碳气溶胶浓度（>2.00mg/m^2）。其他的异常火点（>20%），如华北平原夏季和华南地区的春/冬两季度的秸秆燃烧，也是这些地区黑碳气溶胶浓度升高的部分原因。

表 7-3　2016 年中国东部地区黑碳气溶胶柱浓度和异常火点比例季节性变化

季节	指标	东北	华北	华东	华南
春季	黑碳气溶胶柱浓度/（mg/m^2）	2.31±1.90	1.33±0.88	1.96±1.04	2.38±2.29
	异常火点比例/%	69	6	4	21
夏季	黑碳气溶胶柱浓度/（mg/m^2）	2.79±1.83	2.07±1.94	1.89±1.25	1.78±1.60
	异常火点比例/%	52	43	3	2
秋季	黑碳气溶胶柱浓度/（mg/m^2）	2.51±2.18	2.81±2.14	2.33±1.72	1.86±1.61
	异常火点比例/%	88	5	2	5
冬季	黑碳气溶胶柱浓度/（mg/m^2）	—	3.92±2.44	4.05±2.52	2.04±1.86
	异常火点比例/%	—	6	8	86

7.3　误差来源分析

基于单一角度卫星传感器的黑碳气溶胶柱浓度反演结果的不确定性主要来源于算法的输入数据和假设条件。包括气溶胶光学厚度的输入偏差，黑碳气溶胶密度的假设，地表反射率的经验假设以及非黑碳气溶胶背景模型的不确定性（表 7-4）。

表 7-4　不同气溶胶光厚度条件下黑碳气溶胶柱浓度反演的不确定性　（单位：%）

因素	AOD=0.1	AOD=0.5	AOD=1.0	AOD=3.0
黑碳密度假设	−10～10	−10～10	−10～10	−10～10
AOD 输入误差	−54～72	−15～15	−6～6	−2～3
地表模型误差	79～110	25～37	7～20	1～3
背景气溶胶误差	−24～8	−21～7	−19～7	−15～9
总输入误差	−64～82	−25～25	−16～16	−12～13
总反演误差	55～118	4～44	−12～27	−14～12
最大输入误差（AOD>0.5）	−25～25			
最大反演误差（AOD>0.5）	−14～44			

7.3.1　反演中输入参数的不确定性对反演结果的影响

合理的气溶胶光学厚度和黑碳密度的定义是直接决定黑碳柱浓度计算结果的关键参数。根据式（5-9）可知，若黑碳气溶胶密度的不确定性为±0.2g/cm^3 时，其直接导致黑碳浓度最终反演结果约±10%的不确定。

此外，由于地表反射率估计不当或气溶胶模型定义与实际相差较大，大多数卫星传感器反演的官方气溶胶光学厚度产品也具有一定的偏差。以 MODIS 为例，在陆地上空，550nm 波段的气溶胶光学厚度误差预计为 0.05+0.15×AOD（图 7-9）。通过模拟发现，在不同的地表背景和不同的气溶胶负荷条件下，反演的表现有所差异。在极端污染天气条件下，高气溶胶负荷使得黑碳浓度反演结果受气溶胶光学厚度输入的影响较小。当气溶胶光学厚度大于 0.5 时，不确定性最大仅为±15%；相反，在非常晴朗的天气条件下（AOD=

0.1），不确定度较大，在–54%～72%之间。此外，暗目标（如植被）上空的不确定性要远低于亮目标（裸地）上空的不确定性，这可能是因为明亮地表更能突出黑碳气溶胶的吸收作用，而暗地表的强吸收性质掩盖了黑碳气溶胶的吸收，从而不确定性更大。综上所述，反演中因输入而造成的不确定性最高可以达到–64%～82%；当气溶胶光学厚度大于0.5时，

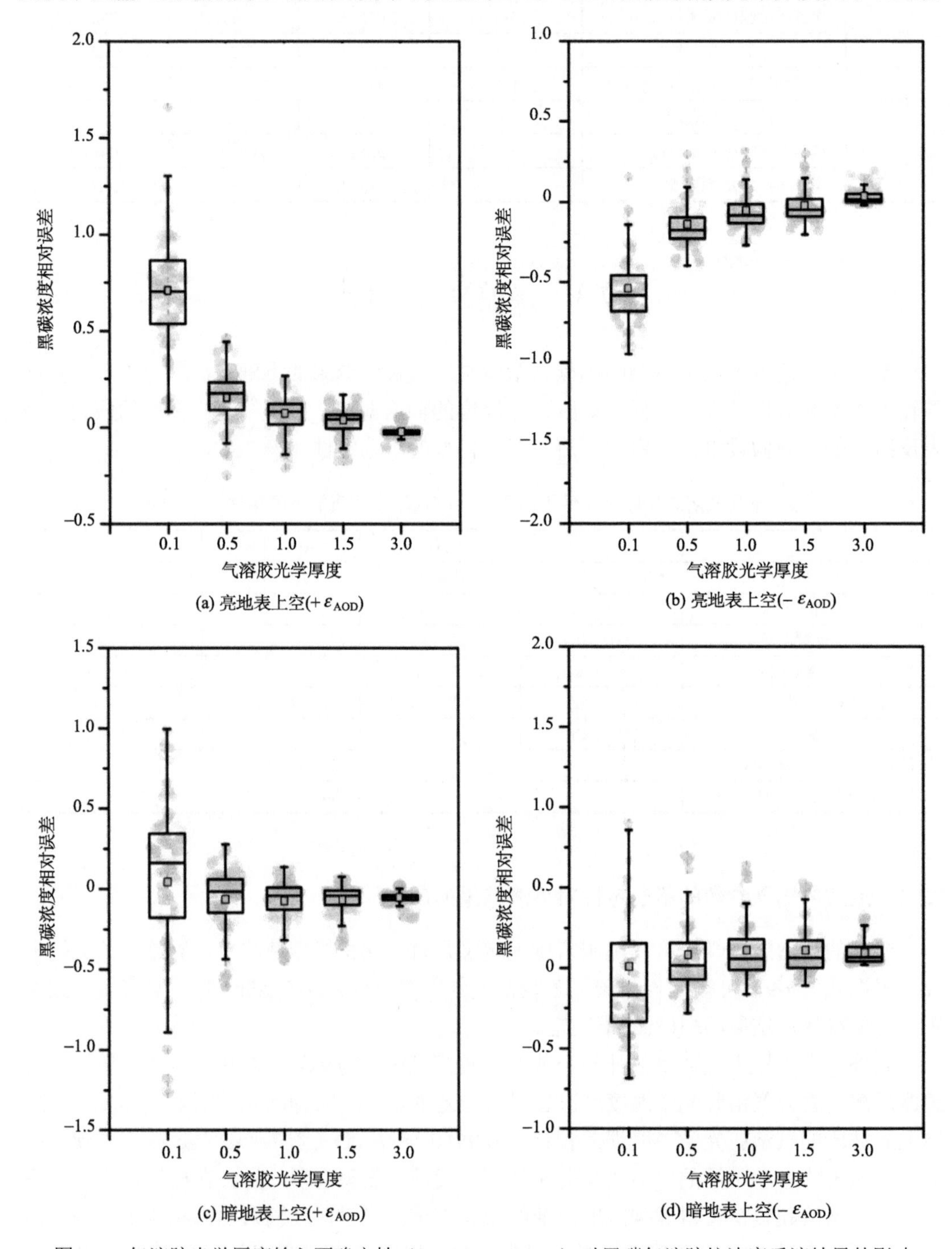

图 7-9　气溶胶光学厚度输入不确定性（0.05+0.15×AOD）对黑碳气溶胶柱浓度反演结果的影响

因输入而造成的不确定性仅为–25%～25%。黑碳气溶胶密度以及气溶胶光学厚度数据集的不确定性并不会影响反演算法本身的精度，若能够输入更加精确合理的参数值，则反演结果更加精确，不确定性更低。

7.3.2　反演中假设条件对反演结果的影响

算法中使用的气表反射率假设和背景气溶胶聚类模型是影响反演精度的主要因素，这两种基于经验模拟的参数由于受到算法本身的限制而无法替换成与实际更加接近的观测模型。为了代表大多数陆地地表的反射率特性，基于经验地表模型假设的不确定性在红光波段（645nm）为±0.01，红蓝波段之间的比例的不确定性为±0.2。图 7-10 为地表反

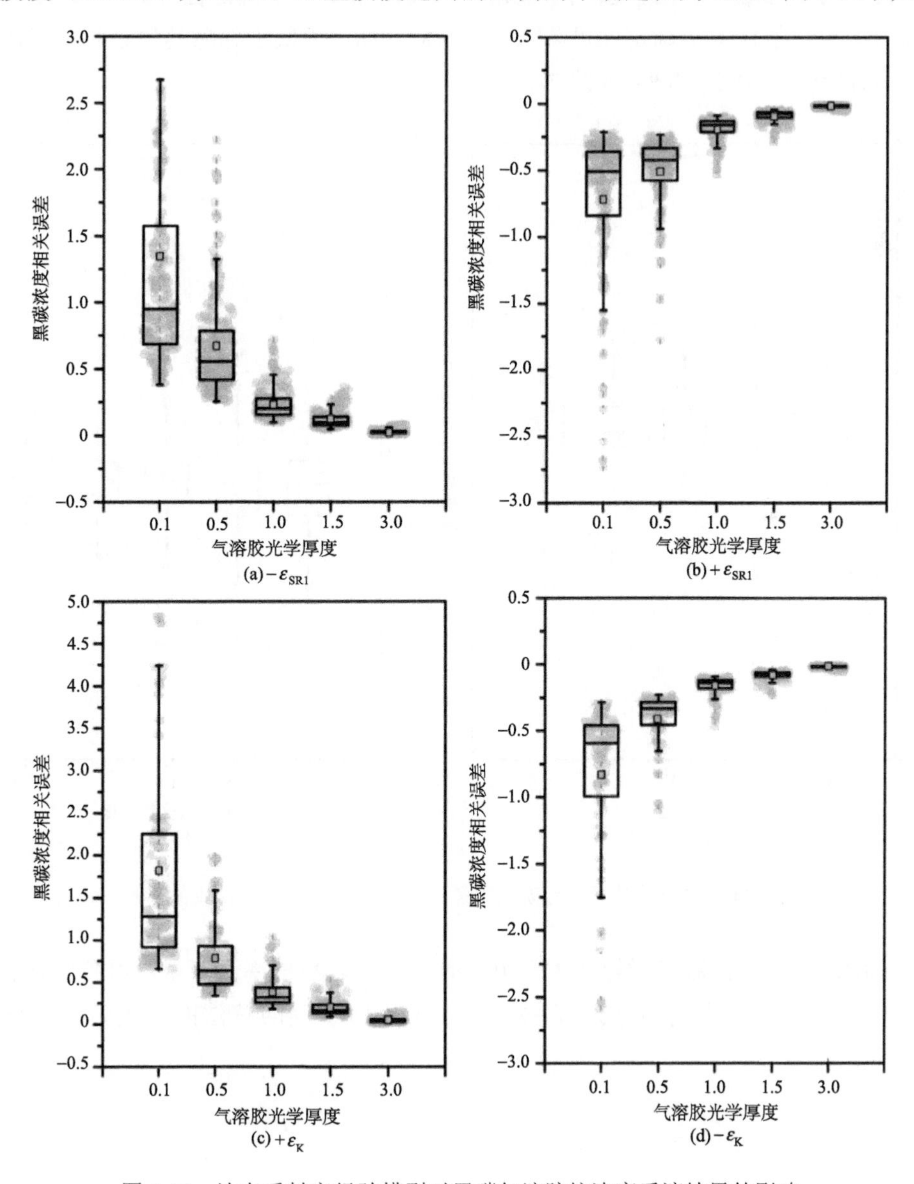

图 7-10　地表反射率经验模型对黑碳气溶胶柱浓度反演结果的影响

射率模型的不确定性对反演结果的影响。当气溶胶光学厚度低于 1.0 时，在大气辐射传输过程中，地表反射占主导地位，因此黑碳柱浓度受到地表模型误差的影响较大。由式（7-4）至式（7-9）可知，高估或低估红色波段的地表反射率将或产生一个传播误差，其会在蓝色波段产生相同的地表反射率变化，这会对黑碳气溶胶反演结果产生相反的影响。因此，当气溶胶光学厚度大于 0.5 时，经验地表模型假设所带来的不确定性小于 40%，而当气溶胶光学厚度大于 1.0 时，偏差则小于 20%。

此外，由于气溶胶颗粒的发展变化十分多样且难以预测，因此 7.1.2 节中所聚类的背景气溶胶模型在日尺度上不能反映大气中真实的情况，这也是反演结果在月均尺度上具有更好表现的原因之一。由背景气溶胶模型误差所带来的不确定性最大为–24%～9%，在极端污染天气条件下不确定性可降低至–15%～9%，远低于忽略其他吸收性气溶胶所带来的不确定性（30%～40%）（图 7-11）。

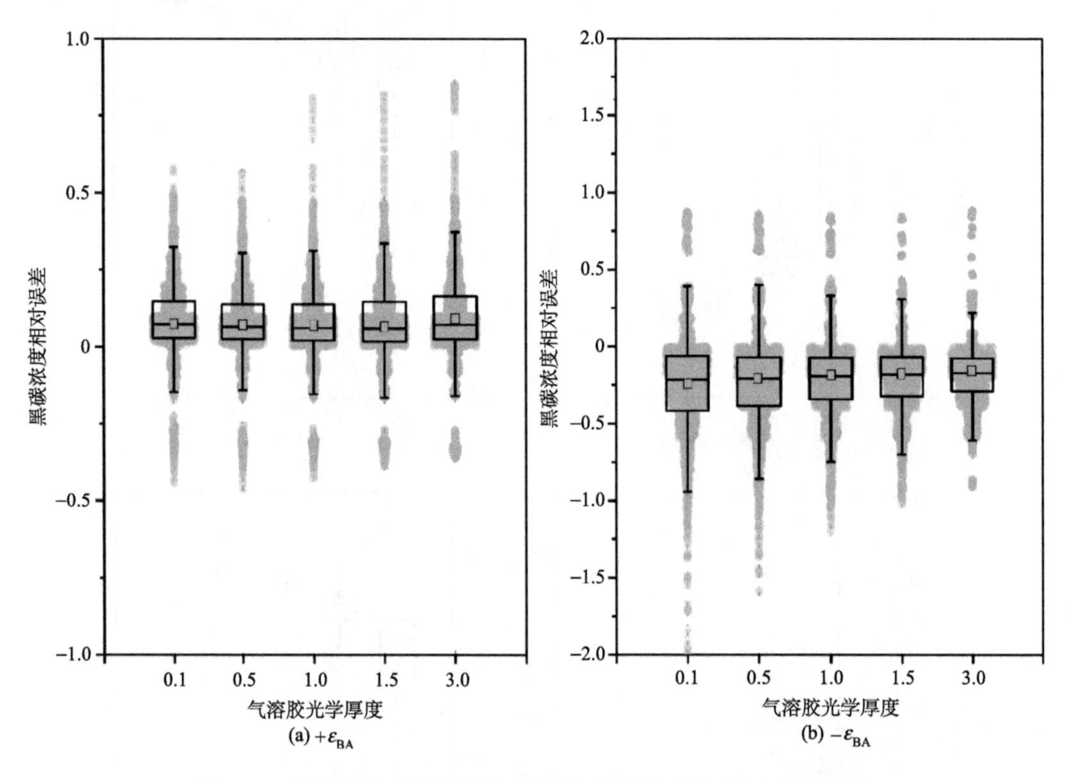

图 7-11　地表反射率经验模型对黑碳气溶胶柱浓度反演结果的影响

综上所述，当气溶胶光学厚度大于 0.5 时，由地表反射率和背景气溶胶经验假设引起的算法不确定性最大为–14%～44%，与三组分地基反演算法的不确定性十分相近（–15%～40%）。

第 8 章　黑碳气溶胶遥感监测应用示范

8.1　地基遥感监测应用示范

北京作为中国的首都，近些年来由于城市化进程的加快与经济的快速发展，使得大气环境问题日益突出。来源于本地化石燃料的燃烧以及周边地区的生物质燃烧，使得北京地区的污染明显加重。基于优化的黑碳浓度地基遥感反演模型，利用 AERONET 在北京地区的气溶胶监测网络，对北京污染天气下的黑碳浓度进行反演。再结合美国大使馆（39°57′N, 116°28′E）提供的实时监测 $PM_{2.5}$ 数据与 AERONET 中提供的气溶胶光学参数数据，进一步分析研究区的黑碳浓度变化特征及其光学特性的变化。

8.1.1　污染天气下北京地区黑碳气溶胶浓度

图 8-1 展示了基于 AERONET 观测数据反演的污染天气下北京 2012～2017 年近地面黑碳浓度及其在 $PM_{2.5}$ 中所占的比例年均变化。结果显示在 2012～2017 年期间，黑碳气溶胶浓度的变化不大，在 6.0～10.0μg/ m^3 区间上下浮动，其中 2015 年黑碳浓度最低约为 5.6μg/m^3；黑碳在 $PM_{2.5}$ 中所占的比例（BC/$PM_{2.5}$）变化趋势与黑碳浓度变化相似，分别在 2017 年和 2015 年出现了最大值 9%和最小值 6%；除此之外，2017 年与 2016 年相

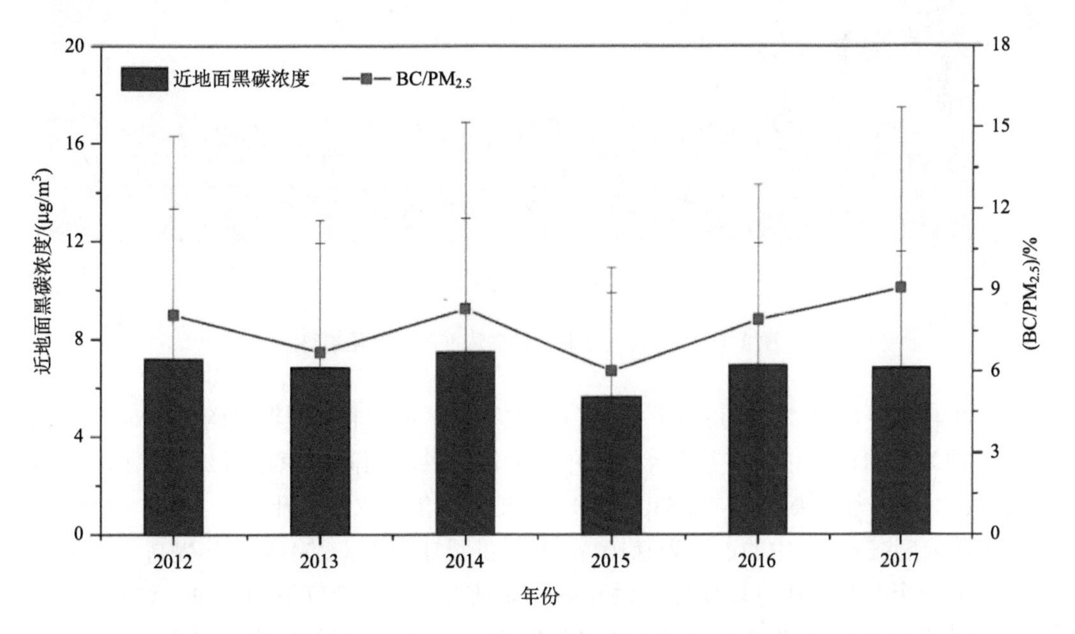

图 8-1　2012～2017 年污染条件下北京黑碳浓度及其在 $PM_{2.5}$ 中所占的比例年均变化分布

比，虽然黑碳浓度差异较小，分别为 6.9μg/m^3 和 6.8μg/m^3，但黑碳气溶胶在 $PM_{2.5}$ 中所占的比例显著提高，表明黑碳气溶胶在 2017 年得到了有效控制且减少了其他非黑碳粒子的排放。

图 8-2 展示了污染天气下北京黑碳浓度的月变化趋势。较高的近地面黑碳浓度主要集中在冬春季节，约为 8.27μg/m^3，12 月的近地面黑碳浓度最高（10.33μg/m^3），主要是由家庭取暖的含煤燃料燃烧造成的。此外，冬季边界层高度低和垂直扩散弱等不利与扩散的气象条件也是造成冬季黑碳浓度上升的原因。相反，由于燃煤需求的减少且降水导致的湿沉降使得大气中的黑碳气溶胶明显减少，因此近地面黑碳浓度在夏秋季处于较低的水平，约为冬春期间的一半（4.71μg/m^3），9 月黑碳浓度值达到最低，约为 3.82 μg/m^3。图 8-3 展示了污染天气下北京 $PM_{2.5}$ 中黑碳成分比例的月均变化，其趋势基本与黑碳浓度变化一致，呈现冬季高夏季低的特点。除此之外，华北平原夏季的生物质燃烧活动主要发生在 6 月，因而导致了北京地区黑碳在 $PM_{2.5}$ 中的比例略高于 5 月（6.4%）和 7 月（5.9%），约为 7.52%。

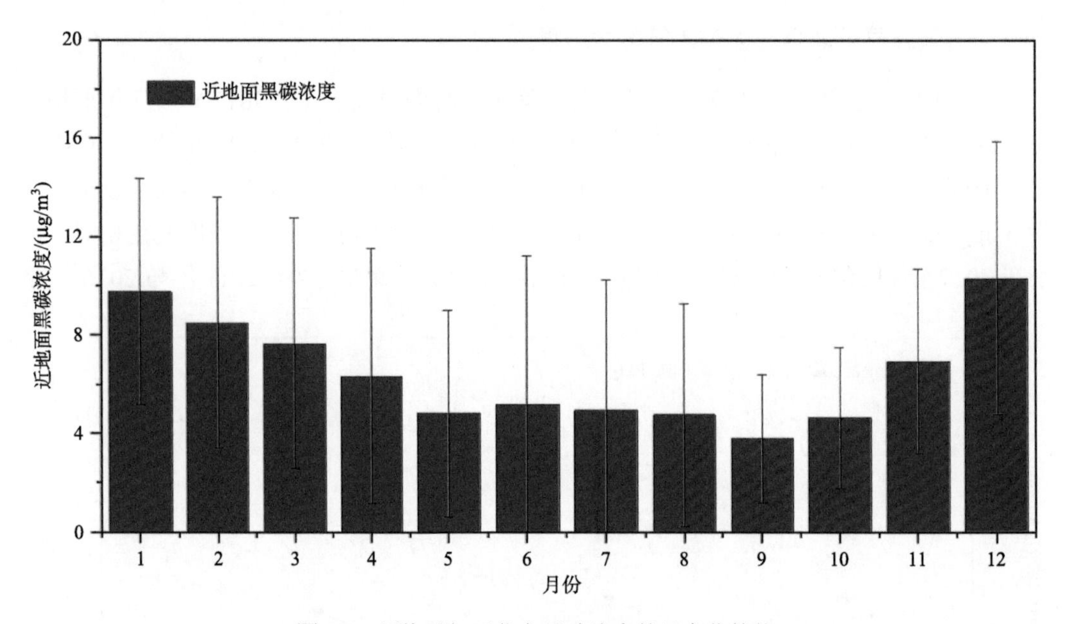

图 8-2　污染天气下北京黑碳浓度的月变化趋势

图 8-4 展示了 2012～2017 年污染天气下北京供暖期和非供暖期黑碳浓度对比。北京的供暖期为从 11 月中旬持续到翌年 3 月中旬。供暖期间北京市近地面黑碳浓度为 9.08μg/m^3，与非供暖期相比（5.53μg/m^3），近地面的黑碳浓度上升了约 64%。此外，供暖期黑碳浓度在 $PM_{2.5}$ 中的占比为 9.10%，与非供暖期相比（6.74%），共提高了约 35%。基于上述两个参数，还可以计算出供暖期和非供暖期污染天气下的 $PM_{2.5}$ 浓度分别为 100μg/m^3 和 82μg/m^3，也进一步说明了供暖期北京地区的空气污染更加严重。

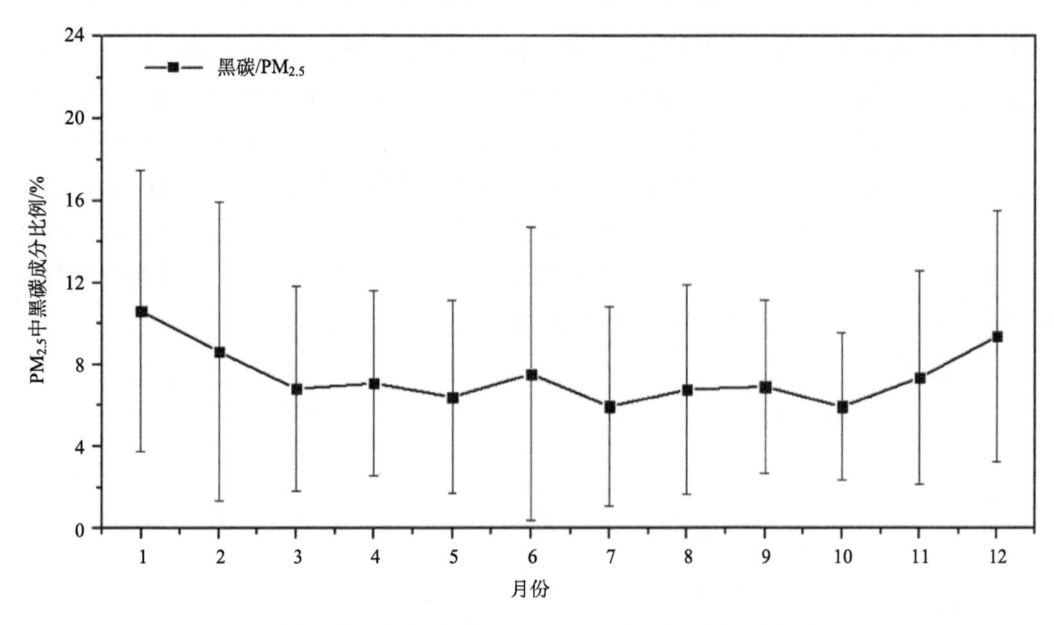

图 8-3　污染天气下北京黑碳浓度在 $PM_{2.5}$ 中所占的比例月变化趋势

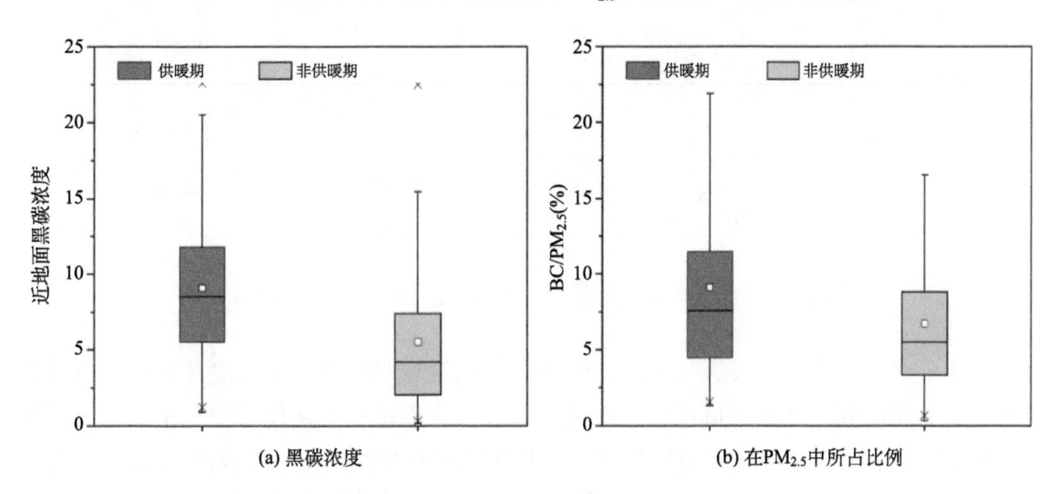

图 8-4　污染天气下北京供暖期与非供暖期黑碳浓度以及其在 $PM_{2.5}$ 中所占的比例对比图

8.1.2　污染天气下北京地区黑碳气溶胶光学特性的变化

大气能见度的降低主要是由于粒子对太阳光的吸收和散射引起的，黑碳能有效的吸收和散射太阳光从而影响大气消光系数，导致城市地区的能见度降低进而影响人类的交通出行。此外，气溶胶的光学辐射特性是影响气候环境的重要因子，准确地分析黑碳气溶胶光学特性的变化趋势，对于了解区域乃至全球的气候变化至关重要。

图 8-5 展示了污染天气下北京吸收性光学厚度（870nm）月均变化。计算公式参考式（2-16）。污染天气下吸收性气溶胶光学厚度与近地面黑碳浓度变化一样，其中较高的值主要集中在冬春两季，大气中黑碳气溶胶含量的增加使得大气的吸收作用更加明显，

其中 3 月的吸收性气溶胶光学厚度达到最高值（0.036）。除了初春的秸秆燃烧活动外，北京春节频繁的沙尘天气也是吸收性光学厚度升高的原因。相比于黑碳气溶胶，尽管单一沙尘粒子的吸收性较弱，但在极端沙尘灾害天气条件下，大气中的大量的沙尘气溶胶也会使得大气的吸收性增强。相反，吸收性气溶胶光学厚度在夏季最低（0.017）。除了黑碳排放减少以及湿沉降外，夏季黑碳气溶胶的吸湿增长也是导致该季节吸收性气溶胶光学厚度较低的原因之一，混合气溶胶的吸收作用逐渐被硫酸盐、水等气溶胶的强散射作用取代，进而降低了混合气溶胶的吸收能力。

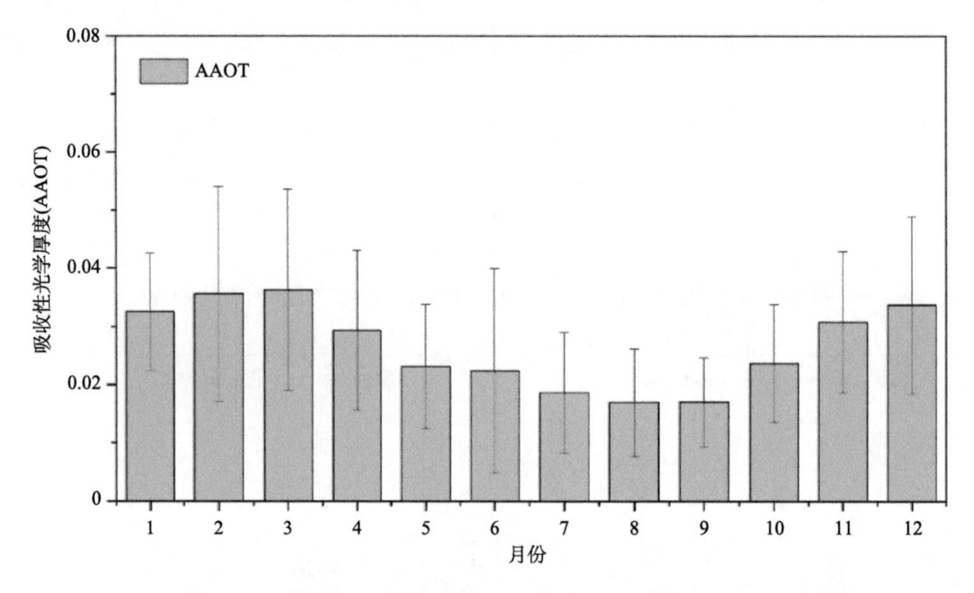

图 8-5 污染天气下北京吸收性光学厚度（870nm）月均变化

图 8-6 展示了北京污染天气下的供暖期和非供暖期吸收性光学厚度及其在总气溶胶光学厚度中的比例。从图中可以看出，供暖期大量含碳燃料燃烧使得空气中黑碳含量增加，进而导致吸收性光学厚度明显升高。其中供暖期的吸收性光学厚度约为 0.034，与非供暖期相比（0.025），吸收性光学厚度提高约 32.5%。此外，根据式（2-16）可知，吸收性光学厚度与总气溶胶光学厚度的比值与描述气溶胶散射特性的单次散射反照率显著相关，值越高代表混合气溶胶介质对太阳辐射的吸收能力越强。供暖期的吸收性光学厚度在总气溶胶光学厚度中的占比为 9.51%，明显高于非供暖期（5.55%），约为非供暖期的 1.7 倍。

8.1.3 全球典型地区站点生物质燃烧气溶胶的类型与时间变化特征研究

全球范围内因生物质燃烧活动而产生的气溶胶对地球的辐射收支平衡有着重要的影响。实际上，生物质燃烧产生的气溶胶在不同的燃烧物、老化阶段与背景环境条件下，其光学和物理化学性质也发生着显著的变化。到目前为止，对生物质燃烧型气溶胶的气候效应评估仍存在很大的不确定性，其辐射强迫的量值甚至符号在不同的估算模型中存

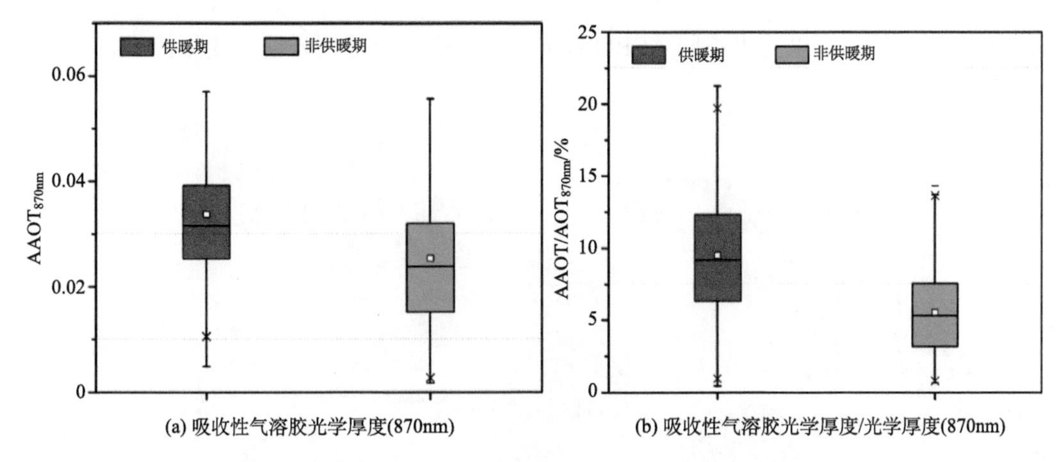

图 8-6　北京污染天气下的供暖期和非供暖期吸收性光学厚度及其在总气溶胶光学厚度中的比例

在着显著的差异。基于分布在全球范围内的地基遥感站点数据，利用黑碳气溶胶地基遥感反演方法，结合 HYSPLIT 后向模型以及卫星火点数据，可以对生物质燃烧气溶胶理化、光学特性及其对气候效应的影响随生物质类型与老化时间的变化情况进行分析（Shi et al., 2019）。

为了保证地基观测到的数据能够准确的描述生物质燃烧事件所产生的气溶胶光学特性，需采用一系列标准来筛选生物质燃烧气溶胶并保证数据分析的质量。具体流程如下：

（1）获取全球气溶胶自动观测网络 AERONET 数据，以提供去除云影响的气溶胶光学厚度及其他光学特性的连续观测结果，包括 440nm、675nm、870nm 及 1020nm 波段的单次散射反照率、不对称因子、气溶胶粒径谱分布以及双峰正态分布参数、大气顶层短波辐射强迫效率、复折射指数以及 440～870nm 的埃斯屈朗指数。选用 6 个典型的 AERONET 站点（图 8-7），以表达不同燃烧物类型下生物质燃烧气溶胶的光学物理特征。其中，Yakutsk、Bonanza_Creek 以及 Palangkaraya 站点坐落在森林和泥炭地区域。与此相对的，Mongu 以及 Lake_Argyle 站点坐落在草地和灌木地区。而 Chiang_Mai_Met_Sta 以及 CUIABA-MIRANDA 站点坐落在上述两大类燃烧物类型混合的区域（同时拥有森林和泥炭地以及草地和灌木）。此外，由于在低气溶胶光学厚度条件下，AERONET 反演数据集可能存在较大的不确定性，为了保证 AERONET 反演产品能够准确的描述气溶胶的光学物理性质，需将晴空条件下的观测结果进行剔除（气溶胶光学厚度小于 0.5）。另外，为了最大限度的排除粗粒子类型气溶胶的影响，还需要剔除 440～870nm 埃斯屈朗指数小于 1.4 的数据。

（2）通过 MODIS 提供的全球火点数据，提供地表燃烧活动的地理空间分布信息，从而用来筛选生物质燃烧气溶胶，并进一步判定气溶胶生成后的老化时间。该产品使用 MODIS 的 3.9μm 和 11μm 热红外通道提取火点和热红外异常点的位置及程度信息，被学术界和产业界广泛运用于解决与地表燃烧现象以及红外温度异常相关的应用。图 8-7 中的直方图代表从 TERRA-MODIS 火点产品中获取的 AERONET 站点 200km 范围内每月的火点出现次数，可以看出不同 AERONET 站点具有各自的明显季节变化特征。

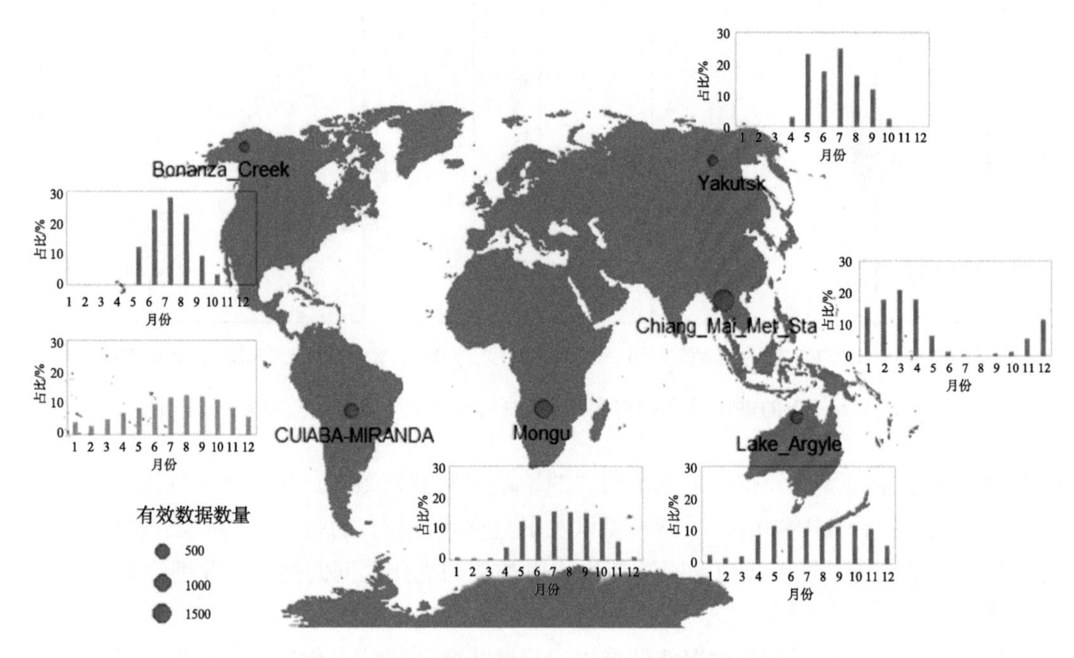

图 8-7 所选用的 AERONET 站点全球分布情况

直方图代表从 MODIS 火点产品中获取的 AERONET 站点 200km 范围内每月的火点出现次数

（3）将经过前述筛选条件筛选后的气溶胶观测站点的地理位置以及经过站点上空的观测时间输入到气体轨迹扩散模型中。这里，利用 HYSPLIT 模型（hybrid single particle lagrangian integrated trajectory model），基于特定的气象条件，计算并推演出不同高度、不同时间内气体的后向轨迹。为了尽可能地覆盖所有可能地传输路径，计算大气层 16 个不同高度（范围从地表上空 500m 到地表上空 12000m）的 72h 内后向轨迹。寻找距离所有后向轨迹 50km 范围内的时间差在一天之内的 MODIS 火点数据。若某一火点恰好位于后向轨迹范围内，则配对成功，利用后向轨迹时间信息获取该火点的时间。按照上述方法，一个特定的 AERONET 测量数据可能对应多个火点数据，为了减少老化时间确定的不确定性，要求该 AERONET 测量数据所对应的所有火点数据的时间差异小于 24h。经过上述阈值筛选后，如果一个 AERONET 测量数据依然有匹配的火点数据，则该 AERONET 测量数据被选取，否则将被剔除。若一个 AERONET 测量数据存在多个对应的火点数据，则选取具有最大火焰辐射能量的火点作为该 AERONET 测量数据的匹配火点，进而根据配对的火点数据的时间来确定该 AERONET 测量数据的老化时间。具体操作流程如图 8-8 所示。

为了研究生物质燃烧气溶胶特性在老化过程中的变化情况，将测量到的老化时间归为两类，即不大于 24h 和大于 24h。将分类数据进行统计后可知生物质燃烧气溶胶特性随着其老化过程会发生逐渐变化。其气溶胶体积浓度从 24h 内的 0.180μm^3/μm^2 下降到

24h 之后的 0.162μm^3/μm^2。与此同时，黑碳所占体积百分比从 24h 之内的 3.51%下降到 24h 之后的 2.47%。细模态中值半径从 24h 之内的 0.15μm 上升到 24h 之后的 0.17μm。生物质燃烧气溶胶理化特性的变化会导致其光学特性进一步发生变化。440nm 的单次散射反照率从 24h 之内的 0.86 增加到 24h 之后的 0.9，不对称因子从 24h 之内的 0.66 增加到 24h 之后的 0.68。

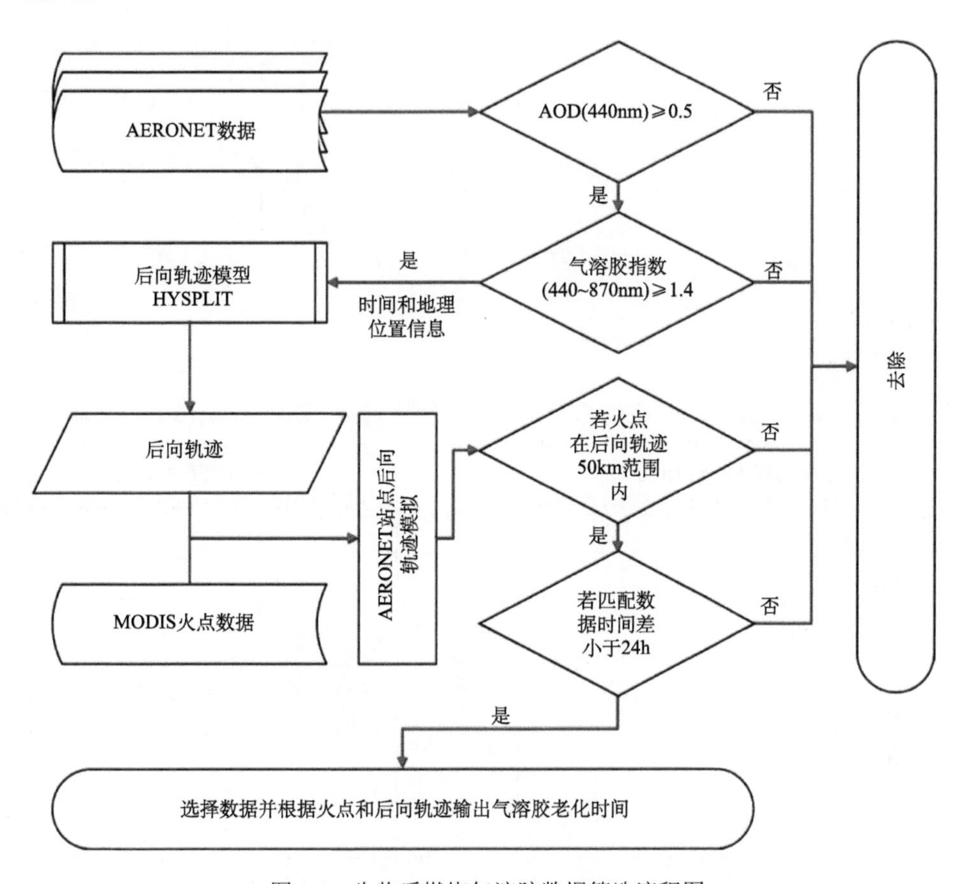

图 8-8　生物质燃烧气溶胶数据筛选流程图

图 8-9 进一步研究了生物质燃烧气溶胶特性在不同燃烧物类型（森林和泥炭地区、灌木地区以及上述两种类型混合地区）以及老化时间下的变化情况。对于森林和泥炭地区，在老化过程中，黑碳所占体积百分比浓度从24h之内的1.45%下降到24h之后的0.9%，降幅达到了将近38%。细模态中值半径从24h之内的0.176μm增加到24h之后的0.187μm。440nm 的单次散射反照率从 24h 之内的 0.935 增加到 24h 之后的 0.961。此外，440nm 的不对称因子从 24h 之内的 0.671 增加到 24h 之后的 0.689；对于混合地区，黑碳所占体积百分比浓度从 24h 之内的 3.20%下降到 24h 之后的 2.74%，降幅为 14%左右。同时，细模态中值半径从 24h 之内的 0.158μm 增加到 24h 之后的 0.175μm。440nm 的单次散射反照率从 24h 之内的 0.861 增加到 24h 之后的 0.887。此外，440nm 的不对称因子从 24h 之

内的 0.667 增加到 24h 之后的 0.68；灌木地区同样观察到相似的变化趋势。黑碳所占体积百分比浓度从 24h 之内的 4.05%下降到 24h 之后的 3.25%，降幅为 20%。细模态中值半径从 24h 之内的 0.141 增加到 24h 之后的 0.156。此外，440nm 的单次散射反照率从 24h之内的 0.843 增加到 24h 之后的 0.865。并且，440nm 的不对称因子从 24h 之内的 0.641 增加到 24h 之后的 0.652。

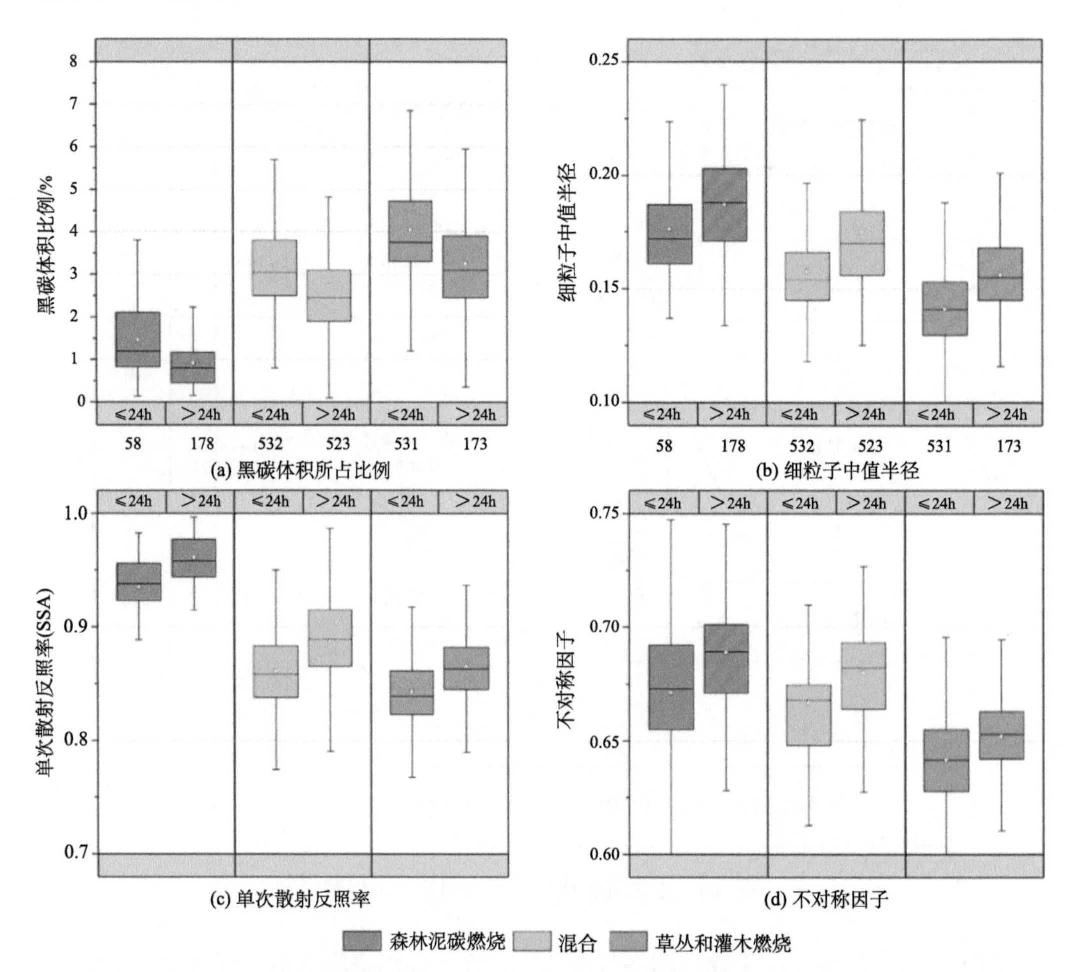

图 8-9　不同燃烧物类型产生的生物质燃烧气溶胶特性随着老化时间的变化特征

不同颜色代表不同的燃烧物类型（红色：森林和泥炭地区；蓝色：灌木地区；绿色：混合地区）。气溶胶特性按照老化时间被归为两类，即不大于 24h 和大于 24h。图中每个数据箱所包含的数据量显示在了上下两图的中间

图 8-10 着重显示了不同燃烧物类型燃烧产生的生物质燃烧气溶胶的理化和光学特性。森林和泥炭地区拥有最低的黑碳体积比例（1.08%）。而灌木地区的黑碳所占体积比例达到 3.83%，是森林和泥炭地区的 2.5 倍（在数值上相差 2.75%）。混合类型的黑碳所占体积比例介于上述两种类型之间，为 2.96%。森林和泥炭地区拥有最高的细粒子中值半径（0.182μm），而灌木地区拥有最低的细粒子中值半径（0.145μm），两者相差 0.037μm。混合类型的黑碳体积所占比例介于上述两种类型之间，为 0.166μm。上述差异可能是由

于不同燃烧物类型在燃烧时明烧和闷烧阶段所占比例不同所造成的。森林和泥炭地区闷烧阶段所占比例高于灌木地区，导致其燃烧所产生的生物质燃烧气溶胶拥有较少的黑碳含量以及较大的气溶胶粒径。

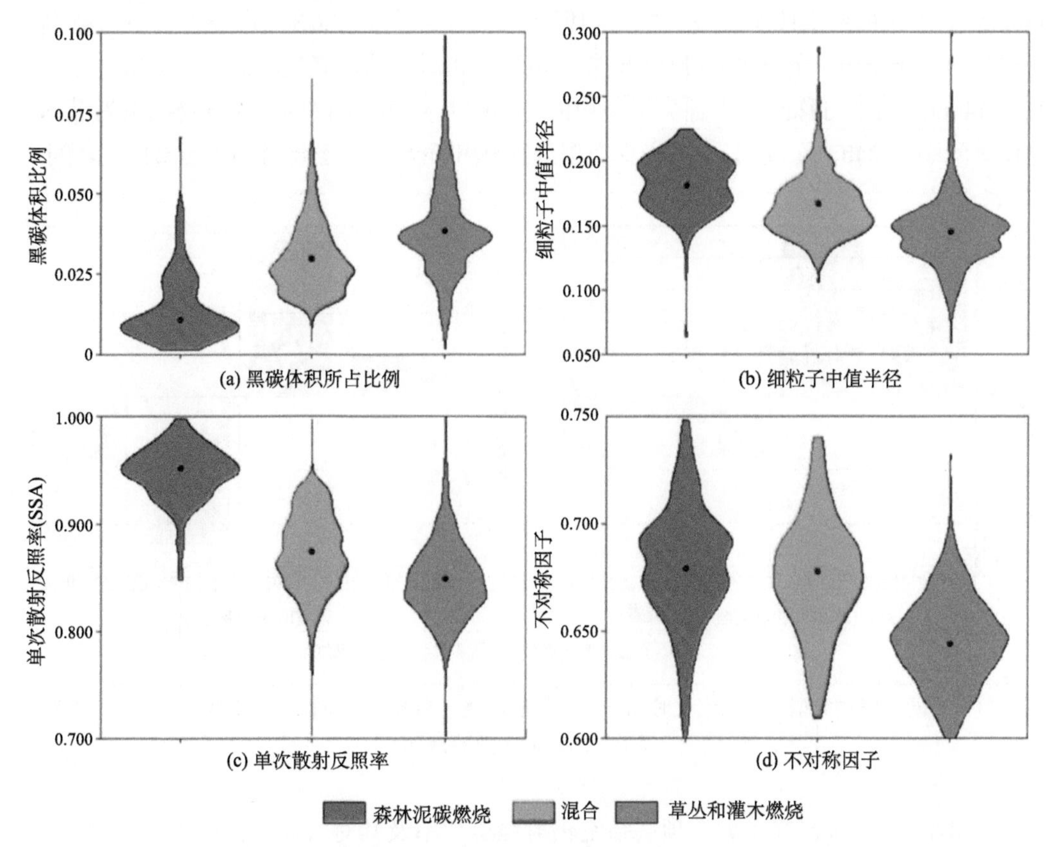

图 8-10　不同燃烧物类型下生物质燃烧气溶胶的理化和光学特性

不同颜色代表不同的燃烧物类型（红色：森林和泥炭；蓝色：草丛和灌木地区；绿色：混合地区）

生物质燃烧气溶胶理化特性的不同导致其光学性质的差异。气溶胶中的黑碳成分主导了其吸收能力，而其粒径大小会影响其散射的不对称性（较大的气溶胶粒子拥有较高的不对称因子）。在所有燃烧物类型产生的生物质燃烧气溶胶中，森林和泥炭地拥有最高的单次散射反照率（440nm 的值为 0.952）。灌木地拥有最低的单次散射反照率（440nm 的值为 0.849）。混合类型的单次散射反照率介于两者之间（440nm 的值为 0.873）。此外，森林和泥炭地区以及混合地区的不对称因子高于灌木地区，森林和泥炭地区 440nm 的值为 0.679、混合地区 440nm 的值为 0.678，灌木地区的值为 0.644。

由于生物质燃烧气溶胶的多变特点使得其均值难以准确的描述生物质燃烧气溶胶的特性。在现实情况中，生物质燃烧气溶胶特性会随着燃烧物类型以及老化时间而发生显著的变化。图 8-11 评估了不同燃烧物类型和老化时间下生物质燃烧气溶胶光学特性（单次散射反照率和不对称因子）与均值之间的相对差异。其所对标的生物质燃烧气溶胶特性的均值为所有燃烧物类型和老化时间下测量值的均值。结果表明，均值统计结果将低估森林和泥炭地区生物质燃烧气溶胶的单次散射反照率和不对称因子。相对应的，均值统计结果将高估灌木地区生物质燃烧气溶胶的单次散射反照率和不对称因子。对于440nm 的单次散射反照率，各类型与均值之间的差异介于–3.6%（燃烧物类型为灌木，老化时间小于 24h）至 9.9%（燃烧物类型为森林和泥炭地，老化时间大于 24h）之间。对于 440nm 的不对称因子，各类型与均值之间的差异介于–3.5%（燃烧物类型为灌木，老化时间小于 24h）至 3.7%（燃烧物类型为森林和泥炭地，老化时间大于 24h）之间。

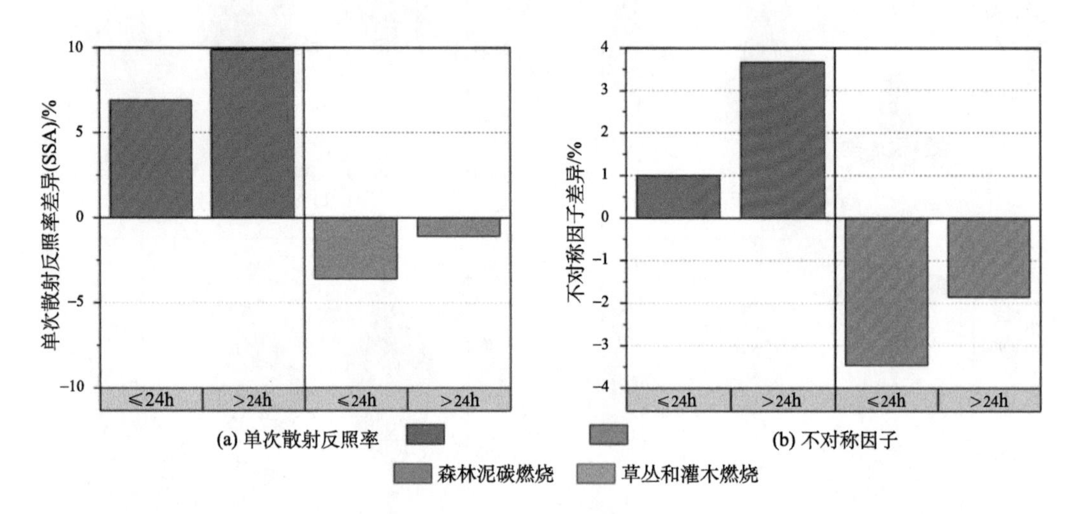

图 8-11　不同燃烧物类型、不同老化时间下，生物质燃烧气溶胶光学特性（单次散射反照率与不对称因子）同均值之间的差异

图 8-12 进一步研究了大气顶层晴空辐射强迫效率及其对气候变化产生的影响。辐射强迫效率可通过气溶胶的光学特性以及地表的反射特性进一步计算得到。考虑到所有的影响要素，生物质燃烧气溶胶整体上呈现出负的辐射强迫效应（降温效应）。在气溶胶老化过程中，其负的辐射强迫效应有增强的趋势。森林和泥炭地区从 24h 之内的–64W/m^2 变为 24h 之后的–74W/m^2；混合类型地区从 24h 之内的–48W/m^2 变为 24h 之后的–59W/m^2；灌木类型地区从 24h 之内的–30W/m^2 变为 24h 之后的–43W/m^2。相较于森林和泥炭地区以及混合类型地区，灌木地区的负的辐射强迫相应较弱。其原因是，灌木地区拥有最高的黑碳体积百分比，因而具有最低的单次散射反照率，其在可见光波段的强吸收能力增强了其正向的辐射强迫效应，总体上造成了其拥有最弱的负辐射强迫效应值。此外，由于生物质燃烧气溶胶在老化过程中黑碳所占的体积百分比不断下降导致其单次散射反照率不断增加，进而导致其在老化过程中负辐射强迫效率不断增强。

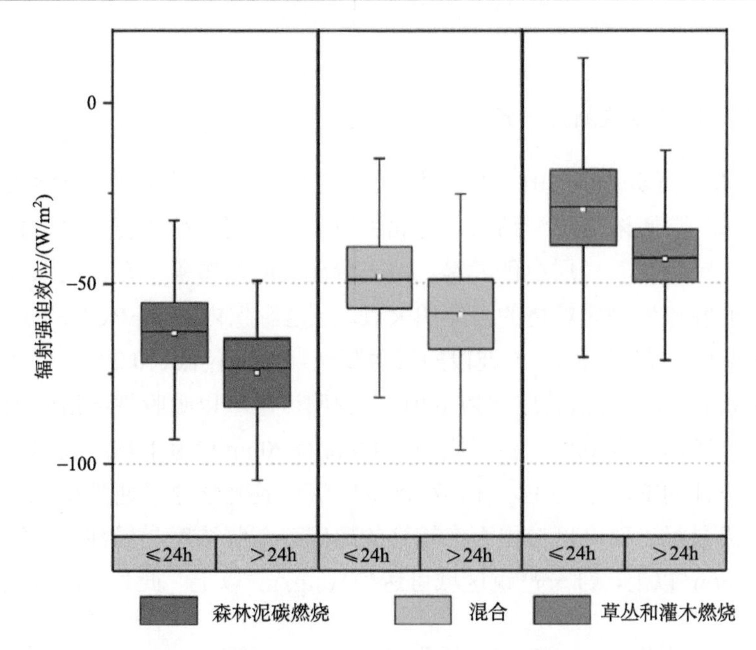

图 8-12　生物质燃烧气溶胶的大气顶层辐射强迫效率

数据被分为三种燃烧物类型（红色：森林和泥炭地区；蓝色：草丛和灌木地区；绿色：混合地区）以及两个老化时间段（不大于 24h 及大于 24h）

8.2　卫星遥感监测应用示范

亚洲区域人类活动集中，工业排放以及生物质燃烧活动频繁，是全球大气污染最严重的区域之一。其中，以中国东部为主的东亚地区和印度为主的南亚地区贡献了全球近一半的黑碳人为排放。基于 POLDER 反演结果，选取了几个典型污染案例作为应用示范，以突出卫星反演算法的实用性。除反演结果之外，选取了空间分辨率为 1km 的 MODIS AQUA 卫星热异常数据（MYD14），以表示研究区域内的火点分布。通常情况下，当火点较为密集时，可认为是有疑似的生物质燃烧活动。此外，由于污染的传输和扩散受到风场变化的影响，利用欧洲中尺度天气预报中心（European Centre for Medium-range Weather Forecasts，ECMWF）提供的空间分辨率为 0.25°×0.25°风速风向再分析资料，对研究区域的污染状况分布以及传输特征进行描述。

8.2.1　中国东部黑碳气溶胶污染监测应用示范

中国东部是全球经济发展速度最快、人口最为密集也是大气污染最严重、污染来源最复杂的地区之一。该地区由于受到东亚季风以及“箕型”地形的影响，大气污染物难以扩散，常年空气质量较低。对于黑碳排放，中国东部以农业生产为目的秸秆燃烧随着地理纬度的增加以及农作物的收成时间的差异而不同。在原有的工业燃烧以及汽车尾气排放的基础上进一步增加了黑碳气溶胶的排放，是东亚地区暴发灰霾污染现象的主要诱因之一。

1. 黑碳气溶胶污染监测应用示范

图 8-13～图 8-15 分别为 2012 年 5 月 15 日华北平原真彩色影像、气溶胶光学厚度反演结果以及黑碳气溶胶浓度反演结果。华北平原南部出现了严灰霾天气，大气能见度较弱，山东半岛上空漂浮着一层白色云雾，地表特征被明显覆盖，在河北以及河南的交界处出现了大量的疑似生物质燃烧的密集的火点。通过影像内的 AERONET 香河站点可以看出（表 8-1），该区域的 870nm 波段的气溶胶光学厚度较低（0.29）；单次散射反照率仅为 0.83，440nm 复折射指数虚部为 0.017，说明该区域以吸收性气溶胶为主；吸收性气溶胶光学厚度较高，为 0.05；波长指数（440nm/870nm）为 1.48，表明站点上空的气溶胶主要以吸收性的细粒子为主。在污染区域的气溶胶光学厚度通常在 0.5 以上。黑碳浓度的反演结果显示，研究区域内存在较高的黑碳气溶胶浓度，局部区域的近地面黑碳浓度可达到 8μg/m^3 以上，部分严重区域可达到10μg/m^{3}以上。此外，结合风向矢量，反

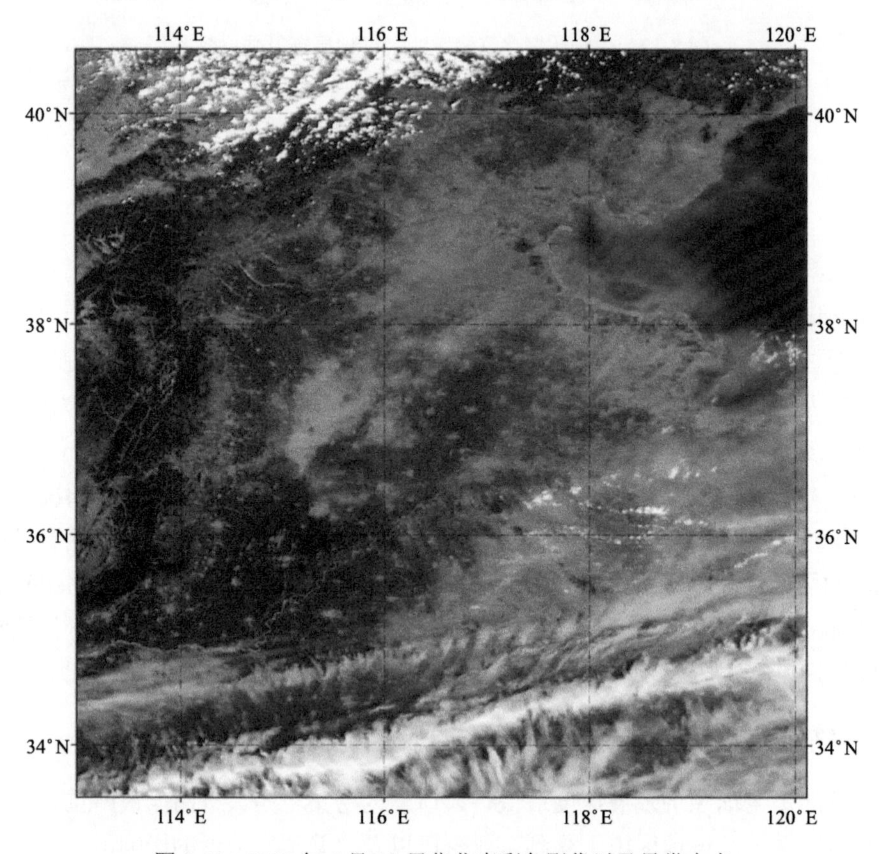

图 8-13　2012 年 5 月 15 日华北真彩色影像以及异常火点

演结果与 MODIS 探测的异常火点在空间分布上具有很高的相似度。尽管在火点上空，近地面的对流条件较为平稳，不利于大面积污染物的扩散，但是区域南部较强的西南风迫使污染物向东北扩散，从而影响了秸秆燃烧活动较少的山东地区。

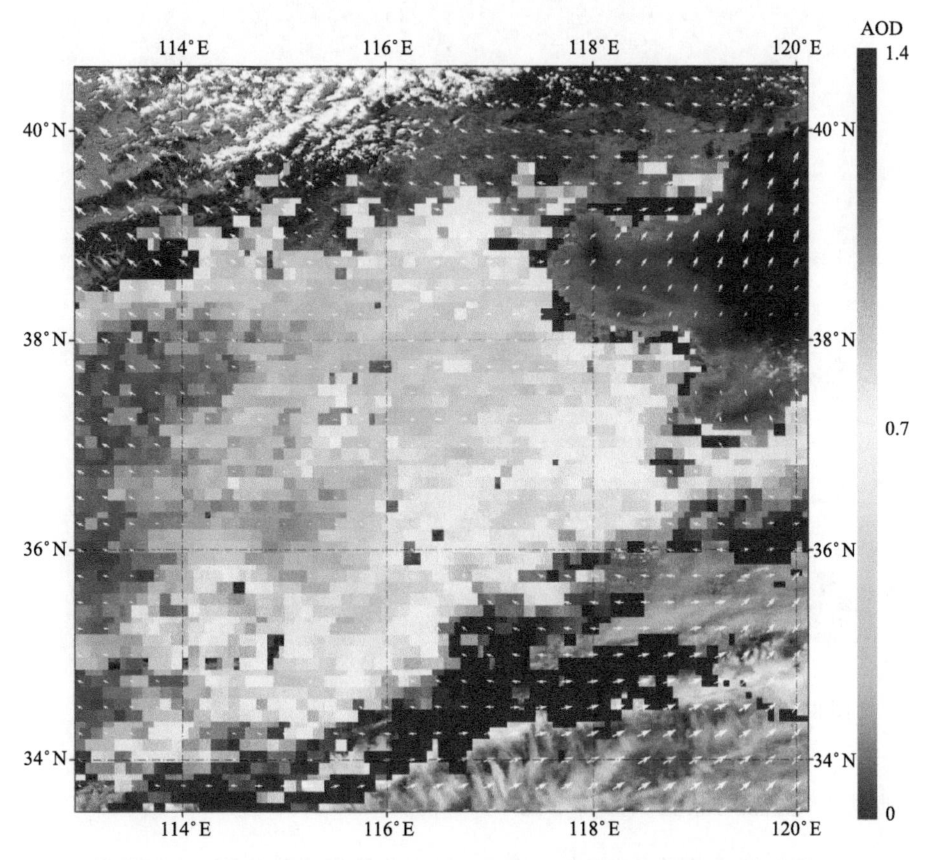

图 8-14　2012 年 5 月 15 日 AOD（870nm）卫星反演结果以及风场矢量

表 8-1　2012 年 5 月 15 日 Xianghe AERONET 站点气溶胶特性数据

气溶胶参数	数值
气溶胶光学厚度	0.29
波长指数（440nm/870nm）	1.48
单次散射反照率（870nm）	0.83
吸收性气溶胶光学厚度（870nm）	0.05
复折射指数（440nm）	1.46+0.017i

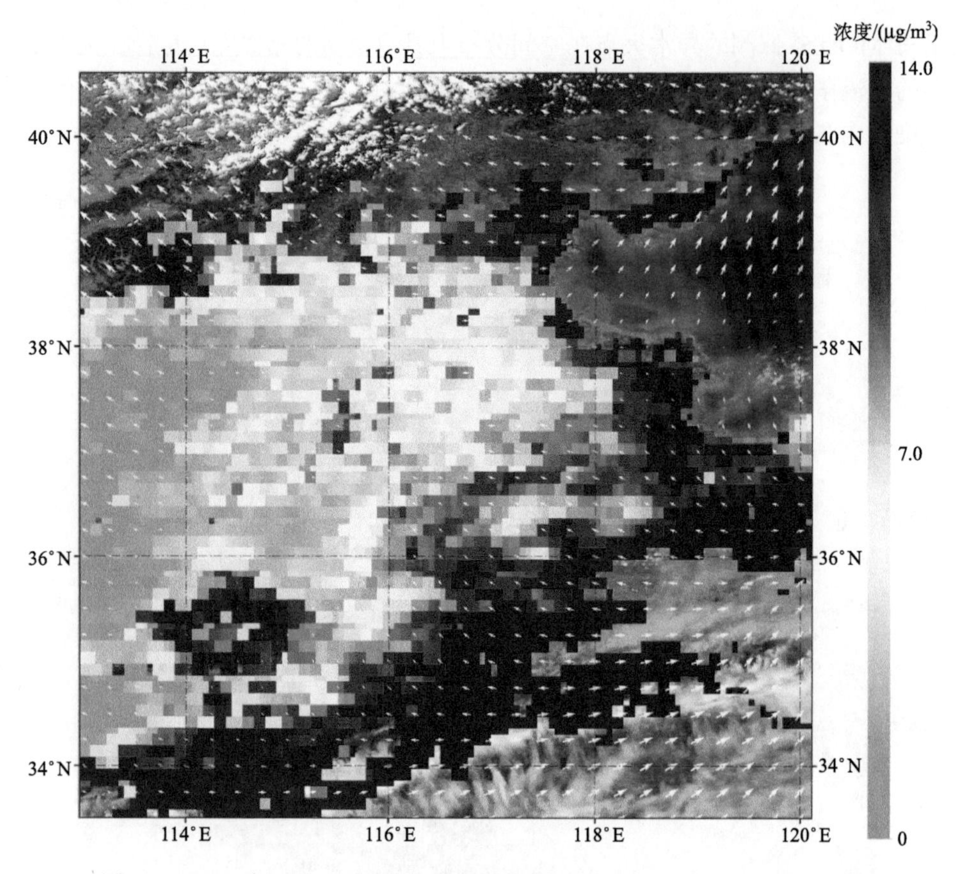

图 8-15　2012 年 5 月 15 日近地面黑碳气溶胶浓度卫星反演结果及风场矢量

2. 非黑碳气溶胶污染监测应用示范

图 8-16～图 8-18 分别为 2012 年 5 月 10 日华北平原真彩色影像，气溶胶光学厚度反演结果以及黑碳气溶胶浓度反演结果。华北平原南部出现了严重的灰霾天气，大气能见度弱，地表特征被覆盖。在研究区域内，MODIS 并没有监测到大面积的异常火点。通过临近的 AERONET 北京站点可以看出（表 8-2），该区域 870nm 波段的气溶胶光学厚度较高（0.87）；波长指数（440nm/870nm）为 1.19，站点上空观测到的气溶胶主要以细粒子为主；870nm 波段的单次散射反照率较高（0.96）而吸收性气溶胶光学厚度较低（0.03），说明站点上空主要以散射性气溶胶为主。整个研究区域的气溶胶光学厚度较高，具有明显的空间分布特征。而对于黑碳气溶胶浓度，其空间分布较为均一，没有大面积的黑碳浓度高值出现，黑碳浓度基本稳定在 5μg/m^3 以内，与地基观测的气溶胶特性结果一致。近地面的风向主要以偏南风为主，污染物自南向北移动，但受到北部的燕山山脉以及西部的太行山脉的阻隔，颗粒物随着近地面对流活动在两个山脉之间形成的平原地带堆积，颗粒物无法扩散，进而形成了华北平原的灰霾天气。

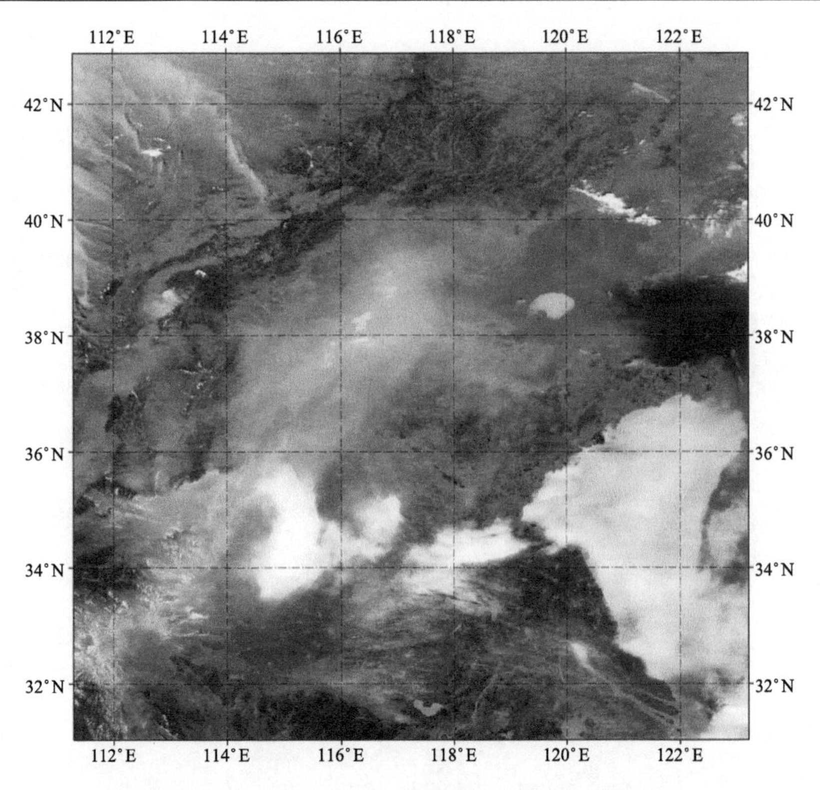

图 8-16　2012 年 5 月 10 日华北真彩色影像及异常火点

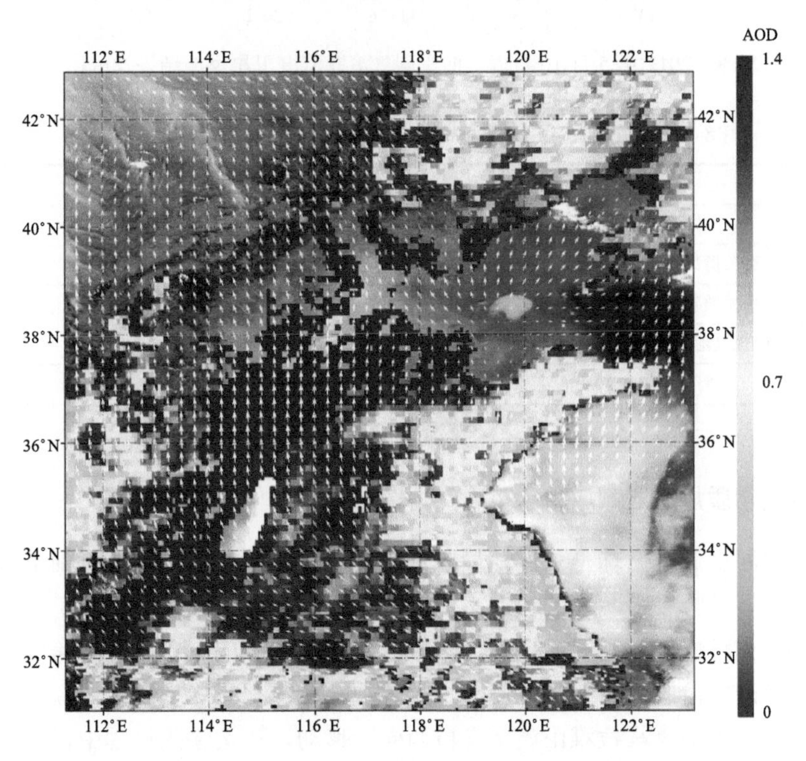

图 8-17　2012 年 5 月 10 日 AOD（870nm）卫星反演结果及风场矢量

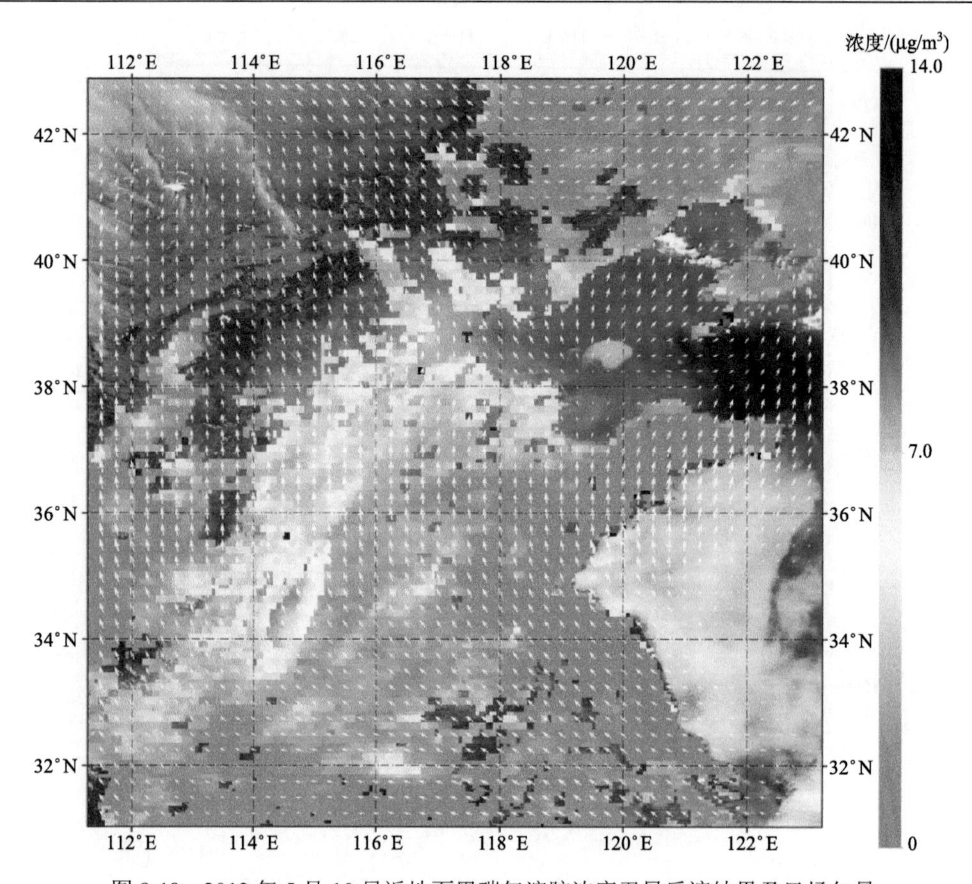

图 8-18 2012 年 5 月 10 日近地面黑碳气溶胶浓度卫星反演结果及风场矢量

表 8-2 2012 年 5 月 10 日 Beijing AERONET 站点气溶胶特性数据

气溶胶参数	数值
气溶胶光学厚度	0.87
波长指数（440nm/870nm）	1.19
单次散射反照率（870nm）	0.96
吸收性气溶胶光学厚度（870nm）	0.03
复折射指数（440nm）	1.54+0.007i

8.2.2 南亚生物质燃烧监测应用示范

南亚的恒河平原是全球秸秆燃烧最频繁、持续时间最长的区域。特别是在 9 月至翌年 6 月，在南喜马拉雅山脉下的恒河平原上，小麦秸秆燃烧覆盖了整个旱季季节，相比东亚地区，其秸秆燃烧活动时间更长，黑碳气溶胶与污染的关系在时间跨度上更具有普遍性。南亚黑碳气溶胶带来的环境问题不容忽视。悬浮在平原上空的黑碳气溶胶粒子随着盛行的西风急流沿喜马拉雅山麓南支自西向东移动，在运输的过程中极易沉降在冰雪表面，降低冰雪反照率，加速冰雪融化，严重影响了北半球乃至全球的气候环境，导致恶劣天气增多，洪涝以及干旱等自然灾害频发。

1. 黑碳气溶胶污染监测应用示范

图 8-19～图 8-21 为 2012 年 11 月 7 日恒河平原真彩色影像，气溶胶光学厚度反演结果以及黑碳气溶胶浓度反演结果。由于大面积的秸秆燃烧，恒河平原出现了非常密集的异常火点。在异常火点的东南部出现了明显的白色云雾，地表特征被严重覆盖，大气污染严重。通过临近的 AERONET 坎普尔站点可以看出（表 8-3），该区域上空的气溶胶主要以细粒子为主（波长指数为 1.23）；单次散射反照率较低（0.85），而吸收性气溶胶光学厚度（0.13）以及复折射指数虚部（0.005）较高进一步证明了站点上空的主要以吸收性气溶胶为主。研究区域内 870nm 波段的气溶胶光学厚度以及黑碳浓度反演结果都具有明显的空间分布特征，污染物随着盛行的西风以及喜马拉雅山脉的阻隔沿着山脉向东南方向移动。不同的是，气溶胶光学厚度反演结果的高值处在下行风向区域，污染中心的反演结果在 1.4 以上，并向周围扩散；而黑碳气溶胶浓度的高值位于火点上空，最高可达到 12μg/m^3 以上，随后一直延伸到整个恒河平原地带，周边区域黑碳浓度可达到 10μg/m^3 以上。

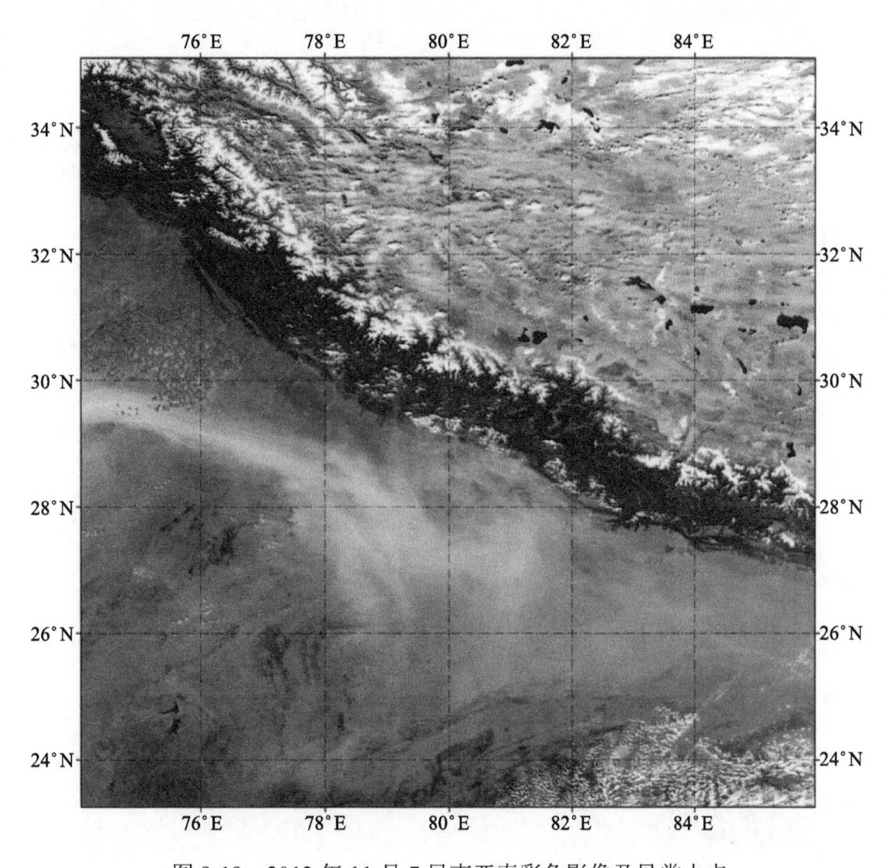

图 8-19　2012 年 11 月 7 日南亚真彩色影像及异常火点

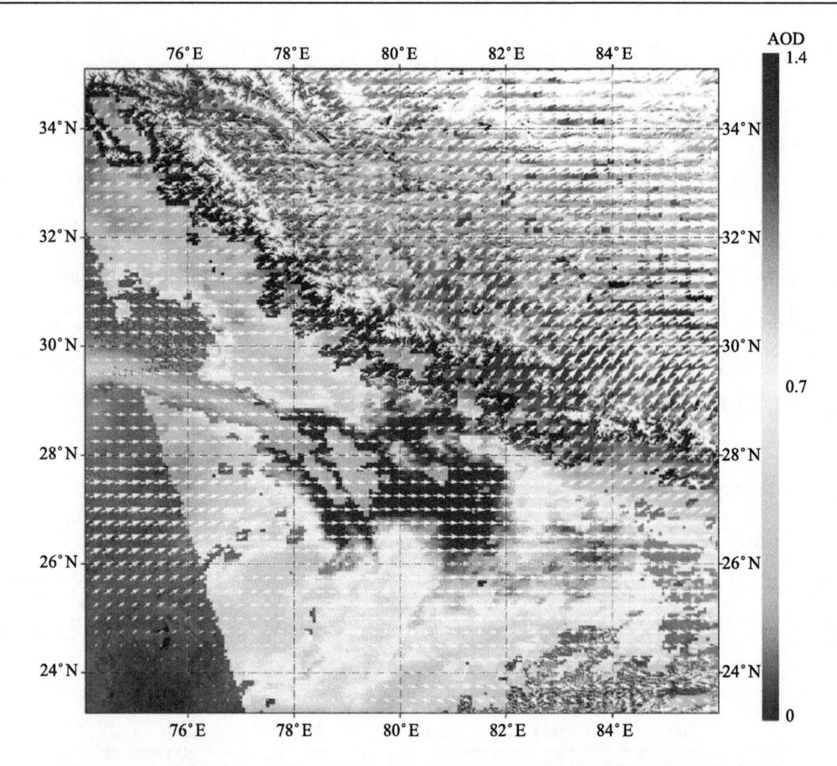

图 8-20　2012 年 11 月 7 日 AOD（870nm）卫星反演结果及风场矢量

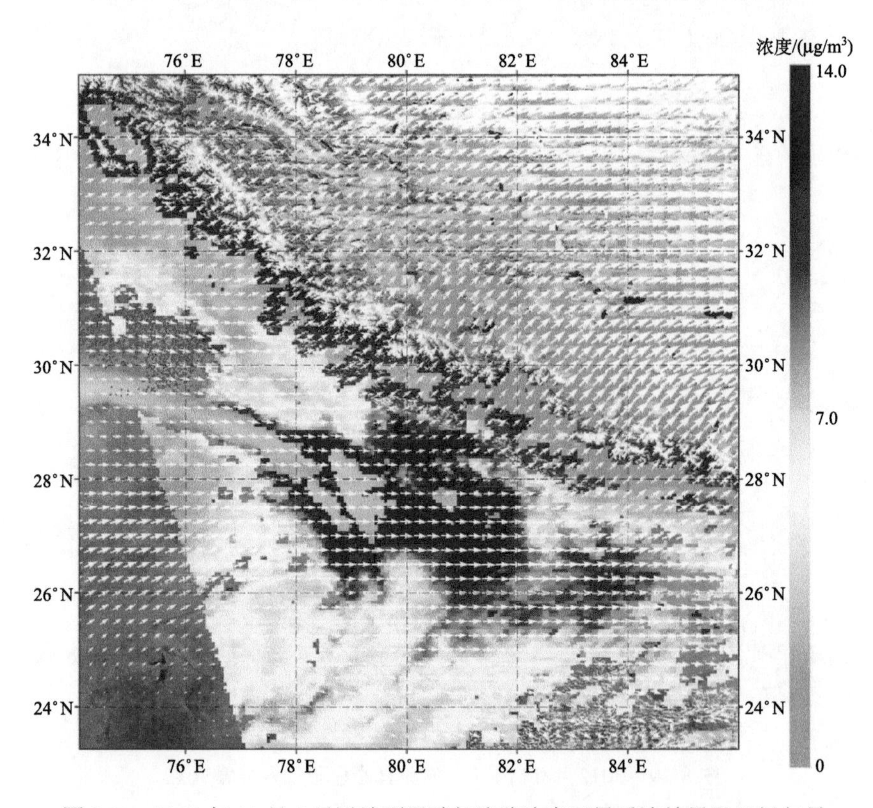

图 8-21　2012 年 11 月 7 日近地面黑碳气溶胶浓度卫星反演结果及风场矢量

表8-3　2012年11月7日Kanpur AERONET站点气溶胶特性数据

气溶胶参数	数值
气溶胶光学厚度	0.87
波长指数（440nm/870nm）	1.23
单次散射反照率（870nm）	0.85
吸收性气溶胶光学厚度（870nm）	0.13
复折射指数（440nm）	1.55+0.005i

2. 非黑碳气溶胶污染监测应用示范

图8-22～图8-24为2012年6月26日南亚塔尔沙漠真彩色影像，气溶胶光学厚度反演结果以及黑碳气溶胶浓度反演结果。与恒河平原不同，该区域并没有监测到大量的生物质燃烧活动以及异常火点聚集。通过临近的AERONET斋普尔站点可以看出（表8-4），该区域上空的污染是由沙漠地区的沙尘气溶胶引起的区域性的污染，以粗粒子为主，波长指数为0.05；站点上空的气溶胶呈现出较低的吸收性，870nm气溶胶单次散射反照率较高（0.98）而吸收性气溶胶光学厚度较低（0.01）。整个沙漠区域的气溶胶光学厚度较高，各像元均值达到了0.7以上。受到西边山脉的阻隔以及盛行西风的影响，气溶胶颗粒物逐渐向东部扩散。对于黑碳气溶胶浓度，其空间分布较为均一，没有大面积的黑碳浓度高值出现，整个区域黑碳浓度基本稳定在1μg/m^{3}以内。

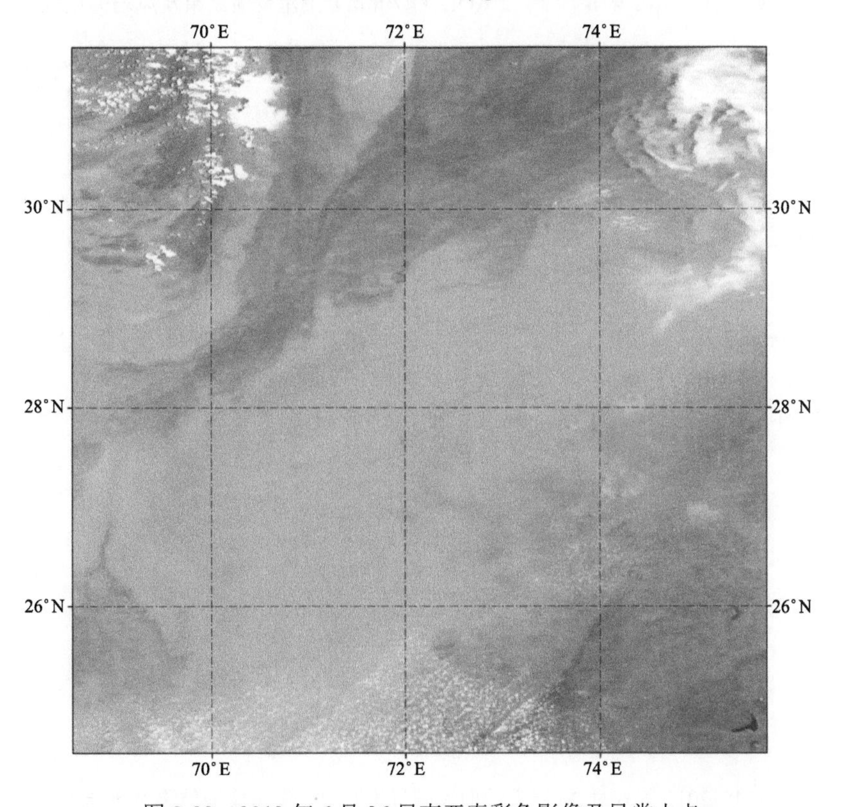

图8-22　2012年6月26日南亚真彩色影像及异常火点

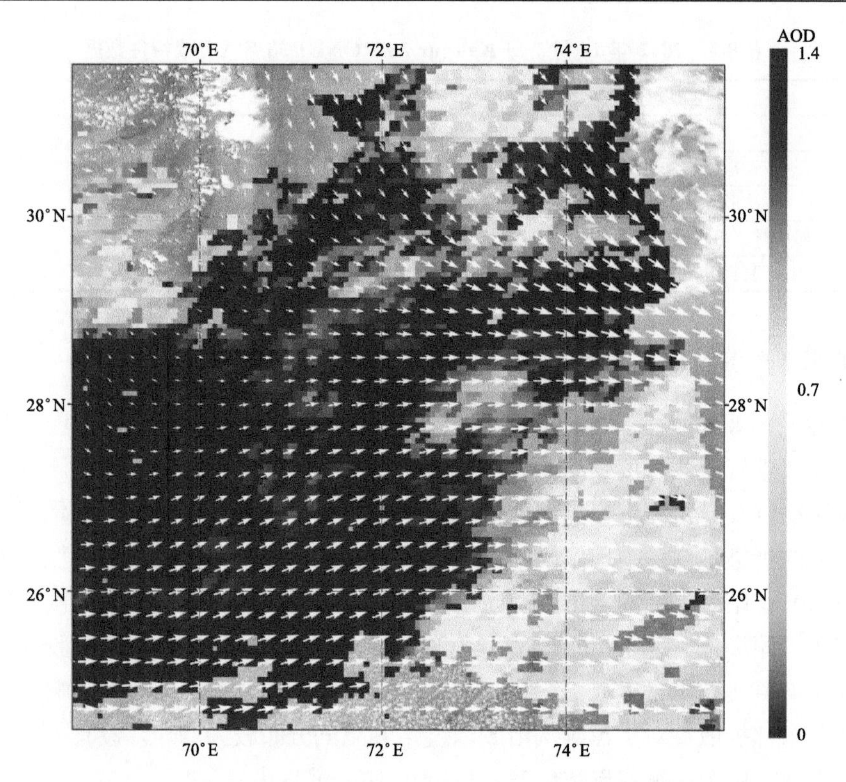

图 8-23　2012 年 6 月 26 日 AOD（870nm）卫星反演结果及风场矢量

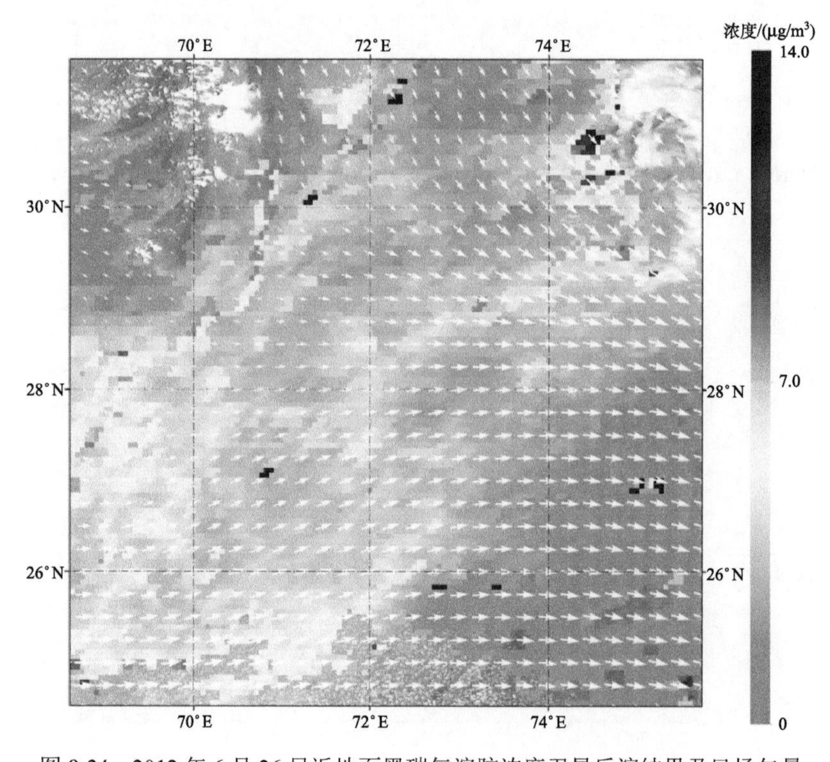

图 8-24　2012 年 6 月 26 日近地面黑碳气溶胶浓度卫星反演结果及风场矢量

表 8-4　2012 年 6 月 26 日 Jaipur AERONET 站点气溶胶特性数据

气溶胶参数	数值
气溶胶光学厚度	0.83
波长指数（440nm/870nm）	0.05
单次散射反照率（870nm）	0.98
吸收性气溶胶光学厚度（870nm）	0.01
复折射指数（440nm）	1.47+0.001i

8.2.3　森林火灾监测应用示范

森林火灾不仅影响人类生命以及财产安全、破坏生态环境、降低空气质量，还如同秸秆燃烧一样，产生大量的黑碳气溶胶，对全球气候有着重大的影响。相比较地基观测与模式模拟而言，基于卫星遥感手段具有不依赖于大量数据资料以及不接触火源的情况下，快速的在火灾中准确确定火源位置和范围、确定火源蔓延趋势以及气溶胶排放评估的优势。

图 8-25 为 2012 年 9 月 8 日至 2012 年 9 月 20 日美国西北部爱达荷州 5 次森林火灾事件的真彩色影像图。从图中可以看出，9 月 8 日森林中出现了明显的火点，并在火点上空出现了森林燃烧而形成的烟缕，随着时间的推移，区域内的污染物逐渐扩散，9 月 20 日整个区域被树木燃烧的浓烟笼罩，空气质量下降，地表特征被覆盖。图 8-26、图 8-27 图像分别为基于 POLDER 卫星传感器反演的气溶胶光学厚度及黑碳气溶胶浓度结果。在森林火灾发展的初期，区域气溶胶光学厚度整体水平较低，在未进一步形成大面积区域污染前，区域平均气溶胶光学厚度不超过 0.3，只有在燃烧的烟缕上探测到较高的气溶胶光学厚度和黑碳浓度。在较大空间尺度下或较低空间分辨率下，利用气溶胶光学厚度对森林火灾进行探测与评估可能存在较大的难度。黑碳气溶胶浓度结果高值与背景值之间的差异更加明显：在火点和烟缕上空，黑碳气溶胶浓度的反演值可以达到 10μg/m^3 以上，其值明显高于远离火灾影响范围的其他区域。

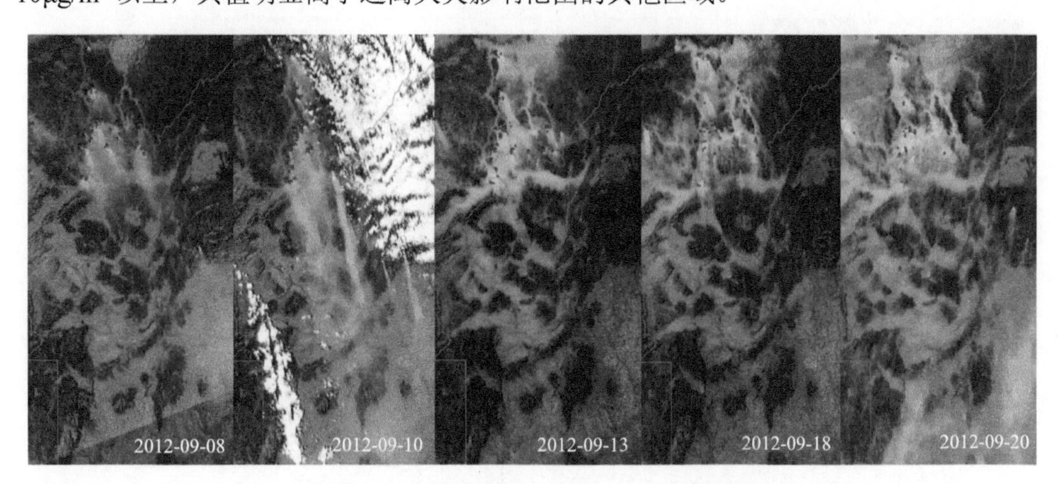

图 8-25　森林火灾监测应用示范——真彩色影像

美国爱达荷州，2012 年 9 月 8 日至 2012 年 9 月 20 日

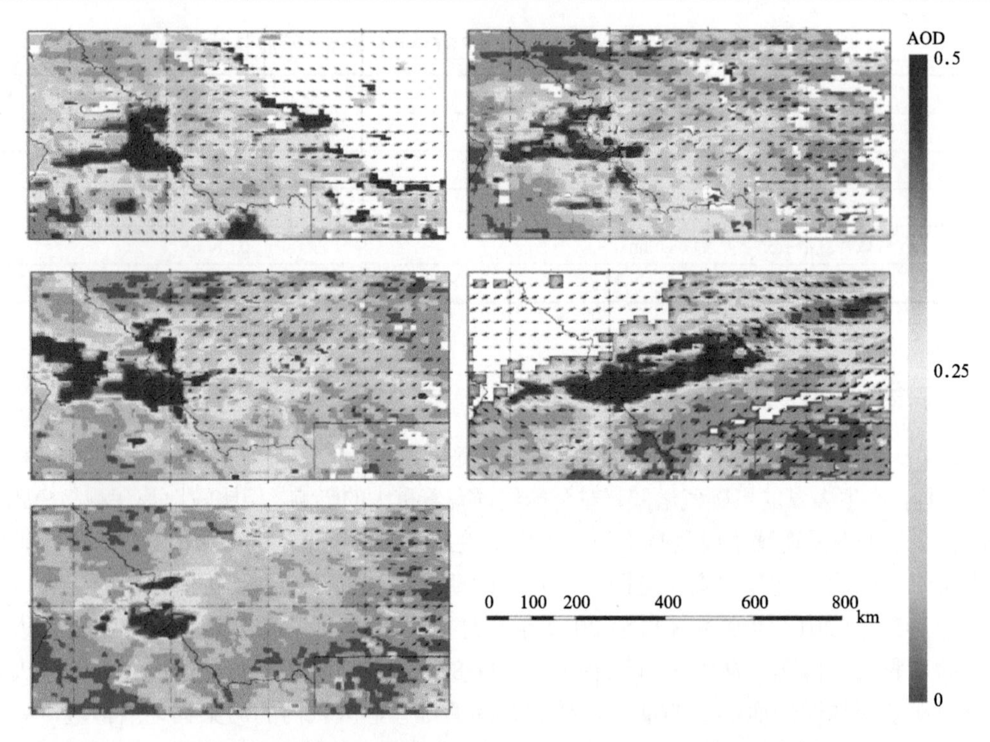

图 8-26 森林火灾监测应用示范——气溶胶光学厚度反演结果

美国爱达荷州，2012 年 9 月 8 日至 2012 年 9 月 20 日

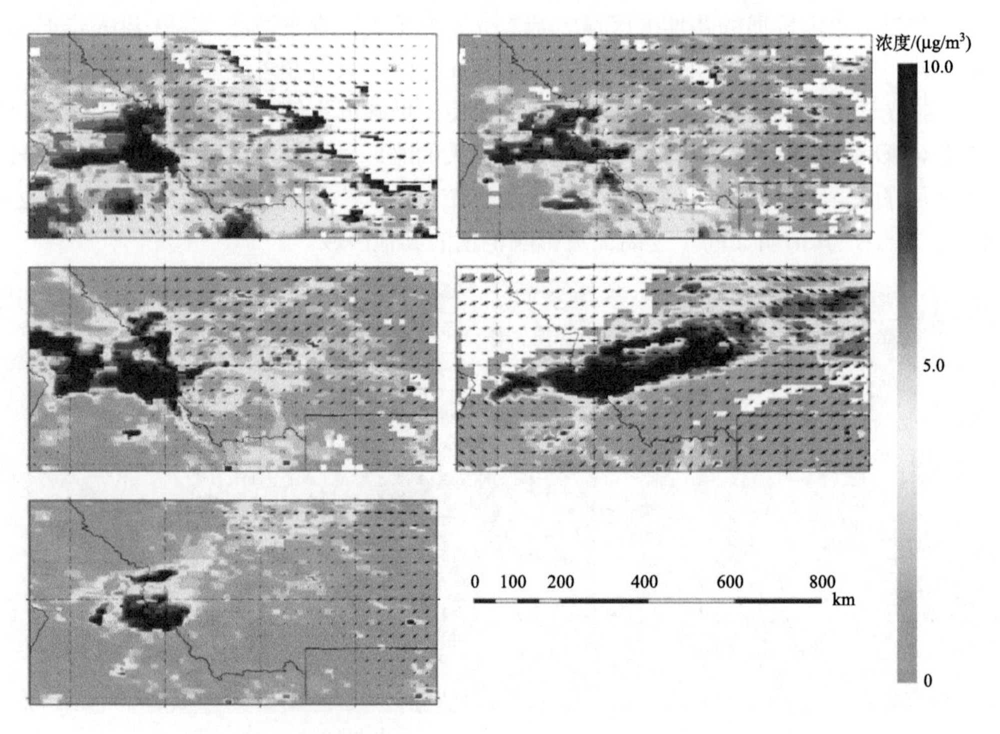

图 8-27 森林火灾监测应用示范——近地面黑碳气溶胶浓度反演结果

美国爱达荷州，2012 年 9 月 8 日至 2012 年 9 月 20 日

8.2.4　区域大气黑碳气溶胶时空分布特征

由于大气气溶胶具有较高的时空变异性，尽管目前有很多环境监测站点可以提供连续的大气环境监测，但不能够直观地表现出其空间分布的差异性。基于 POLDER 黑碳气溶胶反演算法，可对中国东部以及南亚地区的黑碳气溶胶时空分布进行了初步的探索。

1. 中国东部平原地区

图 8-28 和图 8-29 为中国东部平原地区气溶胶光学厚度空间分布以及月平均变化结果。可以看出，华北、华中平原以及长江三角洲地区是气溶胶光学厚度的高值中心，年均值可达到 0.5 以上，部分区域可达到 0.8～1.0，整个研究区域年平均气溶胶光学厚度为 0.62。这三个典型的区域相互串联起来形成了中国地区甚至是东亚地区典型的高气溶胶光学厚度带。相比之下，东北平原的气溶胶光学厚度整体水平较低，基本保持在 0.4 以下，但在人口密集的城市地区，其气溶胶光学厚度水平相比人口稀少的城市周边地带，依然高出多个等级。此外，气溶胶光学厚度在时间趋势上出现了明显的季节性变化。在高温多雨的夏季，空气相对湿度大，水溶性的气溶胶的吸湿膨胀导致了气溶胶光学厚度在夏季具有明显的上升，月均值达到了 0.8 以上；冬季盛行的西北风导致中国东部较为干燥，气溶胶的吸湿增长不明显，尽管冬季由于供暖需求，人为排放的气溶胶增加，但与夏季相比，气溶胶光学厚度仍然很低，11～12 月气溶胶光学厚度均在 0.5 以下。

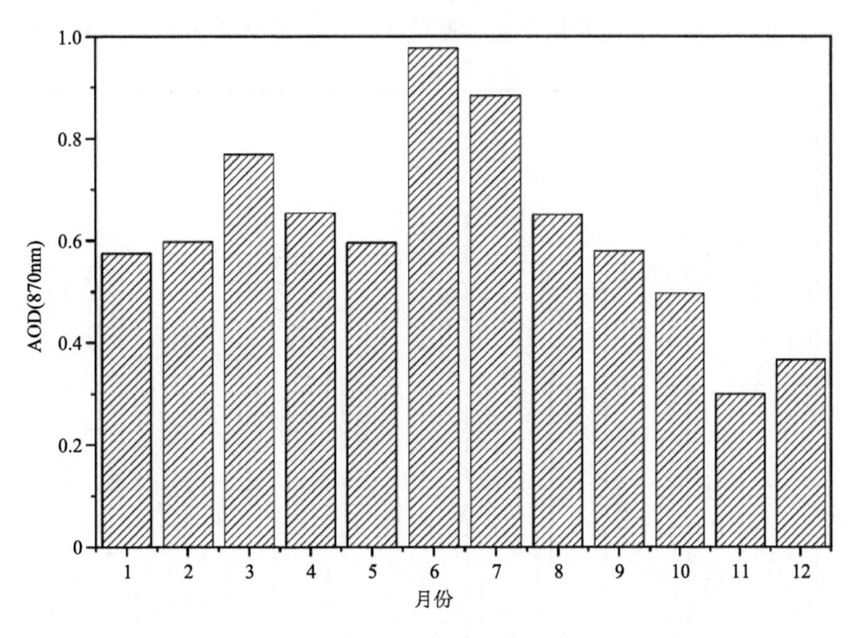

图 8-28　2012 年中国东部 870nm 气溶胶光学厚度月变化

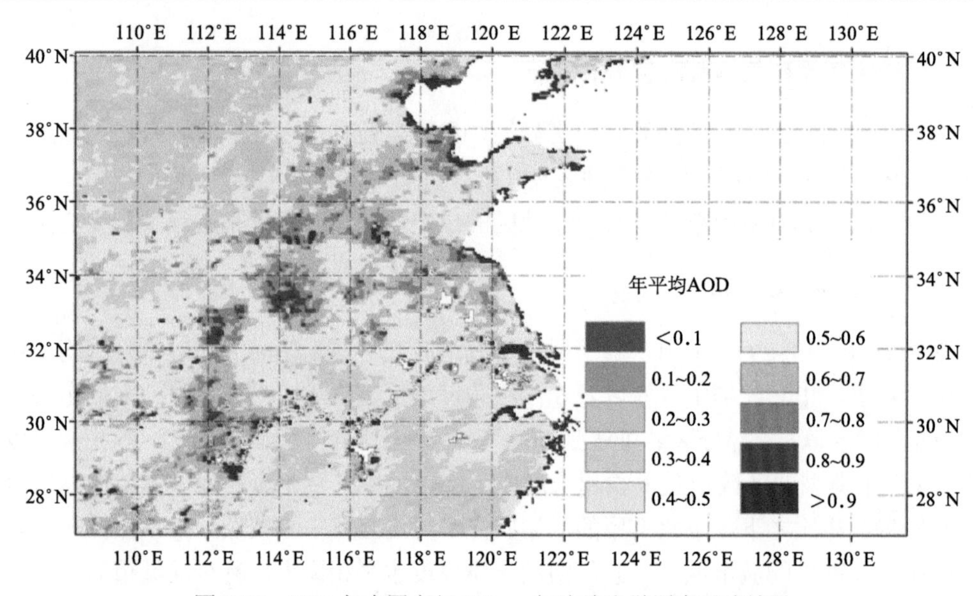

图 8-29　2012 年中国东部 870nm 气溶胶光学厚度反演结果

图 8-30 和图 8-31 为中国东部平原地区黑碳总排放量空间分布以及月平均变化结果。与气溶胶光学厚度不同，黑碳的排放主要依赖于人为活动。因此，黑碳气溶胶总排放量的高值区域朝着东北以及华北平原重工业城市偏移。此外，冬季的供暖、秋季的秸秆燃烧以及晋冀鲁豫地区夏季的秸秆燃烧也是形成高黑碳排放量的原因之一。因此，中国东部地区黑碳总排放量的季节性变化与光学厚度相反，呈现出冬季高于夏季的规律。

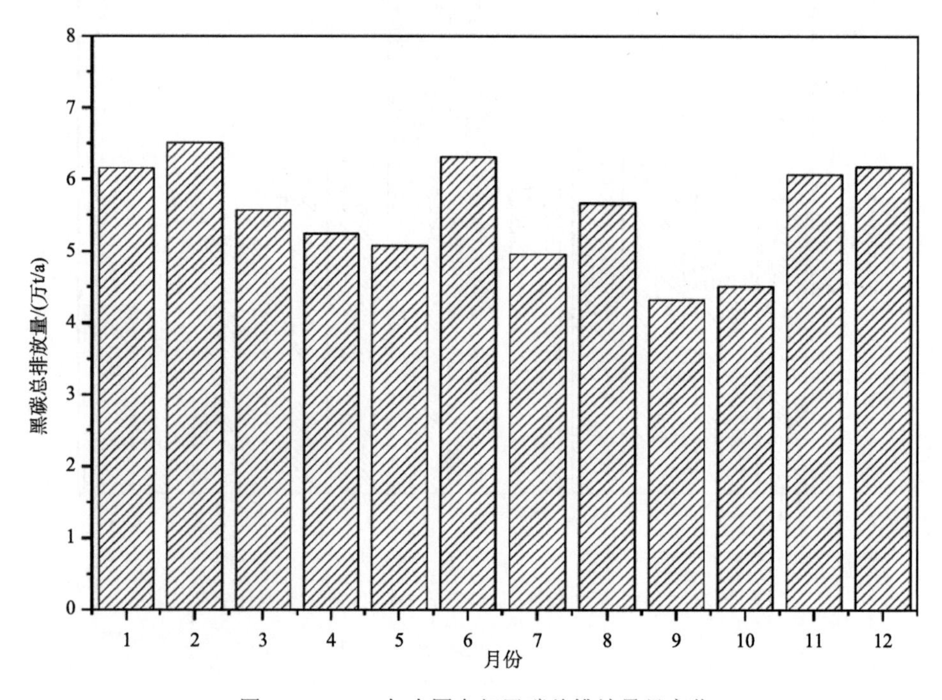

图 8-30　2012 年中国东部黑碳总排放量月变化

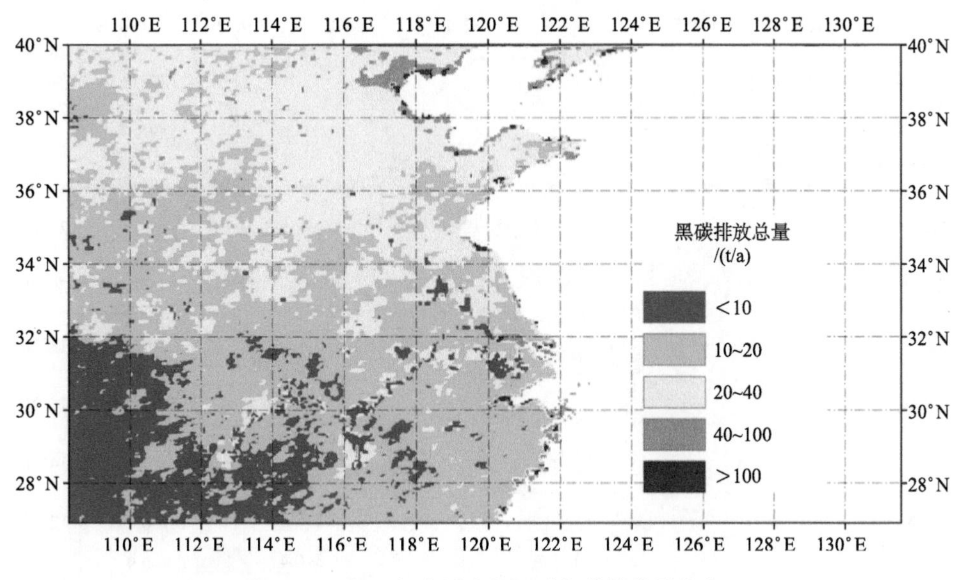

图 8-31　2012 年中国东部黑碳年总排放量分布

2. 南亚地区

图 8-32 和图 8-33 展示了南亚地区气溶胶光学厚度空间分布及月平均变化结果。南亚的气溶胶光学厚度高值主要出现在印度河-恒河平原地区，该区域具有高度密集的人口与频繁的秸秆燃烧活动，年均值可达到 0.5 以上，部分区域可达到 0.8 以上，整个南亚地

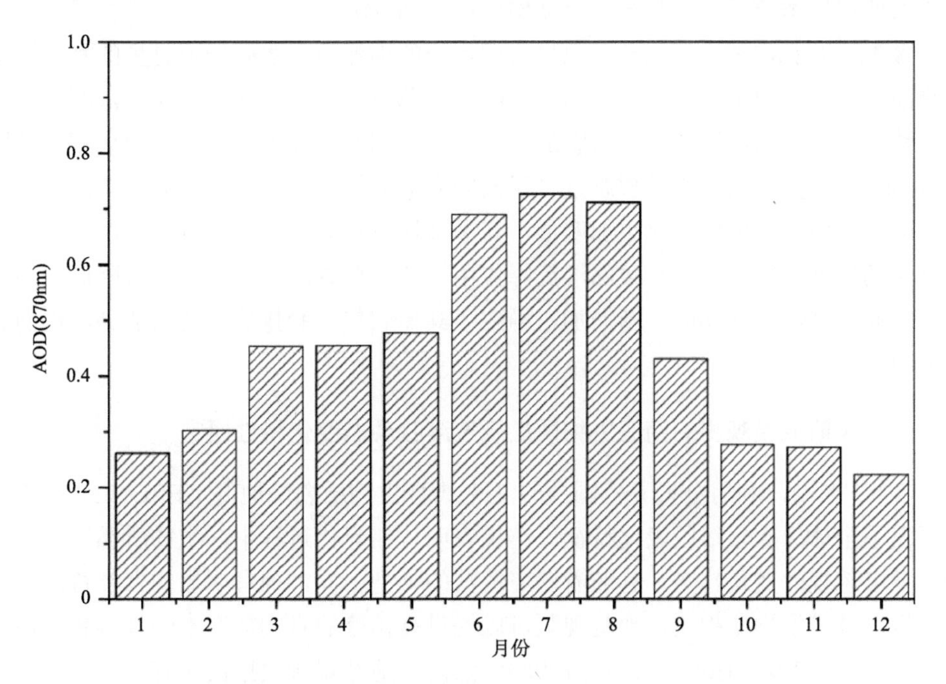

图 8-32　2012 年南亚地区 870nm 气溶胶光学厚度月变化

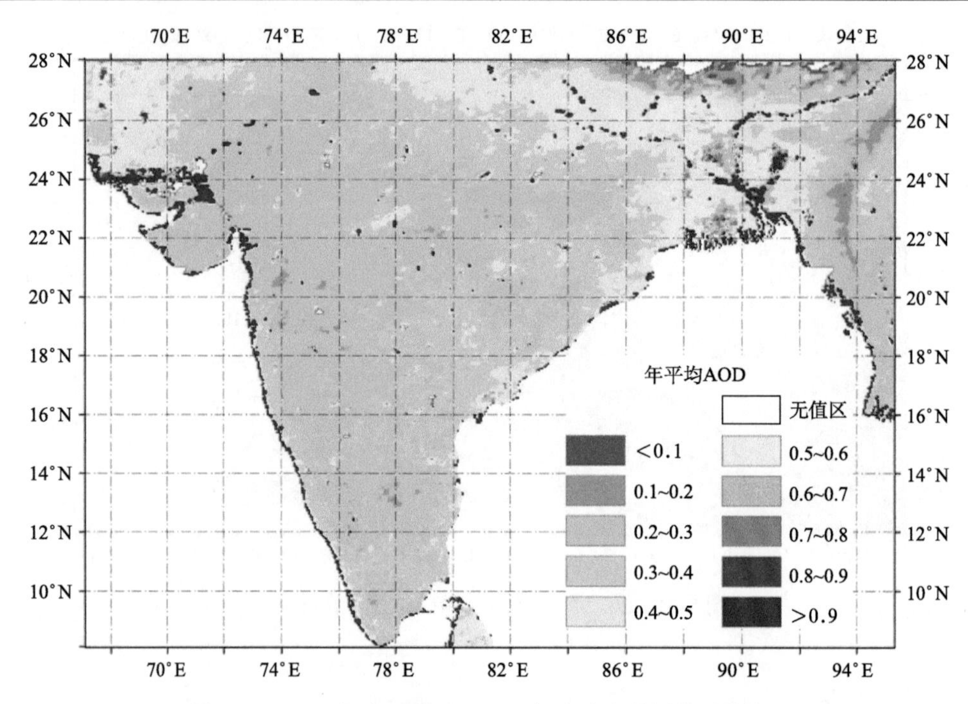

图 8-33 2012 年南亚地区 870nm 气溶胶光学厚度反演结果

区 2012 年的平均气溶胶光学厚度可达到 0.44。此外，气溶胶光学厚度在时间趋势上也呈现出明显的季节性变化。雨季（6～9 月）最高，与中国东部平原一样，气溶胶粒子的吸湿性增长使得该季节的气溶胶光学厚度均值可达到 0.6 以上。

图 8-34 和图 8-35 展示了基于卫星遥感反演的南亚地区黑碳排放总量的月平均变化以及空间分布。与中国东部不同，南亚黑碳排放总量与农业活动密切相关，在恒河平原区域，秸秆燃烧是该区域黑碳气溶胶的主要来源。因此，在大面积秸秆燃烧集中的区域（喜马拉雅山南麓），黑碳年排放总量呈现出明显的高值。此外，南亚的黑碳排放总量相比较中国东部而言季节性变化更加明显，其季节性变化规律与气溶胶光学厚度相反，秸秆燃烧活动的减少以及降水导致的湿沉降作用，使得黑碳浓度在雨季显著降低。雨季过后，其农业秸秆燃烧活动的逐渐增加，导致了其黑碳气溶胶排放的逐渐加剧，进而影响了区域的大气环境。

8.2.5 基于长期卫星观测的南亚生物质燃烧气溶胶动态变化特性研究

在 8.1.3 节中，利用全世界范围内的 7 个典型生物质燃烧地区 AERONET 站点的数据，研究了全球黑碳气溶胶老化特征。结果表明，在老化过程中，生物质燃烧气溶胶特性拥有不可忽视的变化趋势，且随着燃烧植被的类型不同，拥有明显的聚类特征。同实验室测量以及模型预测相比，地基观测可以提供高精度的真实情况下的气溶胶特性信息（Hodshire et al., 2019; Holben et al., 1998）。然而，地基观测数据仅在有限的地面观测站

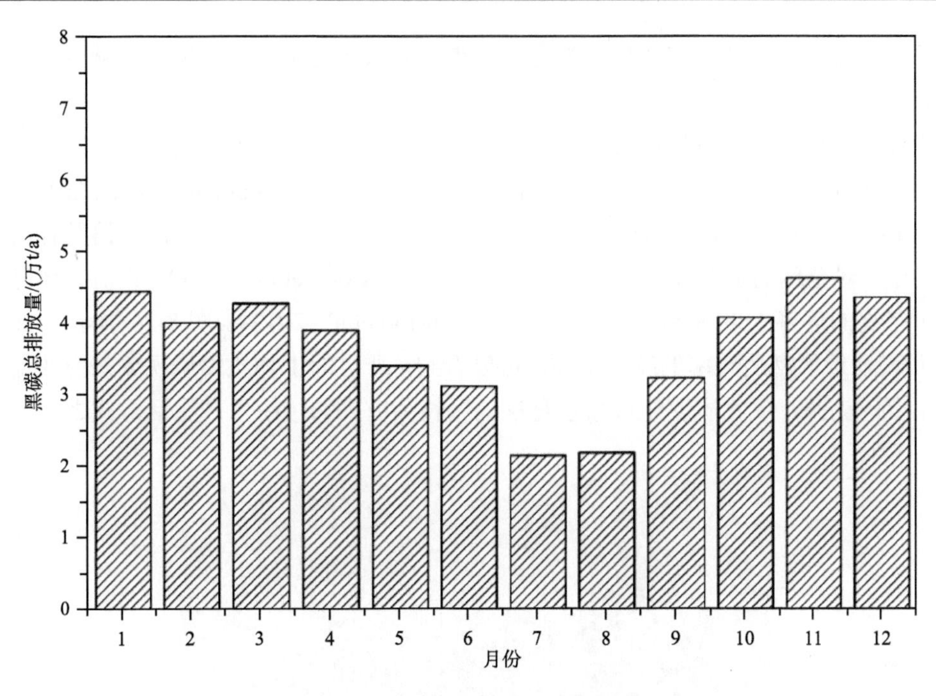

图 8-34　2012 年南亚地区黑碳总排放量月变化

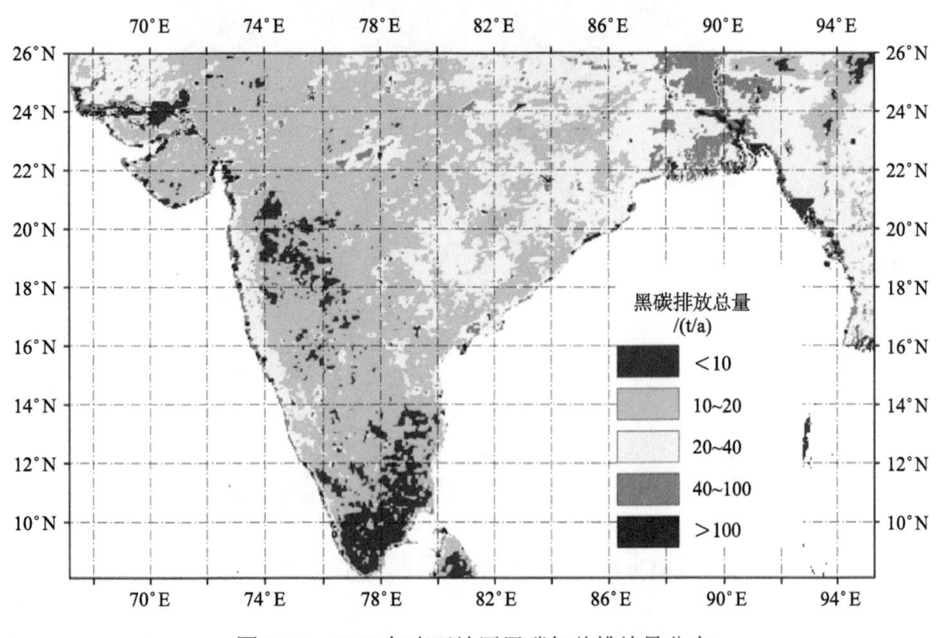

图 8-35　2012 年南亚地区黑碳年总排放量分布

点上可以获取，不能够深入到无人区甚至是远洋深处。卫星遥感可以以一定的时间和空间分辨率对地球进行观测（Kosmopoulos et al., 2008）。卫星遥感的上述特性是的其以一定周期获取重复获取全球（包括远洋深处）大量气溶胶信息成为可能（Noyes et al., 2020; Shaik et al., 2019; Xue et al., 2014）。第 6 章和第 7 章介绍的卫星反演算法可以对生物质燃烧气溶胶老化过程中的动态变化特性有一个更加深入和定量化的了解，并减少其评估的不确定性。

南亚是全球主要的生物质燃烧气溶胶地区之一，并具有其独特的特点（Liang et al., 2019; Xu et al., 2018; Zheng et al., 2017; Bhardwaj et al., 2016; Sahu and Sheel, 2014; Singh and Kaskaoutis, 2014; Sharma et al., 2011）。该地区由农业秸秆燃烧产生的气溶胶释放到了大气当中，对全球的辐射收支平衡具有显著的影响（Bond et al., 2013），也对人体健康具有不可忽视的危害（Shi et al., 2018a, 2018b; Johnston et al., 2012）。图 8-36 展示了 2005～2013 年南亚地区燃烧频率的统计地图。可以看到，严重的生物质燃烧现象是南亚地区的一个主要污染源，生物质燃烧现象也是该地区长久以来的传统生产生活方式之一。

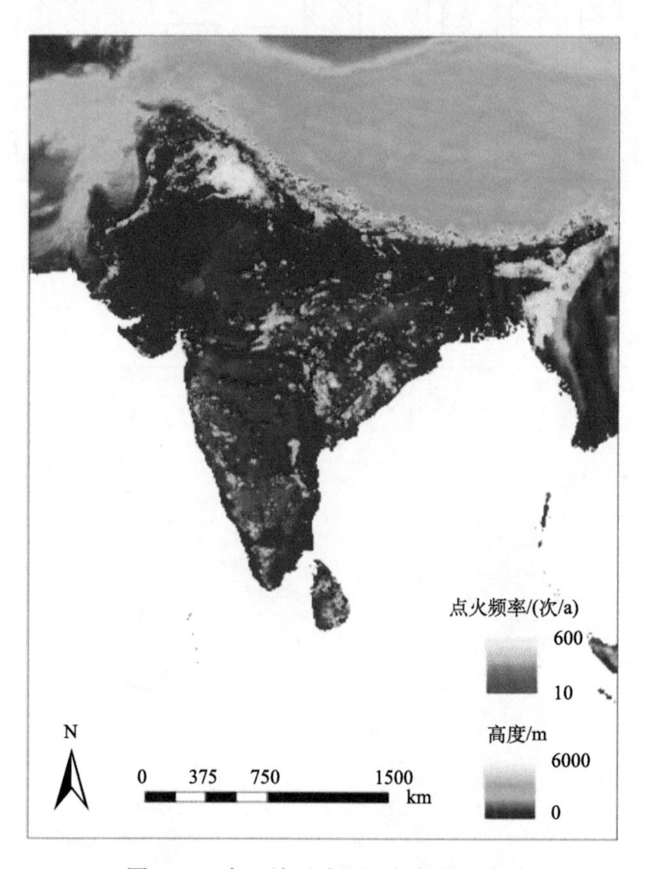

图 8-36　南亚地区地形及火点频率地图

南亚地区生物质燃烧气溶胶拥有复杂的成分，在化学、物理、光学和辐射强迫效应特性方面具有自身的特点（Nirmalkar et al., 2019; Shaik et al., 2019; Sharma et al., 2017; Badarinath et al., 2009, 2004; Reid et al., 2005a, 2005b; Sheesley et al., 2003）。此外，在排放之后，生物质燃烧气溶胶的老化过程（Nikonovas et al., 2015; Calvo et al., 2010; Capes et al., 2008; Abel et al., 2003）及在传输过程中与其他类型气溶胶的混合过程（Gawhane et al., 2019; Jain et al., 2018; Sudheer et al., 2014; Verma et al., 2013; Reddy and Venkataraman,

2000）同样也需要被考虑，这进一步增加了生物质燃烧气溶胶研究的复杂性和不确定性（Markowicz et al., 2017; Myhre et al., 2013）。因此，非常有必要对南亚地区生物质燃烧气溶胶的动态变化特性进行深入的研究。

参考在 8.1.3 节中基地遥感火点数据和气溶胶遥感数据的匹配方式，本章也可以通过 MODIS 火点数据和 HYSPLIT 后向轨迹模型的联合应用，从 POLDER/GRASP 气溶胶数据集中选取生物质燃烧型气溶胶数据，并获取其排放后老化时间的信息，以及其化学、物理、光学和辐射强迫参数（Shi et al., 2020）。具体流程如图 8-37 所示。

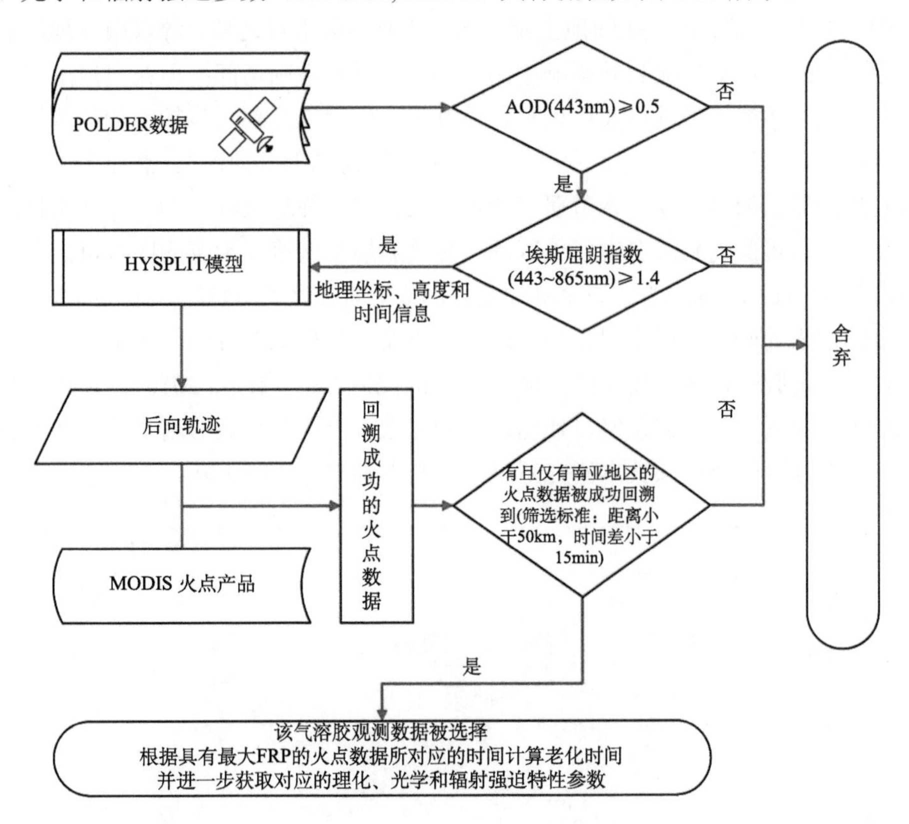

图 8-37　从卫星遥感数据中筛选生物质燃烧型气溶胶数据并确定老化时间的方法流程图

大多数气溶胶参数只有在气溶胶浓度达到较高水平后才能够计算出来（否则很难被测量），在低气溶胶光学厚度的情况下可能出现较大的不确定性。因此，筛去了 443nm AOD 小于 0.5 的反演数据。除此之外，生物质燃烧气溶胶是一种细粒子气溶胶，为了去除潜在的气溶胶的干扰（如沙尘型气溶胶），本节研究筛选掉了 443～865nm 埃斯屈朗指数大于 1.4 的反演数据。

初步筛选后，引入 HYSPLIT 后向轨迹模型以及 MODIS 热异常和火点数据以用于辨别生物质燃烧型气溶胶并估计气溶胶的老化时间。初筛后的卫星气溶胶数据集的地理坐标、时间和气溶胶高度信息被输入 HYSPLIT 后向轨迹模型中。寻找距离后向轨迹 50km 以内，并且时间差小于 15min 之内的 MODIS 火点数据。如果有且仅有南亚地区的 MODIS

火点被成功检索到，那么该气溶胶数据就被标记为生物质燃烧气溶胶，并且将拥有最多火点数据所对应的时间作为老化时间计算的起始时间。在数据的准备和预处理之后，可以进一步对生物质燃烧气溶胶的老化时间以及在老化过程中的特点进行提取与分析。

1. 源自南亚地区的生物质燃烧气溶胶平均老化时间

对生物质燃烧气溶胶的老化时间进行了统计，并生成了南亚地区起源的生物质燃烧气溶胶的平均老化时间分布地图（图 8-38）。

从图 8-38 中可以看出，在陆地上空，除了南亚地区本身之外，源自南亚地区的生物质燃烧型气溶胶可以被传输到并影响中南半岛北部以及中国南部；而在海洋上空，源自南亚地区的生物质燃烧型气溶胶可以被传输并影响印度洋北部（包括孟加拉湾以及阿拉伯海），甚至可以远达太平洋（包括中国的南海和东海的部分地区）。然而，由于气溶胶卫星遥感反演算法的能力以及本节研究所使用的保守的筛选过程（为了保证数据的精度和可信度），一些可能受到源自南亚地区的生物质燃烧型气溶胶影响的区域可能并不能体现在该地图上，比如青藏高原。青藏高原是以高原地貌被世界所熟知，其表面大部分为积雪与裸土。前人的研究主要使用野外实地测量以及模型模拟的方法，得出源自南亚的生物质燃烧型气溶胶可以被传输至该区域（Li et al., 2017; Cao et al., 2010）。然而，高原地区的 AOD 一般处于较低的量级，使用遥感的方法不能够获得足够精确的反演数据，因此绝大多数该地区的数据都被本研究所采用的数据筛选方法所去除。

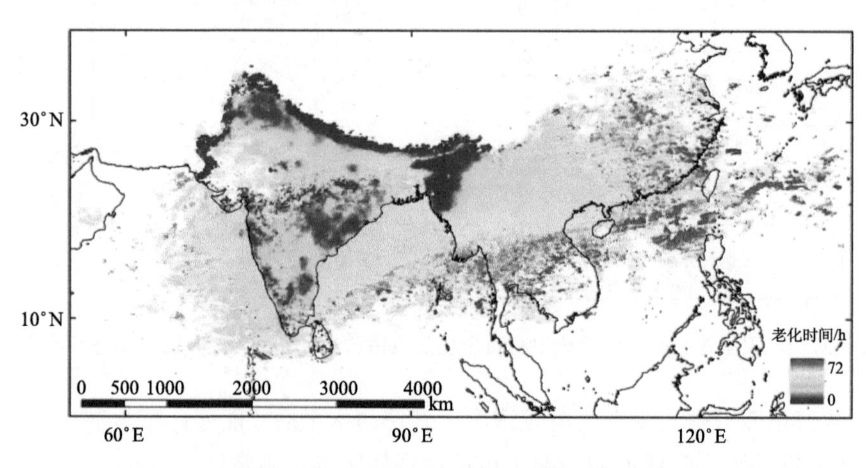

图 8-38　源自南亚地区的生物质燃烧型气溶胶的平均老化时间分布图

图 8-39 展示了上述生物质燃烧气溶胶平均老化时间分布图的直方图。从图中可以看出，气溶胶老化时间主要集中在 0～48h 区间范围内（大约占到总体的 93%）。此外，HYSPLIT 模型后向轨迹的预测精度随着预测时长的增加而降低。因此，为了在保证可分析数据量充足的前提下减少分析的不确定性，需要将老化时间的范围限定在 0～48h 之内。

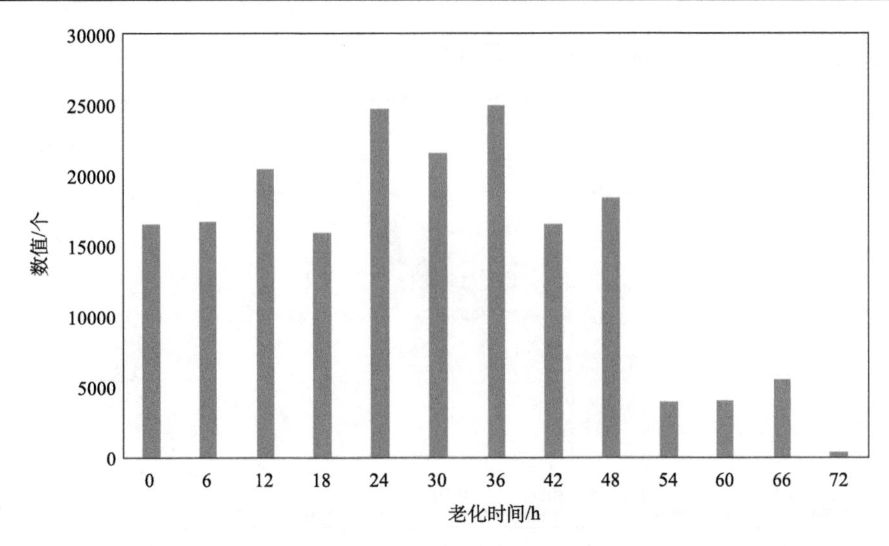

图 8-39　生物质燃烧气溶胶老化时间分布直方图

虽然，并不是所有的参数在海洋和陆地上空都具有明显的差异，在分析过程中，发现在海洋和陆地上空，生物质燃烧气溶胶的一些特性拥有不同的特征和老化模式。上述的不一致性主要是由于海洋和陆地上空环境的不同（导致在气溶胶传输过程中的混合过程中理化、光学及辐射强迫特性发生变化）以及海陆表面反射率的不同（主要造成辐射强迫效应出现差异）所导致的。

此外，为了展示源自南亚地区的生物质燃烧气溶胶的影响范围，图 8-38 的生物质燃烧气溶胶平均老化时间分布图并没有排除南亚地区以外潜在火点影响的情况。在下面的研究中，为了更精确的分析和去除不必要的干扰，只对有且仅有南亚地区的 MODIS 火点被成功检索到的数据进行分析。

2. 生物质燃烧气溶胶物理化学参数在老化过程中的变化情况

气溶胶中的黑碳气溶胶比例以及气溶胶的球状度是气溶胶的两个重要的理化参数，对于气溶胶光学和辐射强迫特性拥有不可忽视的影响（Srivastava et al., 2017; Jacobson, 2001）。图 8-40 展示的是黑碳体积所占比例随老化时间的变化情况。在陆地上空，黑碳体积所占比例在 48h 的老化过程中从 4.2%下降到了 3.5%。同陆地上空相比，海洋上空的生物质燃烧气溶胶拥有更低的黑碳体积所占比例，并且在老化过程中其量值稳定在 3.1%，较为平稳。海盐型气溶胶的混合效应被认为是造成海洋上空黑碳体积所占百分比较低的一个可能原因。

与此同时，对生物质燃烧气溶胶的球状度进行了相关研究。图 8-41 显示，在陆地上空，在 48h 的老化过程中，气溶胶球状度从 35.5%增加到 42.5%。与陆地上空相比，海洋上空的生物质燃烧型气溶胶的球状度处于较低水平，但同样呈现出随老化时间的增长现象从 14.9%增长至 23.5%。海盐气溶胶与生物质燃烧气溶胶的混合降低了海洋上空气溶胶的球状度。而随着老化时间的增加，气溶胶球状度增高的现象反映了链状黑碳球体的蜷缩以及与其他类型气溶胶的外包过程（Wu et al., 2018）。

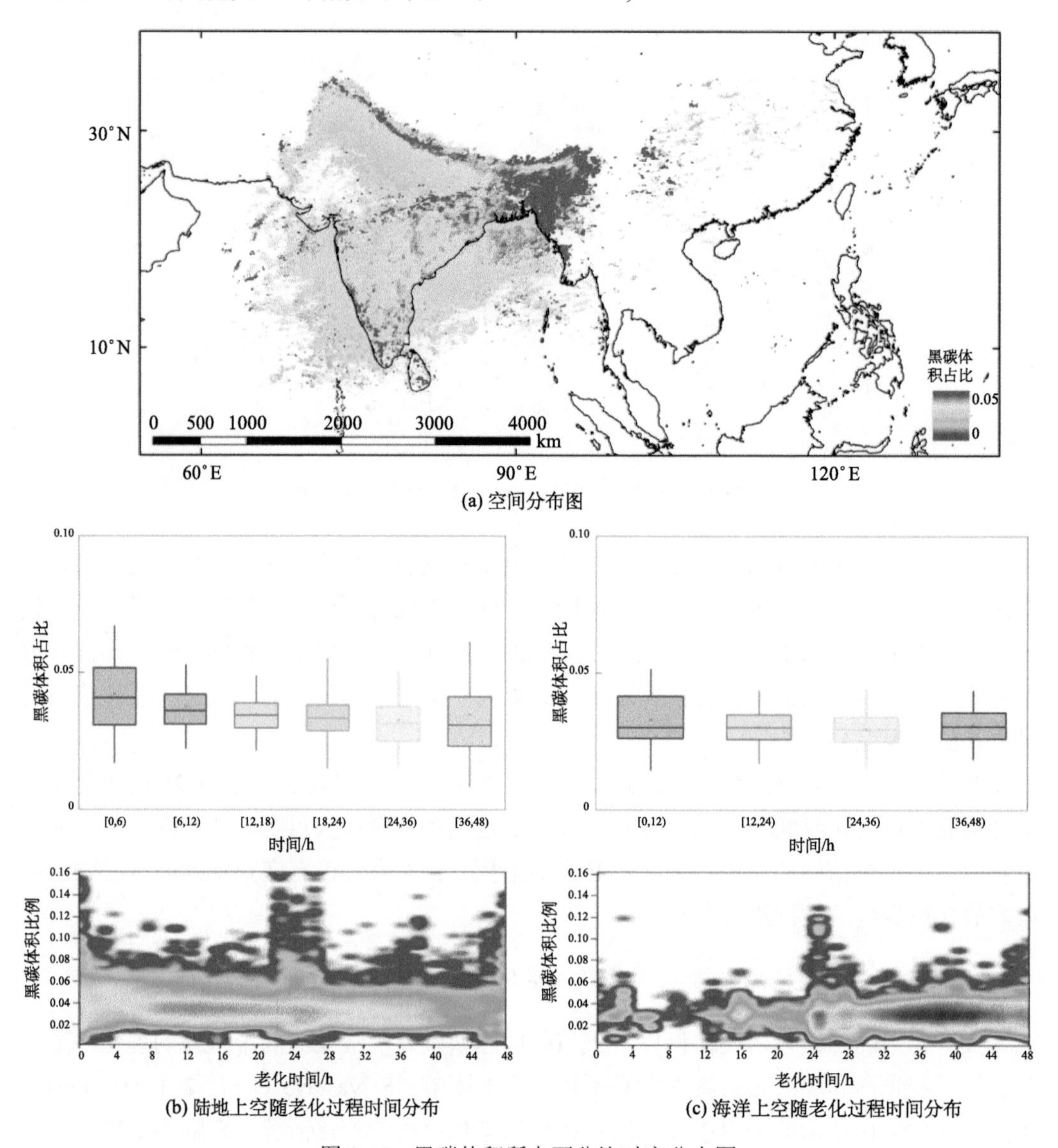

(a) 空间分布图

(b) 陆地上空随老化过程时间分布　　(c) 海洋上空随老化过程时间分布

图 8-40　黑碳体积所占百分比时空分布图

3. 生物质燃烧气溶胶光学特性在老化过程中的变化情况

生物质燃烧型气溶胶的理化参数的不同导致其光学参数同样产生差异。在本节中，分析了一系列气溶胶光学特性，包括 565nm 单次散射反照率、565nm 吸收性气溶胶光学厚度、565nm 气溶胶光学厚度以及 443～865nm 埃斯屈朗指数。

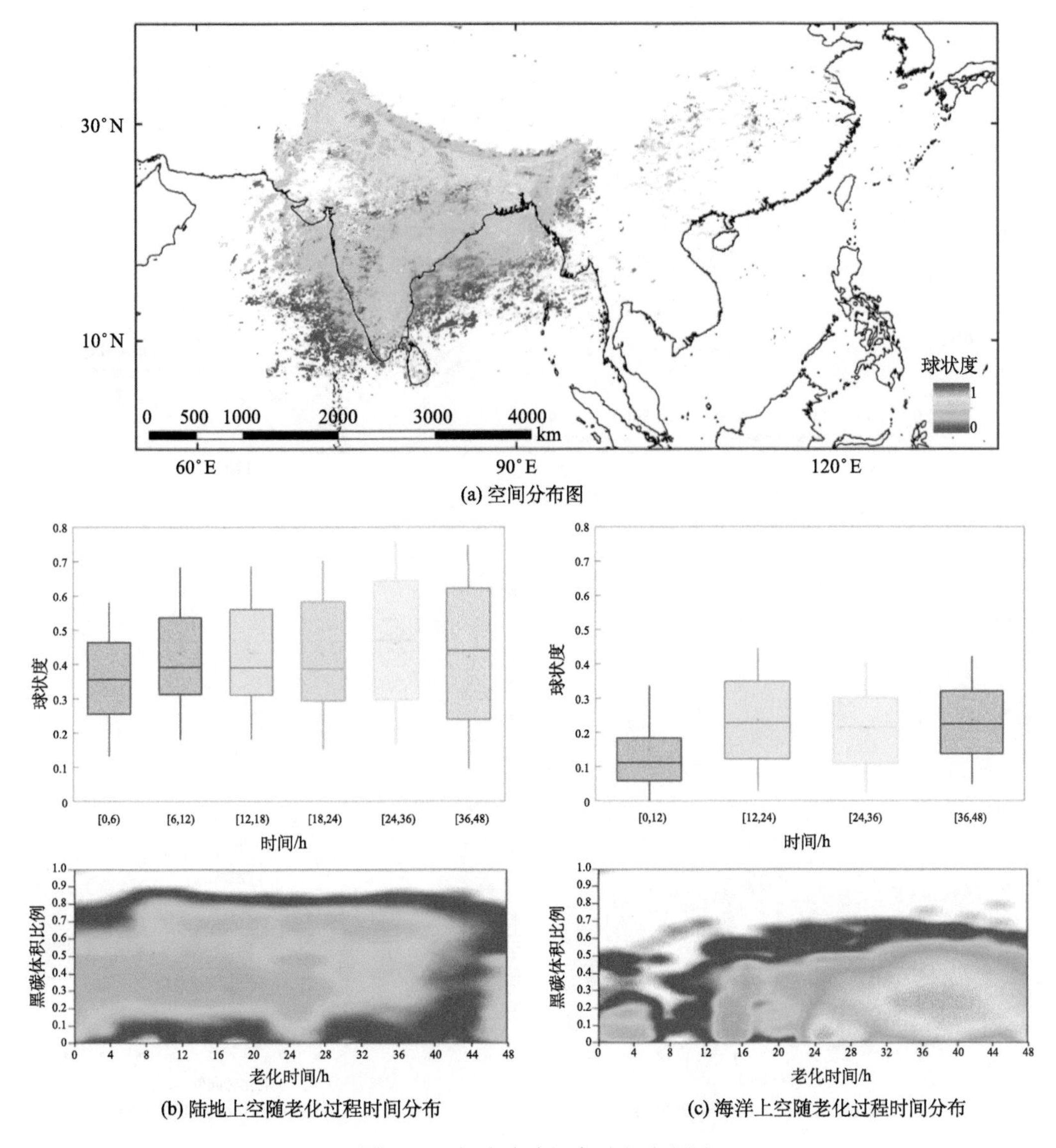

(a) 空间分布图

(b) 陆地上空随老化过程时间分布　(c) 海洋上空随老化过程时间分布

图 8-41　气溶胶球状度时空分布图

图 8-42 展示了生物质燃烧气溶胶的单次散射反照率的时空变化情况。在陆地上空，生物质燃烧气溶胶的单次散射反照率在 48h 的老化过程中从 0.84 增加到 0.87。同陆地相比，海洋上空生物质燃烧气溶胶拥有更高的单次散射反照率，并且在整个老化过程中都稳定在 0.89。上述结论与上一小节中黑碳体积所占比例的变化情况保持一致。在一般情况下，较高的黑碳体积所占比例会导致较低的单次散射反照率。

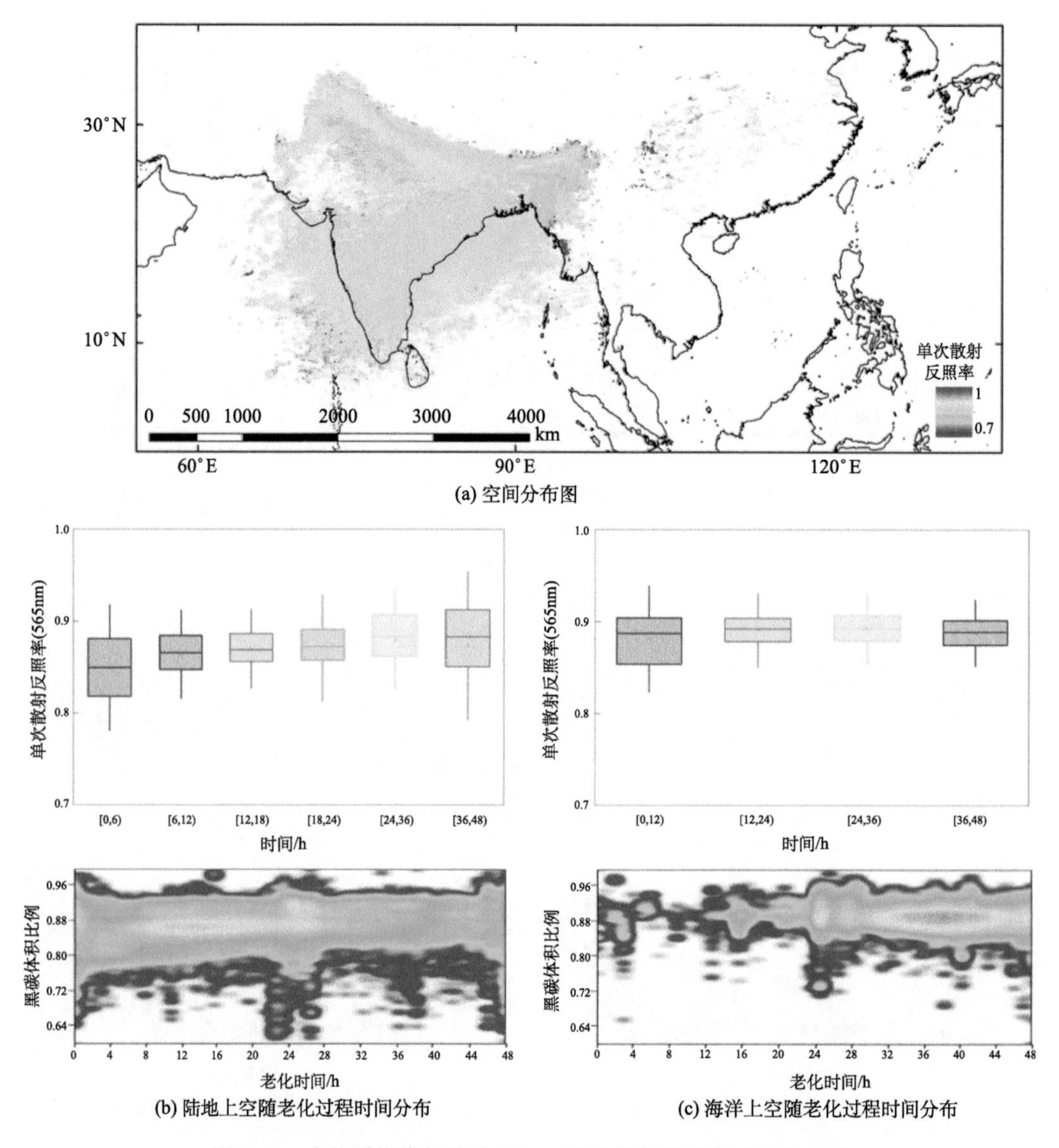

(a) 空间分布图

(b) 陆地上空随老化过程时间分布

(c) 海洋上空随老化过程时间分布

图 8-42　生物质燃烧气溶胶 565nm 单次散射反照率时空分布图

565nm 波段的气溶胶光学厚度的变化情况如图 8-43 所示。陆地上空生物质燃烧气溶胶平均气溶胶光学厚度为 0.64，高于海洋上空（平均气溶胶光学厚度为 0.5）。在 48h 的老化过程中，气溶胶光学厚度在陆地上空没有明显的变化趋势，表明在其老化过程中有其他类型气溶胶的加入与混合，如城市、工业型气溶胶；海洋上空的气溶胶光学厚度随着气溶胶的老化过程呈现略微上升趋势，这可能与生物质燃烧粒子海盐型气溶胶相互融合有关。逐渐上升的气溶胶光学厚度也说明黑碳气溶胶在 48h 之内还未消散，生命周期更长。

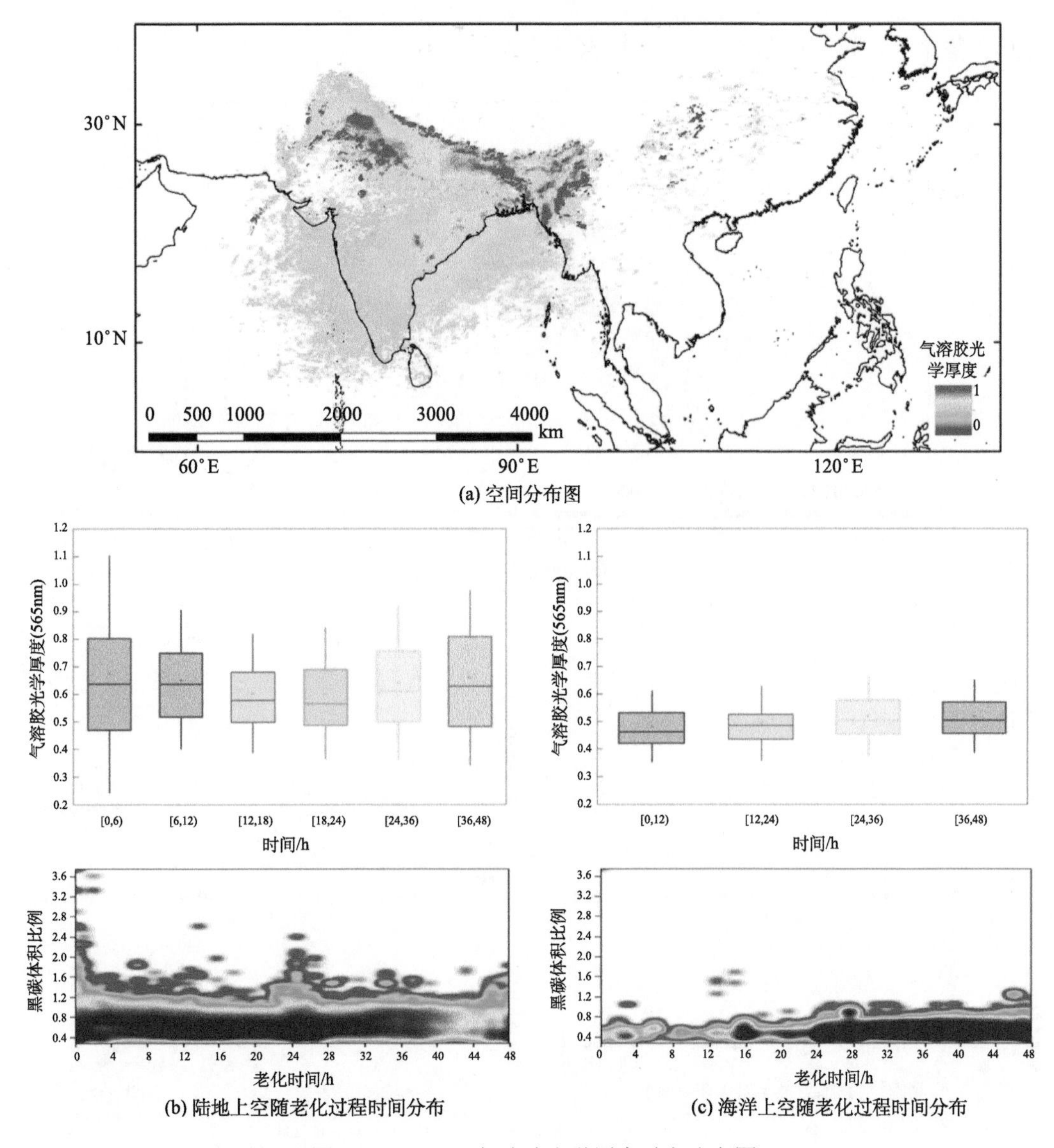

图 8-43　565nm 气溶胶光学厚度时空分布图

图 8-44 展示了生物质燃烧型气溶胶在 565nm 吸收性气溶胶光学厚度的变化情况。吸收性气溶胶光学厚度是总气溶胶光学厚度和单次散射反照率的函数。因此，我们可以根据上述气溶胶光学厚度和单次散射反照率的变化来推测和印证生物质燃烧气溶胶的吸收变化趋势。在 48h 的老化过程中，吸收性气溶胶光学厚度从 0.096 降低至 0.077。较高的气溶胶光学厚度和较强的吸收能力使得源处的吸收性光学厚度较高，随着黑碳气溶胶粒子不断地与其他散射性气溶胶相互混合，混合异质气溶胶粒子的散射性增强，且随着污染物的扩散，总的气溶胶光学厚度降低，进一步使得 48h 之后的吸收性光学厚度有所降低。和陆地相比，海洋上空的生物质燃烧气溶胶具有较低的吸收性气溶胶光学厚度，

并且在整个老化过程中基本稳定在 0.056 附近。

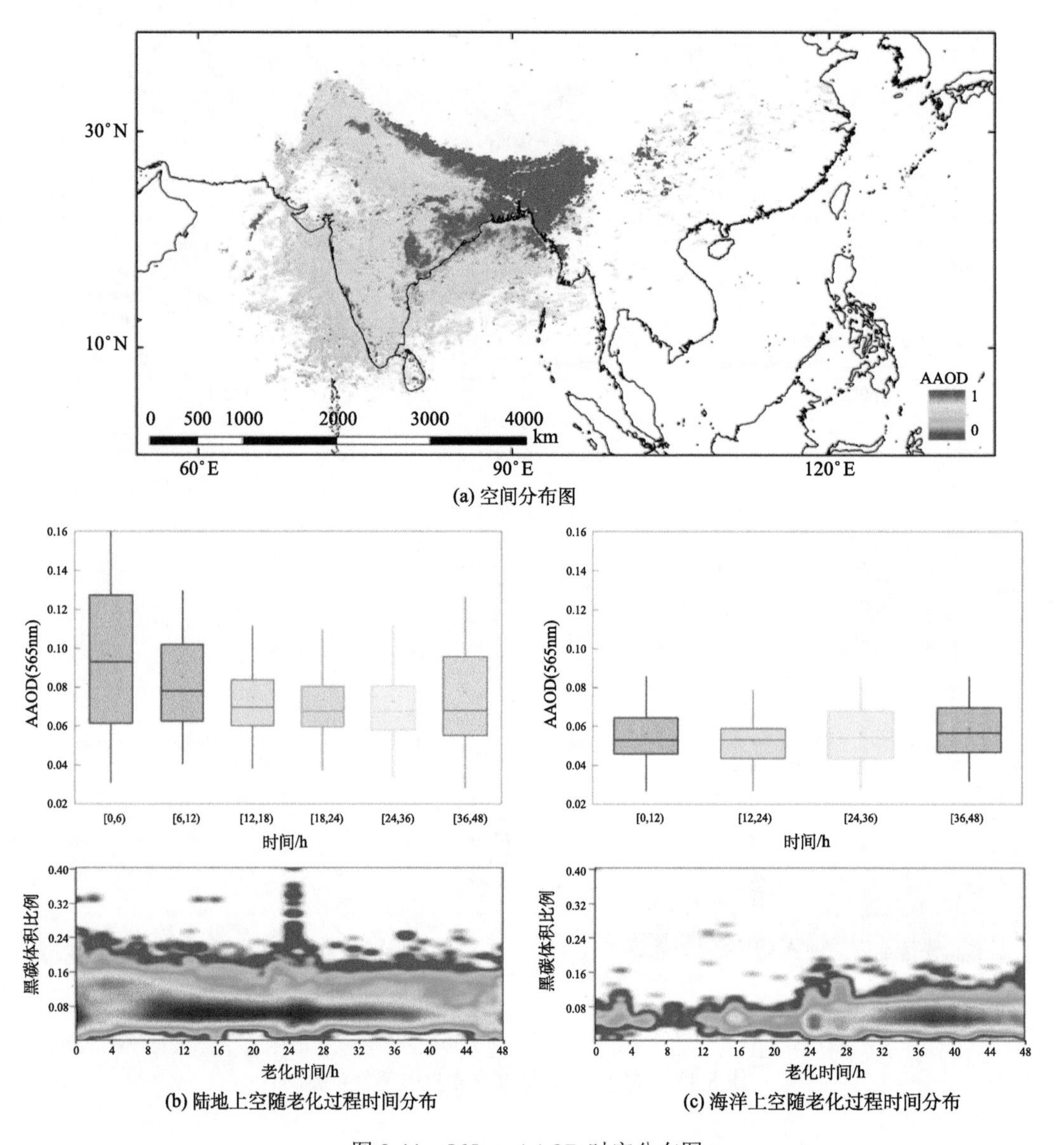

图 8-44　565nm AAOD 时空分布图

443～865nm 的埃斯屈朗指数随老化时间的变化情况如图 8-45 所示。陆地上空生物质燃烧气溶胶的埃斯屈朗指数在 48h 的老化过程中呈现出明显下降的趋势，从 1.59 降至 1.49。与陆地相比，海洋上空的埃斯屈朗指数较低，在 48h 的老化过程中，呈现出略微下降趋势，从 1.50 降至 1.47。埃斯屈朗指数在老化过程中的下降趋势反映了生物质燃烧型气溶胶粒径的增长。海洋上空较低的埃斯屈朗指数是由于海盐型粗颗粒气溶胶的混合效应所导致的。

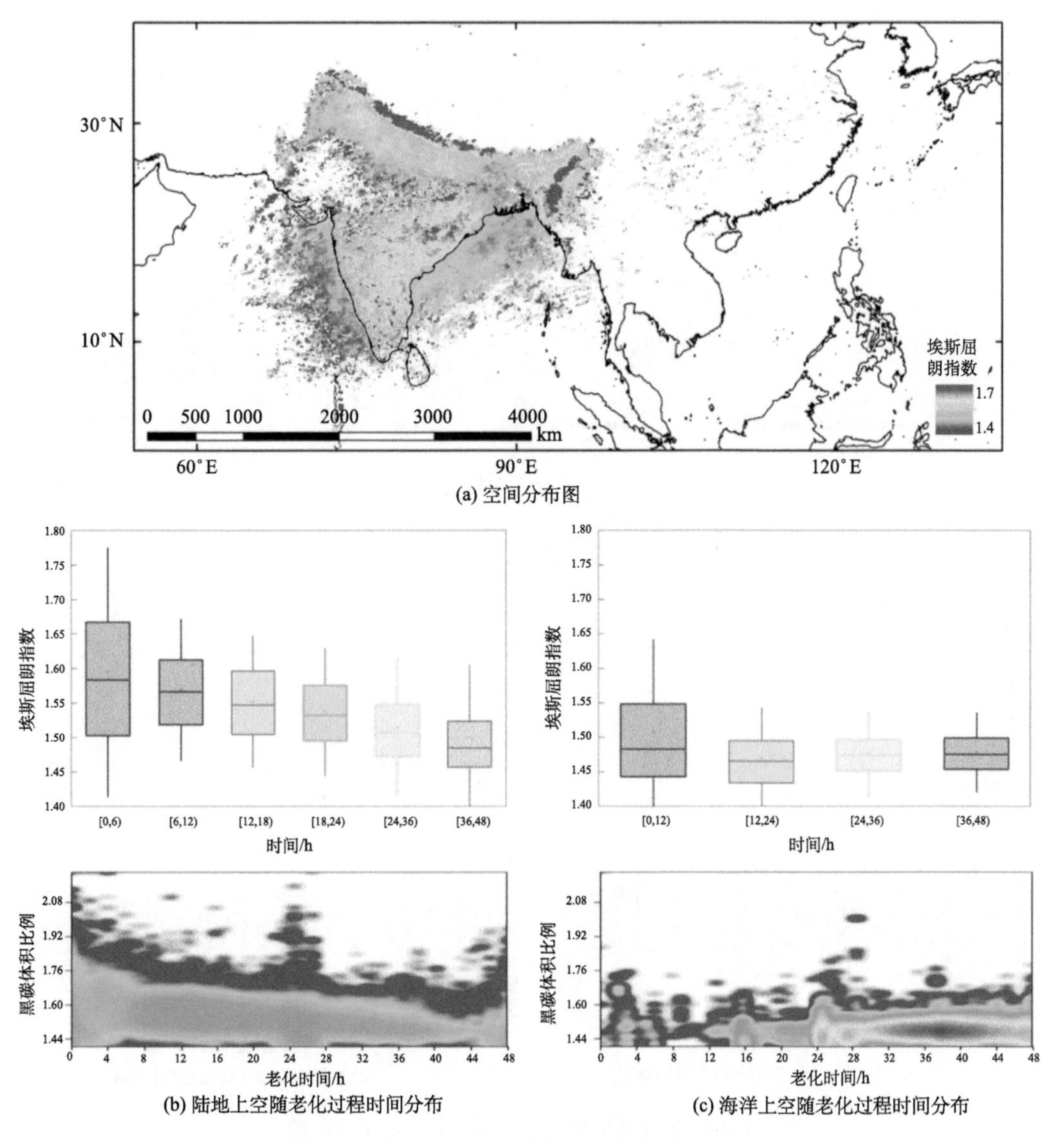

图 8-45　443～865nm 埃斯屈朗指数时空分布图

4. 生物质燃烧气溶胶辐射强迫特性随老化过程的变化情况

气溶胶辐射强迫特性是由其光学特性以及其下垫面的反射特性所共同决定的。由于陆地和海洋上气溶胶和下垫面反射特性的差异，上述两个地区的气溶胶反射强迫特性同样分开进行研究。图 8-46 展示了计算出的生物质燃烧型气溶胶在大气顶层的辐射强迫效率变化情况。从上述大气顶层辐射强迫效率中可以获取生物质燃烧型气溶胶对于辐射平衡的总体影响。总体来讲，在大气顶层可以观测到负的晴空气溶胶辐射强迫效率，即具有制冷效应。洋面上空的气溶胶制冷效应（平均–82 W/m^2）比陆地上空（平均–36 W/m^2）更强。

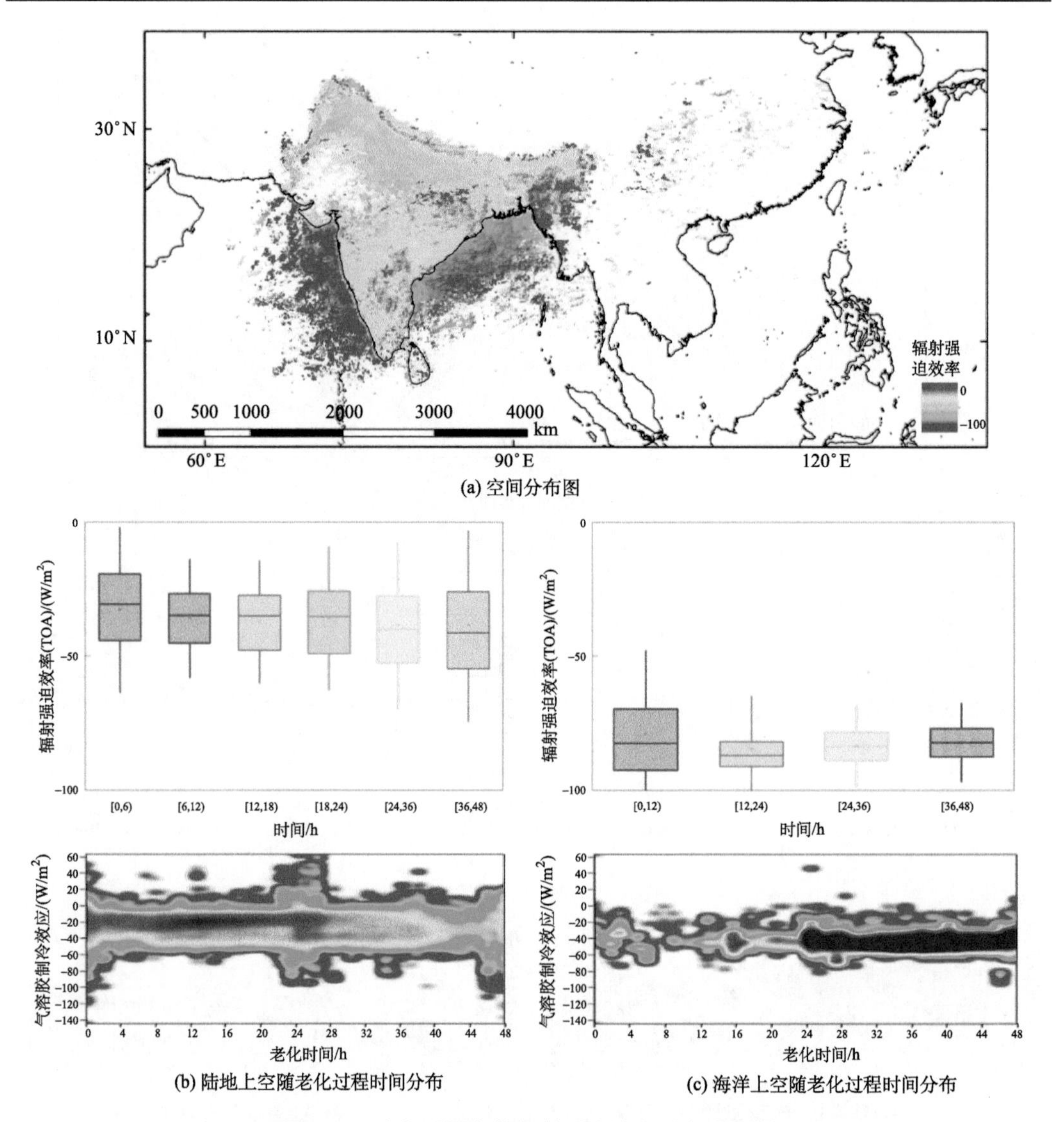

图 8-46　大气顶层负的辐射强迫效率时空分布图

造成上述现象的愿意主要有两个。首先，陆地上空的黑碳体积所占百分比要高于洋面上空，黑碳是影响太阳辐射可见光波段吸收特性的主要影响因素，是推动全球变暖的主要因素之一，能够抵消一部分气溶胶的冷却效应。其次，洋面的反照率要低于陆地表面，生物质燃烧气溶胶减少了到达地面的总的太阳辐射能量。因此，在生物质燃烧气溶胶存在的情况下，洋面吸收的辐射能量的减少幅度要大于陆面吸收的辐射能量的减少幅度。因此，将上述两种因素一结合，在大气顶部层面上，生物质燃烧气溶胶在洋面的制冷效应要强于陆面的。老化过程中，陆地上空气溶胶负的辐射强迫效应呈现出增强的趋势（在 48h 内，从$-32W/m^2$变化到$-38W/m^2$）。在海洋上空，气溶胶负的辐射强迫效应在 48h 的老化过程中呈现出略微增强的趋势（从$-79W/m^2$变化到$-82W/m^2$）。在老化过程中黑碳体积所占百分比的下降是导致大气顶层负的辐射强迫效应增强的主要因素。

参 考 文 献

陈好. 2013. 中国气溶胶类型特性分析及其在遥感反演中的应用. 北京: 中国科学院大学博士学位论文.

程天海. 2009. 非球形大气粒子多角度偏振遥感反演研究. 北京: 中国科学院遥感应用研究所博士学位论文.

邓雪娇, 周秀骥, 吴兑, 等. 2011. 珠江三角洲大气气溶胶对地面臭氧变化的影响. 中国科学: 地球科学, 41(1): 93-102.

李正强, 谢一凇, 张莹, 等. 2019. 大气气溶胶成分遥感研究进展. 遥感学报, 23(3): 359-373.

王玲. 2013. 大气气溶胶化学成分地基遥感反演研究——以京津唐地区为例. 南京: 南京大学博士学位论文.

王玲, 李正强, 李东辉, 等. 2012. 基于遥感观测的折射指数光谱特性反演大气气溶胶中沙尘组分含量. 光谱学与光谱分析, 32(6): 1644-1649.

魏曦. 2016. 气溶胶类型和光学厚度同时反演的卫星遥感模型研究及其定量化应用. 北京: 中国科学院大学博士学位论文.

吴兑, 毛节泰, 邓雪娇, 等. 2009. 珠江三角洲黑碳气溶胶及其辐射特性的观测研究. 中国科学(D 辑: 地球科学), 39(11): 1542-1553.

吴蒙, 吴兑, 范绍佳, 等. 2014. 珠江三角洲城市群大气污染与边界层特征研究进展. 气象科技进展, 4(1): 22-28.

谢一凇. 2014. 基于多参数信息的大气气溶胶化学成分地基遥感反演研究. 北京: 中国科学院大学博士学位论文.

许瑞广. 2017. 气溶胶传输对青藏高原影响的大气数值模拟分析. 北京: 中国科学院大学(中国科学院地球环境研究所)博士学位论文.

张虎. 2012. 基于先验知识估算环境星地表反照率的算法比较研究. 北京: 北京师范大学硕士学位论文.

张文豪. 2016. 东亚地区高时相气溶胶特性遥感反演研究. 北京: 中国科学院大学博士学位论文.

Abel S J, Haywood J M, Highwood E J, et al. 2003. Evolution of biomass burning aerosol properties from an agricultural fire in southern Africa. Geophysical Research Letters, 30(15): 1-4.

Akimoto H. 2003. Global air quality and pollution. Science, 302(5651): 1716-1719.

Anderson J O, Thundiyil J G, Stolbach A. 2012. Clearing the air: a review of the effects of particulate matter air pollution on human health. Journal of Medical Toxicology, 8(2): 166-175.

Anenberg S C, Schwartz J, Shindell D, et al. 2012. Global air quality and health co-benefits of mitigating near-term climate change through methane and black carbon emission controls. Environmental Health Perspectives, 120(6): 831-839.

Arola A, Schuster G, Myhre G, et al. 2011. Inferring absorbing organic carbon content from AERONET data. Atmospheric Chemistry Physics , 11(1): 215-225.

Badarinath K V S, Latha K M, Chand T R K, et al. 2009. Impact of biomass burning on aerosol properties over tropical wet evergreen forests of Arunachal Pradesh, India. Atmospheric Research, 91(1): 87-93.

Badarinath K V S, Latha M, Kiran K, et al. 2004. Characterization of aerosols from biomass burning—a case study from Mizoram(Northeast), India. Chemosphere, 54(2): 167-175.

Bao F, Cheng T, Li Y, et al. 2019. Retrieval of black carbon aerosol surface concentration using satellite remote sensing observations. Remote Sensing of Environment, 226: 93-108.

Bao F, Gu X, Cheng T, et al. 2016. High-Spatial-Resolution aerosol optical properties retrieval algorithm using Chinese High-Resolution Earth Observation Satellite I. IEEE Transactions on Geoscience and Remote Sensing, 54(9): 5544-5552.

Barnard J C, Volkamer R, Kassianov E I. 2008. Estimation of the mass absorption cross section of the organic carbon component of aerosols in the Mexico City Metropolitan Area. Atmospheric Chemistry And Physics, 8(22): 6665-6679.

Bellouin N, Boucher O, Haywood J, et al. 2005. Global estimate of aerosol direct radiative forcing from satellite measurements. Nature, 438(7071): 1138-1141.

Bhardwaj P, Naja M, Kumar R, et al. 2016. Seasonal, interannual, and long-term variabilities in biomass burning activity over South Asia. Environmental Science and Pollution Research, 23(5): 4397-4410.

Bohren C F, Huffman D R. 1983. Absorption and Scattering of Light by Small Particles. New York: John Wiley and Sons.

Bond T C, Bergstrom R W. 2006. Light absorption by carbonaceous particles: an investigative review. Aerosol Science and Technology, 40(1): 27-67.

Bond T C, Doherty S J, Fahey D W, et al. 2013. Bounding the role of black carbon in the climate system: a scientific assessment. Journal of Geophysical Research: Atmospheres, 118(11): 5380-5552.

Bréon F, Tanre D, Lecomte P, et al. 1995. Polarized reflectance of bare soils and vegetation: measurements and models. IEEE Transactions on Geoscience and Remote Sensing, 33(2): 487-499.

Bruggeman D. 1935. The calculation of various physical constants of heterogeneous substances. I. The dielectric constants and conductivities of mixtures composed of isotropic substances. Annals of Physics, 416: 636-791.

Calvo A I, Pont V, Castro A, et al. 2010. Radiative forcing of haze during a forest fire in Spain. Journal of Geophysical Research: Atmospheres, 115(8): 206.

Cao J J, Tie X X, Xu B Q, et al. 2010. Measuring and modeling black carbon (BC) contamination in the SE Tibetan Plateau. Journal of Atmospheric Chemistry, 67: 45-60.

Capes G, Johnson B, McFiggans G, et al. 2008. Aging of biomass burning aerosols over West Africa: aircraft measurements of chemical composition, microphysical properties, and emission ratios. Journal of Geophysical Research Atmospheres, 113(23): 1-13.

Cappa C D, Onasch T B, Massol P, et al. 2012. Radiative absorption enhancements due to the mixing state of atmospheric black carbon. Science, 337(6098): 1078-1081.

Chan C K, Yao X. 2008. Air pollution in mega cities in China. Atmospheric Environment, 42(1): 1-42.

Charlson R J, Schwartz S E, Hales J M, et al. 1992. Climate forcing by anthropogenic aerosols. Science, 255(5043): 423-430.

Chen C, Dubovik O, Henze D K, et al. 2018. Retrieval of desert dust and carbonaceous aerosol emissions over Africa from POLDER/PARASOL products generated by the GRASP algorithm. Atmospheric Chemistry Physics, 18(16): 12551-12580.

Chen H, Gu X, Cheng T, et al. 2013. The spatial–temporal variations in optical properties of atmosphere aerosols derived from AERONET dataset over China. Meteorology and Atmospheric Physics, 122(1): 65-73.

Chu D A, Kaufman Y J, Ichoku C, et al. 2002. Validation of MODIS aerosol optical depth retrieval over land. Geophysical Research Letters, 29(12): MOD2-1.

Collins D G, Blättner W G, Wells M B, et al. 1972. Backward monte carlo calculations of the polarization characteristics of the radiation emerging from spherical-shell atmospheres. Applied Optics, 11(11): 2684-2696.

Collins W, Rasch P, Eaton B, et al. 2001. Simulating aerosols using a chemical transport model with assimilation of satellite aerosol retrievals: methodology for INDOEX. Journal of Geophysical Research, 106(D7): 7313-7336.

Cooke W F, Wilson J J N. 1996. A global black carbon aerosol model. Journal of Geophysical Research: Atmospheres, 101(D14): 19395-19409.

Covert D S, Heintzenberg J. 1984. Measurement of the degree of internal/external mixing of hygroscopic compounds and soot in atmospheric aerosols. Science of the Total Environment, 36: 347-352.

D'Almeida G A, Koepke P, Shettle E P. 1991. Atmospheric Aerosols: Global Climatology and Radiative Characteristics. Hampton, Virginia, VA, USA: A Deepak Publishing.

DeCarlo P F, Kimme, J R, Trimborn A, et al. 2006. Field-deployable, high-resolution, time-of-flight aerosol mass spectrometer. Analytical Chemistry, 78(24): 8281-8289.

Drewnick F, Hings S S, DeCarlo P, et al. 2005. A new time-of-flight aerosol mass spectrometer (TOF-AMS) —instrument description and first field deployment. Aerosol Science and Technology, 39(7): 637-658.

Dubovik O, Herman M, Holdak A, et al. 2011. Statistically optimized inversion algorithm for enhanced retrieval of aerosol properties from spectral multi-angle polarimetric satellite observations. Atmospheric Measurement Techniques, 4(5): 975-1018.

Dubovik O, Holben B, Eck T F, et al. 2002. Variability of absorption and optical properties of key aerosol types observed in worldwide locations. Journal of the Atmospheric Sciences, 59(3): 590-608.

Dubovik O, King M D. 2000. A flexible inversion algorithm for retrieval of aerosol optical properties from Sun and sky radiance measurements. Journal of Geophysical Research: Atmospheres, 105(D16): 20673.

Dubovik O, Sinyuk A, Lapyonok T, et al. 2006. Application of spheroid models to account for aerosol particle nonsphericity in remote sensing of desert dust. Journal of Geophysical Research: Atmospheres, 111(D11): D11208.

Ebert M, Inerle-Hof M, Weinbruc S. 2002. Environmental scanning electron microscopy as a new technique to determine the hygroscopic behaviour of individual aerosol particles. Atmospheric Environment, 36(39): 5909-5916.

Elsom D M.1992. Atmospheric Pollution: A Global Problem. Oxford: Blackwell Publisher.

Evans K F, Stephens G L. 1991. A new polarized atmospheric radiative transfer model. Journal of Quantitative Spectroscopy and Radiative Transfer, 46(5): 413-423.

Fiebig M, Stohl A, Wendisch M, et al. 2003. Dependence of solar radiative forcing of forest fire aerosol on ageing and state of mixture. Atmospheric Chemistry Physics, 3(3): 881-891.

Flanner M G, Zender C S, Randerson J T, et al. 2007. Present-day climate forcing and response from black carbon in snow. Journal of Geophysical Research Atmospheres, 112(D11): 1-13.

Fuller K A, Malm W C, Kreidenweis S M. 1999. Effects of mixing on extinction by carbonaceous particles. Journal of Geophysical Research: Atmospheres, 104(D13): 15941-15954.

Gawhane R D, Rao P S P, Budhavant K, et al. 2019. Anthropogenic fine aerosols dominate over the Pune region, Southwest India. Meteorology and Atmospheric Physics, 131(5): 1497-1508.

Ginoux P, Chin M, Tegen I, et al. 2001. Sources and distributions of dust aerosols simulated with the GOCART model. Journal of Geophysical Research: Atmospheres, 106(D17): 20255-20273.

Gordon H R, Wang M. 1994. Retrieval of water-leaving radiance and aerosol optical thickness over the oceans with SeaWiFS: a preliminary algorithm. Applied Optics, 33(3): 443-452.

Hadley O L, Kirchstetter T W. 2012. Black-carbon reduction of snow albedo. Nature Climate Change, 2(6): 437-440.

Hammad A, Chapman S. 1939. VII. The primary and secondary scattering of sunlight in a plane-stratified atmosphere of uniform composition. Philosophical Magazine, 28(186): 99-110.

Hansen J, Sato M, Ruedy R. 1997. Radiative forcing and climate response. Journal of Geophysical Research: Atmospheres, 102(D6): 6831-6864.

Haywood J M, Boucher O. 2000. Estimates of the direct and indirect radiative forcing due to tropospheric aerosols: a review. Reviews of Geophysics, 38(4): 513-543.

Haywood J M, Ramaswamy V. 1998. Global sensitivity studies of the direct radiative forcing due to anthropogenic sulfate and black carbon aerosols. Journal of Geophysical Research: Atmospheres, 103(D6): 6043-6058.

Heinrich U, Fuhst R, Rittinghausen S, et al. 1995. Chronic inhalation exposure of wistar rats and two different strains of mice to diesel engine exhaust, carbon black, and titanium dioxide. Inhalation Toxicology, 7(4): 533-556.

Hess M, Koepke P, Schult I. 1998. Optical properties of aerosols and clouds: the software package OPAC. Bulletin of the American Meteorological Society, 79(5): 831-844.

Hodshire A L, Akherati A, Alvarado M J, et al. 2019. Aging effects on biomass burning aerosol mass and composition: a critical review of field and laboratory studies. Environmental Science and Technology, 53(17): 10007-10022.

Holben B N, Eck T F, Slutsker I, et al. 1998. AERONET—A federated instrument network and data archive for aerosol characterization. Remote Sensing of Environment, 66(1): 1-16.

Hsu N C, Jeong M J, Bettenhausen C, et al. 2013. Enhanced Deep Blue aerosol retrieval algorithm: the second generation. Journal of Geophysical Research: Atmospheres, 118(16): 9296-9315.

Hsu N C, Si-Chee T, King M D, et al. 2004. Aerosol properties over bright-reflecting source regions. IEEE Transactions on Geoscience and Remote Sensing, 42(3): 557-569.

Hu R M, Martin R V, Fairlie T D. 2007. Global retrieval of columnar aerosol single scattering albedo from space - based observations. Journal of Geophysical Research, 112(D2): 1-9.

Huang R J, Zhang Y, Bozzetti C, et al. 2014. High secondary aerosol contribution to particulate pollution during haze events in China. Nature, 514(7521): 218-222.

Jacobson M Z. 2001. Strong radiative heating due to the mixing state of black carbon in atmospheric aerosols. Nature, 409(6821): 695-697.

Jacobson M Z, Mark Z. 2001. Global direct radiative forcing due to multicomponent anthropogenic and natural aerosols. Journal of Geophysical Research Atmospheres, 106(D2): 1551-1568.

Jain S, Sharma S K, Mandal T K, et al. 2018. Source apportionment of PM10 in Delhi, India using PCA/APCS, UNMIX and PMF. Particuology, 37: 107-118.

Jayne J T, Leard D C, Zhang X, et al. 2000. Development of an aerosol mass spectrometer for size and composition analysis of submicron particles. Aerosol Science and Technology, 33(1-2): 49-70.

Jimenez J, Jayne J, Shi Q, et al. 2003. Ambient aerosol sampling using the Aerodyne Aerosol Mass Spectrometer. Journal of Geophysical Research: Atmospheres, 108(D7): 8425.

Johnston F H, Henderson S B, Chen Y, et al. 2012. Estimated global mortality attributable to smoke from landscape fires. Environmental Health Perspectives, 120(5): 695-701.

Jones A, Roberts D L, Slingo A. 1994. A climate model study of indirect radiative forcing by anthropogenic sulphate aerosols. Nature, 370(6489): 450-453.

Kampa M, Castanas E. 2008. Human health effects of air pollution. Environmental Pollution, 151(2): 362-367.

Katrib Y, Martin S T, Hung H M, et al. 2004. Products and mechanisms of ozone reactions with oleic acid for aerosol particles having core−shell morphologies. The Journal of Physical Chemistry A, 108(32): 6686-6695.

Kaufman Y J, Gobron N, Pinty B, et al. 2002a. Relationship between surface reflectance in the visible and mid-IR used in MODIS aerosol algorithm - theory. Geophysical Research Letters, 29(23): 1-4.

Kaufman Y J, Martins J V, Remer L A, et al. 2002b. Satellite retrieval of aerosol absorption over the oceans using sunglint. Geophysical Research Letters, 29(19): 1-4.

Kaufman Y J, Wald A E, Remer L A, et al. 1997. The MODIS 2. 1-/spl mu/m channel-correlation with visible reflectance for use in remote sensing of aerosol. IEEE Transactions on Geoscience and Remote Sensing, 35(5): 1286-1298.

Kaufman Y J, Yoram J. 1987. Satellite sensing of aerosol absorption. Journal of Geophysical Research Atmospheres, 92(D4): 4307-4317.

Khlystov A, Wyers G P, Slanina J. 1995. The steam-jet aerosol collector. Atmospheric Environment, 29(17): 2229-2234.

Kim M, Kim J, Wong M S, et al. 2014. Improvement of aerosol optical depth retrieval over Hong Kong from a geostationary meteorological satellite using critical reflectance with background optical depth correction. Remote Sensing of Environment, 142: 176-187.

Kosmopoulos P G, Kaskaoutis D G, Nastos P T, et al. 2008. Seasonal variation of columnar aerosol optical properties over Athens, Greece, based on MODIS data. Remote Sensing of Environment, 112(5): 2354-2366.

Kresge C T, Leonowicz M E, Roth W J, et al. 1992. Ordered mesoporous molecular sieves synthesized by a liquid-crystal template mechanism. Nature, 359(6397): 710-712.

Lack D A, Langridge J M, Bahreini R, et al. 2012. Brown carbon and internal mixing in biomass burning particles. Proceedings of the National Academy of Sciences, 109(37): 14802.

Lave L B, Seskin E P. 2013. Air Pollution and Human Health. New York: RFF Press.

Lee J, Kim J, Song C H, et al. 2010. Characteristics of aerosol types from AERONET sunphotometer measurements. Atmospheric Environment, 44(26): 3110-3117.

Lee K H, Li Z, Wong M S, et al. 2007. Aerosol single scattering albedo estimated across China from a combination of ground and satellite measurements. Journal of Geophysical Research: Atmospheres, 112(D22): 1-13.

Lelieveld J, Evans J S, Fnais M, et al. 2015. The contribution of outdoor air pollution sources to premature mortality on a global scale. Nature, 525(7569): 367-371.

Lenoble J, Remer L, Tanre D. 2013. Aerosol Remote Sensing. New York: Springer Science and Business Media.

Lenoble J. 2013. Atmospheric Radiative Transfer. New York: Springer Science and Business Media.

Lesins G, Chylek P, Lohmann U. 2002. A study of internal and external mixing scenarios and its effect on aerosol optical properties and direct radiative forcing. Journal of Geophysical Research: Atmospheres, 107(D10): AAC 5-1-AAC 5-12.

Levy R C, Mattoo S, Munchak L A, et al. 2013. The Collection 6 MODIS aerosol products over land and ocean. Atmospheric Measurement Techniques, 6(11): 2989-3034.

Li B, Gasser T, Ciais P, et al. 2016. The contribution of China's emissions to global climate forcing. Nature, 531(7594): 357-361.

Li H, He Q, Song Q, et al. 2017. Diagnosing Tibetan pollutant sources via volatile organic compound observations. Atmospheric Environment, 166: 244-254.

Li L, Dubovik O, Derimian Y, et al. 2019. Retrieval of aerosol components directly from satellite and ground-based measurements. Atmospheric Chemistry and Physics, 19(21): 13409-13443.

Li W, Shao L. 2009. Transmission electron microscopy study of aerosol particles from the brown hazes in northern China. Journal of Geophysical Research: Atmospheres, 114(D9): 1-10.

Li X, Strahler A H. 1992. Geometric-optical bidirectional reflectance modeling of the discrete crown vegetation canopy: effect of crown shape and mutual shadowing. IEEE Transactions on Geoscience and Remote Sensing, 30(2): 276-292.

Li Z, Gu X, Wang L, et al. 2013. Aerosol physical and chemical properties retrieved from ground-based remote sensing measurements during heavy haze days in Beijing winter. Atmospheric Chemistry And Physics, 13(20): 10171-10183.

Liang Y, Gui K, Zheng Y, et al. 2019. Impact of biomass burning in South and Southeast Asia on background aerosol in Southwest China. Aerosol and Air Quality Research, 19(5): 1188-1204.

Litvinov P, Hasekamp O, Cairns B, et al. 2011. Semi-empirical BRDF and BPDF models applied to the problem of aerosol retrievals over land: testing on airborne data and implications for modeling of top-of-atmosphere measurements//Polarimetric Detection, Characterization and Remote Sensing. Dordrecht: Springer: 313-340.

Litvinov P, Hasekamp O, Dubovik O, et al. 2012. Model for land surface reflectance treatment: physical derivation, application for bare soil and evaluation on airborne and satellite measurements. Journal of Quantitative Spectroscopy and Radiative Transfer, 113(16): 2023-2039.

Mackowski D W. 2014. A general superposition solution for electromagnetic scattering by multiple spherical domains of optically active media. Journal of Quantitative Spectroscopy and Radiative Transfer, 133: 264-270.

Maignan F, Bréon F M, Fédèle E, et al. 2009. Polarized reflectances of natural surfaces: spaceborne measurements and analytical modeling. Remote Sensing of Environment, 113(12): 2642-2650.

Markowicz K M, Lisok J, Xian P. 2017. Simulations of the effect of intensive biomass burning in July 2015 on Arctic radiative budget. Atmospheric Environment, 171: 248-260.

Mei L, Xue Y, de Leeuw G, et al. 2013a. Aerosol optical depth retrieval in the Arctic region using MODIS data over snow. Remote Sensing of Environment, 128: 234-245.

Mei L, Xue Y, Kokhanovsky A A, et al. 2013b. Aerosol optical depth retrieval over snow using AATSR data. International Journal of Remote Sensing, 34(14): 5030-5041.

Menon S, Hansen J, Nazarenko L, et al. 2002. Climate effects of black carbon aerosols in China and India. Science, 297(5590): 2250-2253.

Mészáros E. 1999. Fundamentals of Atmospheric Aerosol Chemistry. Budapest: Akadémiai Kiadò.

Ming J, Xiao C, Cachier H, et al. 2009. Black Carbon (BC) in the snow of glaciers in west China and its potential effects on albedos. Atmospheric Research, 92(1): 114-123.

Mishchenko M I, Liu L, Travis L D, et al. 2004. Scattering and radiative properties of semi-external versus external mixtures of different aerosol types. Journal of Quantitative Spectroscopy and Radiative Transfer, 88(1): 139-147.

Moise T, Flores J M, Rudich Y. 2015. Optical properties of secondary organic aerosols and their changes by chemical processes. Chemical Reviews, 115(10): 4400-4439.

Myhre G, Samset B H, Schulz M, et al. 2013. Radiative forcing of the direct aerosol effect from AeroCom Phase II simulations. Atmospheric Chemistry and Physics, 13(4): 1853-1877.

Nadal F, Bréon F. 1999. Parameterization of surface polarized reflectance derived from POLDER spaceborne measurements. IEEE Transactions on Geoscience and Remote Sensing, 37(3): 1709-1718.

Ng N L, Herndon S C, Trimborn A, et al. 2011. An Aerosol Chemical Speciation Monitor (ACSM) for routine monitoring of the composition and mass concentrations of ambient aerosol. Aerosol Science and Technology, 45(7): 780-794.

Nikonovas T, North P R J, Doerr S H. 2015. Smoke aerosol properties and ageing effects for northern temperate and boreal regions derived from AERONET source and age attribution. Atmospheric Chemistry and Physics, 15(14): 7929-7943.

Nirmalkar J, Deshmukh D K, Deb M K, et al. 2019. Characteristics of aerosol during major biomass burning events over eastern central India in winter: a tracer-based approach. Atmospheric Pollution Research, 10(3): 817-826.

Noyes K, Kahn R, Sedlacek A, et al. 2020. Wildfire smoke particle properties and evolution, from space-based multi-angle imaging. Remote Sensing, 12(5): 769.

Omar A H, Won J G, Winker D M, et al. 2005. Development of global aerosol models using cluster analysis of Aerosol Robotic Network(AERONET)measurements. Journal of Geophysical Research: Atmospheres, 110(D10): 1-14.

Rahn K A. 1976. The chemical composition of the atmospheric aerosol. Graduate School of Oceanography, University of Rhode Island.

Ramanathan V, Carmichael G. 2008. Global and regional climate changes due to black carbon. Nature Geoscience, 1(4): 221-227.

Reddy M S, Venkataraman C. 2000. Atmospheric optical and radiative effects of anthropogenic aerosol constituents from India. Atmospheric Environment, 34: 4511-4523.

Reid J S, Eck T F, Christopher S A, et al. 2005a. A review of biomass burning emissions part III: intensive optical properties of biomass burning particles. Atmospheric Chemistry and Physics, 5(3): 827-849.

Reid J S, Koppmann R, Eck T F, et al. 2005b. A review of biomass burning emissions part II: intensive physical properties of biomass burning particles. Atmospheric Chemistry and Physics, 5(3): 799-825.

Remer L A, Kaufman Y J, Tanré D, et al. 2005. The MODIS aerosol algorithm, products, and validation. Journal of the Atmospheric Sciences, 62(4): 947-973.

Ross J. 1981. The Radiation Regime and Architecture of Plant Stands. New York: Springer Science and Business Media.

Ruprecht J. 2001. Mészáros: fundamentals of atmospheric aerosol chemistry. Journal of Atmospheric Chemistry, 39(1): 99-103.

Sahu L K, Sheel V. 2014. Spatio-temporal variation of biomass burning sources over South and Southeast Asia. Journal of Atmospheric Chemistry, 71(1): 1-19.

Saunders R, Matricardi M, Brunel P. 1999. An improved fast radiative transfer model for assimilation of satellite radiance observations. Quarterly Journal of the Royal Meteorological Society, 125(556): 1407-1425.

Sayer A M, Hsu N C, Bettenhausen C, et al. 2013. Validation and uncertainty estimates for MODIS Collection 6 "Deep Blue" aerosol data. Journal of Geophysical Research: Atmospheres, 118(14): 7864-7872.

Sayer A M, Hsu N C, Bettenhausen C, et al. 2016. Extending "Deep Blue" aerosol retrieval coverage to cases of absorbing aerosols above clouds: sensitivity analysis and first case studies. Journal of Geophysical Research: Atmospheres, 121(9): 4830-4854.

Schaaf C B, Gao F, Strahler A H, et al. 2002. First operational BRDF, albedo nadir reflectance products from MODIS. Remote Sensing of Environment, 83(1): 135-148.

Schuster G L, Dubovik O, Holben B N, et al. 2005. Inferring black carbon content and specific absorption from Aerosol Robotic Network (AERONET) aerosol retrievals. Journal of Geophysical Research: Atmospheres, 110(D10): 1-19.

Seidel F C, Popp C. 2012. Critical surface albedo and its implications to aerosol remote sensing. Atmospheric Measurement Techniques, 5(7): 1653-1665.

Shaik D S, Kant Y, Mitra D, et al. 2019. Impact of biomass burning on regional aerosol optical properties: a case study over northern India. Journal of Environmental Management, 244: 328-343.

Sharma D, Singh M, Singh D. 2011. Impact of Post-Harvest Biomass Burning on Aerosol Characteristics and Radiative Forcing over Patiala, North-West region of India. Journal of the Institute of Engineering, 8(3): 11-14.

Sharma D, Srivastava A K, Ram K, et al. 2017. Temporal variability in aerosol characteristics and its radiative properties over Patiala, northwestern part of India: impact of agricultural biomass burning emissions. Environmental Pollution, 231: 1030-1041.

Sheesley R, Schauer J, Chowdhury Z, et al. 2003. Characterization of organic aerosols emitted from the combustion of biomass indigenous to South Asia. Journal of Geophysical Research, 108(D9): 4285.

Shekar R M, Venkataraman C. 2000. Atmospheric optical and radiative effects of anthropogenic aerosol constituents from India. Atmospheric Environment, 34(26): 4511-4523.

Shettle E P, Fenn R W. 1979. Models for the aerosols of the lower atmosphere and the effects of humidity variations on their optical properties. Air Force Geophysics Laboratory, Air Force Systems Command, United States Air Force.

Shi S, Cheng T, Gu X, et al. 2019. Biomass burning aerosol characteristics for different vegetation types in different aging periods. Environment International, 126: 504-511.

Shi S, Cheng T, Gu X, et al. 2020. Probing the dynamic characteristics of aerosol originated from South Asia biomass burning using POLDER/GRASP satellite data with relevant accessory technique design. Environment International, 145: 106097.

Shi Y, Matsunaga T, Yamaguchi Y, et al. 2018a. Long-term trends and spatial patterns of PM2.5-induced premature mortality in South and Southeast Asia from 1999 to 2014. Science of the Total Environment, 631-632: 1504-1514.

Shi Y, Zhao A, Matsunaga T, et al. 2018b. Underlying causes of PM2.5-induced premature mortality and potential health benefits of air pollution control in South and Southeast Asia from 1999 to 2014. Environment International, 121: 814-823.

Shiraiwa M, Zuend A, Bertram A K, et al. 2013. Gas–particle partitioning of atmospheric aerosols: interplay of physical state, non-ideal mixing and morphology. Physical Chemistry Chemical Physics, 15(27): 11441-11453.

Singh R P, Kaskaoutis D G. 2014. Crop Residue burning: a threat to South Asian air quality. Eos, Transactions, American Geophysical Union, 95(37): 333-334.

Sokolik I N, Toon O B. 1996. Direct radiative forcing by anthropogenic airborne mineral aerosols. Nature, 381(6584): 681-683.

Srivastava P, Dey S, Srivastava A K, et al. 2017. Importance of aerosol non-sphericity in estimating aerosol radiative forcing in Indo-Gangetic Basin. Science of the Total Environment, 599-600: 655-662.

Stamnes K, Tsay S C, Wiscombe W, et al. 1988. Numerically stable algorithm for discrete-ordinate-method radiative transfer in multiple scattering and emitting layered media. Applied Optics, 27(12): 2502-2509.

Strahler A H, Muller J, Lucht W, et al. 1999. MODIS BRDF/albedo product: algorithm theoretical basis document version 5. 0. MODIS Documentation, 23: 42-47.

Sudheer A K, Rengarajan R, Deka D, et al. 2014. Diurnal and seasonal characteristics of aerosol ionic constituents over an urban location in Western India: secondary aerosol formation and meteorological influence. Aerosol and Air Quality Research, 14(6): 1701-1713.

Sun J, Ariya P A. 2006. Atmospheric organic and bio-aerosols as cloud condensation nuclei(CCN): a review. Atmospheric Environment, 40(5): 795-820.

Sun Y, Wang Z, Dong H, et al. 2012. Characterization of summer organic and inorganic aerosols in Beijing, China with an aerosol chemical speciation monitor. Atmospheric Environment, 51: 250-259.

Takano Y, Liou K N, Kahnert M, et al. 2013. The single-scattering properties of black carbon aggregates determined from the geometric-optics surface-wave approach and the T-matrix method. Journal of Quantitative Spectroscopy and Radiative Transfer, 125: 51-56.

Takemura T, Nozawa T, Emori S, et al. 2005. Simulation of climate response to aerosol direct and indirect effects with aerosol transport-radiation model. Journal of Geophysical Research: Atmospheres, 110(D2): 1-16.

Torres O, Tanskanen A, Veihelmann B, et al. 2007. Aerosols and surface UV products from Ozone Monitoring Instrument observations: an overview. Journal of Geophysical Research: Atmospheres, 112(D24): 1-14.

Tripathi S N, Dey S, Tare V, et al. 2005. Aerosol black carbon radiative forcing at an industrial city in northern India. Geophysical Research Letters, 32(8): 1-4.

van Donkelaar A, Martin R V, Brauer M, et al. 2010. Global estimates of ambient fine particulate matter concentrations from satellite-based aerosol optical depth: development and application. Environ Health Perspect, 118(6): 847-855.

Verma S, Pani S K, Bhanja S N. 2013. Sources and radiative effects of wintertime black carbon aerosols in an urban atmosphere in East India. Chemosphere, 90(2): 260-269.

Vermote E F, Kotchenova S. 2008. Atmospheric correction for the monitoring of land surfaces. Journal of Geophysical Research: Atmospheres, 113(D23): 1-12.

Vermote E F, Tanre D, Deuze J L, et al. 1997. Second simulation of the satellite signal in the solar spectrum, 6S: an overview. IEEE Transactions on Geoscience and Remote Sensing, 35(3): 675-686.

Wang L, Li Z, Tian Q, et al. 2013. Estimate of aerosol absorbing components of black carbon, brown carbon, and dust from ground-based remote sensing data of sun-sky radiometers. Journal of Geophysical Research: Atmospheres, 118(12): 6534-6543.

Wiscombe W J. 1980. Improved Mie scattering algorithms. Applied Optics, 19(9): 1505-1509.

Wollenweber F G. 1988. Infrared sea radiance modeling using lowtran 6// Kopeika N S, Miller W B. Optical, Infrared, Millimeter Wave Propagation Engineering. International Society for Optics and Photonics, 926: 213-220.

Wu Y, Cheng T, Liu D, et al. 2018. Light absorption enhancement of black carbon aerosol constrained by particle morphology. Environmental Science and Technology, 52(12): 6912-6919.

Xia Y, Bex V, Midgley P M. 2013. Climate Change 2013. The Physical Science Basis. Working Group I Contribution to the Fifth Assessment Report of the Intergovernmental Panel on Climate Change: Groupe d'experts intergouvernemental sur l'evolution du climat/Intergovernmental Panel on Climate Change-IPCC.

Xie D, Cheng T, Wu Y, et al. 2017a. Polarized reflectances of urban areas: analysis and models. Remote Sensing of Environment, 193: 29-37.

Xie Y S, Li Z Q, Zhang Y X, et al. 2017b. Estimation of atmospheric aerosol composition from ground-based remote sensing measurements of Sun-sky radiometer. Journal of Geophysical Research: Atmospheres, 122(1): 498-518.

Xu R, Tie X, Li G, et al. 2018. Effect of biomass burning on black carbon(BC)in South Asia and Tibetan Plateau: the analysis of WRF-Chem modeling. Science of the Total Environment, 645: 901-912.

Xue Y, Xu H, Guang J, et al. 2014. Observation of an agricultural biomass burning in central and east China using merged aerosol optical depth data from multiple satellite missions. International Journal of Remote Sensing, 35(16): 5971-5983.

Yang S S, Shao L Y. 2007. The study of atmospheric fine particles by transmission electron microscopy. Acta Scientiae Circumstantiae, 27: 2.

Yang Y, Wang H, Smith S J, et al. 2017a. Source attribution of black carbon and its direct radiative forcing in

China. Atmospheric Chemistry and Physics, 17(6): 4319-4336.

Yang Z, Zhengqiang L, Lili Q, et al. 2017b. Retrieval of aerosol optical depth using the Empirical Orthogonal Functions(EOFs)based on PARASOL multi-angle intensity data. Remote Sensing, (6): 578.

Yoshida M, Kikuchi M, Nagao T M, et al. 2018. Common retrieval of aerosol properties for imaging satellite sensors. Journal of the Meteorological Society of Japan, 96B: 193-209.

Zhang H, Kondragunta S, Laszlo I, et al. 2016. An enhanced VIIRS aerosol optical thickness (AOT) retrieval algorithm over land using a global surface reflectance ratio database. Journal of Geophysical Research: Atmospheres, 121(18): 10717-10738.

Zheng J, Hu M, Du Z, et al. 2017. Influence of biomass burning from South Asia at a high-altitude mountain receptor site in China. Atmospheric Chemistry and Physics, 17(11): 6853-6864.